Medizinische Informatik und Statistik

Herausgeber: S. Koller, P. L. Reichertz und K. Überla

52

Erwin-Riesch Arbeitstagung

Systemanalyse biologischer Prozesse

1. Ebernburger Gespräch

Bad Münster am Stein-Ebernburg
5.-7. April 1984

Herausgegeben von Dietmar P. F. Möller

Springer-Verlag
Berlin Heidelberg New York Tokyo 1984

Reihenherausgeber

S. Koller P. L. Reichertz K. Überla

Mitherausgeber

J. Anderson G. Goos F. Gremy H.-J. Jesdinsky H.-J. Lange
B. Schneider G. Segmüller G. Wagner

Herausgeber

Dr. Dietmar P. F. Möller
Physiologisches Institut, Johannes Gutenberg Universität Mainz
Saarstraße 21, 6500 Mainz

ISBN-13:978-3-540-13371-1   e-ISBN-13:978-3-642-82266-7
DOI: 10.1007978-3-642-82266-7

2145/3140 – 5 4 3 2 1 0

1. EBERNBURGER GESPRÄCH

Erwin-Riesch-Arbeitstagung Systemanalyse biologischer Prozesse

Bad Münster am Stein-Ebernburg

5. bis 7.4. 1984

Ebernburg

Organisation:
Arbeitskreis 4.5.2.1 Simulation in Biologie und Medizin des Fachausschusses 4.5
Simulation (ASIM) in der Gesellschaft für Informatik (GI)
Dr. D.P.F.Möller
Physiologisches Institut der Johannes Gutenberg Universität Mainz

Wissenschaftlicher Programmausschuß:

Prof. Dr. Dr. W.K.R.Barnikol, Universität Mainz
Prof. Dr. W. Düchting, Universität Siegen
Prof. Dr. B.A.Gottwald, Universität Freiburg
Dr. D.P.F.Möller, Universität Mainz
Prof. Dr. D.Popović, Universität Bremen
Prof. Dr. O.Richter, Universität Bonn
Prof. Dr. B.Schmidt, Universität Erlangen
Prof. Dr. J.Werner, Universität Bochum

VORWORT

Der vorliegende Tagungsband enthält die 30 Beiträge, die während der "ERWIN-RIESCH-
ARBEITSTAGUNG SYSTEMANALYSE BIOLOGISCHER PROZESSE" vom 5. April bis 7. April 1984
auf der Ebernburg, im Rahmen des 1.Ebernburger Gespräches, gehalten wurden. Die Beiträge sind nicht in der Reihenfolge des Tagungsprogrammes publiziert. Vielmehr wurden
sie zu thematisch geschlossenen Abschnitten zusammengefaßt, um dem Leser eine bessere
Übersicht zu ermöglichen. Dabei wurde der von B.Schneider und U.Ranft gewählten Zuordnung gefolgt, wie sie in Band 8 der vorliegenden Reihe ausgeführt ist. Die Über-
sichtsbeiträge von W.Düchting et al., P.M.Frank, B.Schmidt, B.Schneider, G.Tiele
et al. und J.Werner sind den entsprechenden Themenbereichen jeweils vorangestellt.
Darüber hinaus wurde ein Sachwortverzeichnis erstellt, um dem Leser eine schnelle
Orientierung zu ermöglichen.

Die Arbeitstagung wurde vom Arbeitskreis (AK) 4.5.2.1 "Simulation in Biologie und
Medizin" des Fachausschuß 4.5 Simulation (ASIM) in der Gesellschaft für Informatik
(GI) organisiert. Sie trägt der Beschlußfassung des Arbeitskreises anläßlich des
First European Simulation Congress ESC´83 in Aachen Rechnung, eine repräsentative
Darstellung der Aktivitäten des Arbeitskreises und assoziierter Fachgesellschaften
im Rahmen eines intensiven Fachgespräches durchzuführen.

Mit der Bezeichnung "ERWIN-RIESCH-ARBEITSTAGUNG SYSTEMANALYSE BIOLOGISCHER PROZESSE"
soll die großzügige Unterstützung der Erwin-Riesch-Stiftung gewürdigt werden. Sie
ermöglichte es, die angespannte finanzielle Situation, insbesondere der jüngeren
Kollegen, etwas zu mildern. Ebenfalls danken wir den Firmen Boehringer/Ingelheim
und EAI/Aachen für die Unterstützung der Arbeitstagung.

Herrn Kurdirektor Keller aus Bad Münster am Stein-Ebernburg verdanken wir ein gesell-
schaftlich attraktiv ausgewähltes Rahmenprogramm und eine unermüdliche Mitwirkung bei
dessen Gestaltung. Der tatkräftigen Unterstützung durch Herrn Ackermann und Herrn
Gattung von der Kurdirektion Bad Münster am Stein-Ebernburg verdanken wir einen rei-
bungslosen und, wie wir hoffen, alle Tagungsteilnehmer zufriedenstellenden Ablauf
des Rahmen-und Damenprogrammes.

Dem Ehepaar Rauschenplat von der Evangelischen Familienferien- und Bildungsstätte
Ebernburg danken wir für Ihren unermüdlichen Einsatz bei der Beherbergung und Be-
wirtung der Tagungsteilnehmer auf der Ebernburg.

Besonderer Dank gebührt Frau Dr. I.-M. Paeckelmann, Chef-Arzt der LVA Kurklinik in
Bad Münster am Stein-Ebernburg, für Ihr Gastreferat zur Eröffnung der Arbeitstagung,
in welchem es Ihr gelungen ist, die Tagungsteilnehmer mit den örtlichen Besonder-
heiten vertraut zu machen und Ihnen die ortsgebundenen Heilmittel wie das Radon nahe-
zubringen. Die Bedeutung des Radon als einem besonderen ortsgebundenen Heilmittel

findet seinen Niederschlag in der Durchführung des 2. Internationalen Radon Symposium vom 3. bis 5. Mai 1984 in Bad Münster am Stein-Ebernburg. Die Tagungsleitung des Symposiums liegt in deh Händen von Herrn Prof. Dr. P. Deetjen, Institut für Physiologie und Balneologie der Universität Innsbruck. Der Tagungsband des Symposiums erscheint im Herbst diesen Jahres im Demeter Verlag, München.

Besonderen Dank schulden wir Herrn Dozent K.H.Weigel von der Bildungsstätte Ebernburg e.V. für seinen außerordentlich brillianten Vortrag über "Die Ebernburg in Vergangenheit und Gegenwart".

Schließlich gilt unser Dank allen Referenten und dem Springer Verlag, der sich bereit, erklärt hat, den Tagungsband im Rahmen der Reihe "Medizinische Informatik und Statistik" zu veröffentlichen.

Abschließend möchte ich meiner Frau und meiner Tochter für ihre Geduld und Nachsicht danken, die sie mir während der Vorbereitung der Arbeitstagung entgegengebracht haben.

Mainz, Ostern 1984   Dietmar P. F. Möller

M E T H O D E N

Bei der Analyse hochkomplexer biologischer Systeme ist der Einsatz zweckmäßiger
Methoden relevant und zwar im allgemeinen wie im speziellen. Die begriffliche
Darstellung der Modellbildung bzw. der Modellbeschreibungsverfahren, wie auch
die Strukturierung eines Gesamtsystems mit dem Ziel des Modellaufbaus sowie dessen
Validierung, ist ein methodisches Problem. Auch die Verfahren der Simulation sind
methodischer Natur, betrachtet man die kontinuierliche bzw. diskrete Simulation.

Die methodischen Beiträge des 1.Ebernburger Gespräches sind nachfolgend zusammengefaßt.

B.Schneider
Die Logik der Modellbildung

B.Schmidt
Systemanalyse und Modellaufbau

U.an der Heiden, G.Roth, H.Schwegler
Systemtheoretische Charakterisierung lebender Systeme

J.Elz
Petri-Netze zur Simulation von Neuronenverschaltungen und einfachen Lernvorgängen

W.Renn, H.U.Marschall, M.Eggstein
Anwendung der Systemanalyse im medizinischen Laboratorium

A.Schöne
Ein modulares Multirechnersystem für die Simulation dynamischer Prozesse

Die Logik der Modellbildung

B. Schneider, Hannover

Zusammenfassung. Es werden die wichtigsten Begriffe einer allgemeinen
Modelltheorie (nach STACHOWIAK) eingeführt und die Rolle des Modells
bei der Erkenntnis (in semantischen Stufen) und insbesondere bei der
Gewinnung wissenschaftlicher Erkenntnisse aufgezeigt. Anschließend
wird auf die Frage der wissenschaftlichen Überprüfung von Modellen
eingegangen. Darunter ist einmal eine deduktiv-logische Überprüfung,
sodann (bei empirischen Modellen) eine wissenschaftlich-empirische
Überprüfung zu verstehen. Erstere geschieht im Rahmen eines axiomatischen Systems, letztere durch Experiment oder gezielte Beobachtung.
Es wird gezeigt, daß jede objektive, empirische Überprüfung nur relativ zu mehr oder minder willkürlichen, "metatheoretischen" Festsetzungen erfolgen kann.

Summary. The basic concepts of a general model theory (according to
STACHOWIAK) are introduced and the role of models in human discovery,
especially scientific discovery, is discussed (according to the seman-
tic steps of discovery). The question of scientific validation of models is treated. Such validation is understood as deductive-logical
validation and (for empirical models) the scientific-empirical validation. The first one is done within an axiomatic system, the second
one by experiments and planned observation. It is shown that any ob-
jective, empirical validation can be done only relative to arbitrarily
chosen meta-theoretic statements.

1. Der allgemeine Modellbegriff

Modelle sind Abbildungen von Gegenständen oder Vorgängen. Um ein Abbild zu erhalten, muß zunächst ein Bild der Gegenstände und Vorgänge
vorhanden sein. Dieses Bild entsteht in unseren Gedanken und ist der
"Begriff" oder die "Erkenntnis". Es ist das primäre und zugleich umfassendste Modell, mit dem wir die Wirklichkeit erkennen: "Modell in
jenem mehrfach zu relativierenden Sinne ist ebenso die "elementarste"
Wahrnehmungs"gegebenheit" wie die komplizierteste, umfassendste Theorie. Modell ist das vermeintlich objektive Erkenntnisgebilde ebenso
wie die Gedankenkonstruktion, die ihre Subjektivität und Perspektivi-
tät betont. Modell ist NEWTONs Partikelmechanik ebenso wie RANKEs
Weltgeschichte oder HOELDERLINs Hyperion" (STACHOWIAK). Die Erkenntnis in Modellen vollzieht sich in aufeinanderfolgenden, semantischen
Stufen (vgl. Abb. 1): Auf der 0-ten semantischen Stufe stehen die
Reize und Eindrücke (materielle Information), die die Gegenstände und
Vorgänge (auch die Mitteilungen anderer Subjekte) auf uns ausüben.
Diese Reize und Einwirkungen wecken in uns bestimmte Vorstellungen
und wir machen uns ein "Bild" von den Gegenständen usw. (interne Mo-
dellbildung). Dieses Bild ist ein Modell der 1. semantischen Stufe.

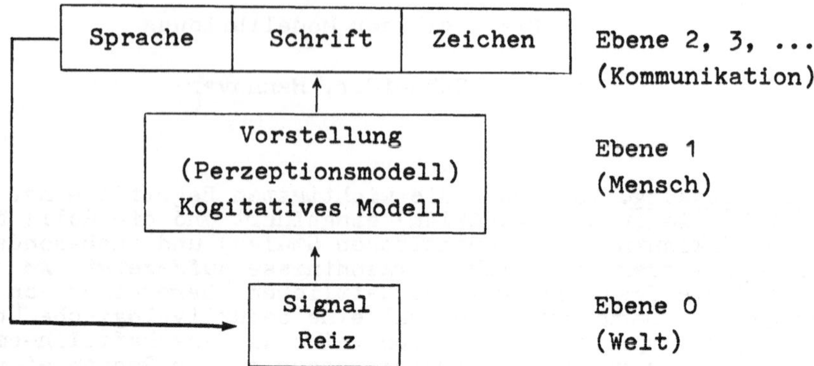

Abb. 1

Man kann unterscheiden zwischen dem unmittelbaren Bild, das die Reize
und Eindrücke auslöst (Perzeptionsmodell), und zwischen dem erweiter-
ten Bild, das durch eine Assoziation dieser Eindrücke mit anderen
Eindrücken und Vorstellungen, durch eine Kombination der verschiedenen Eindrücke und Bilder sowie durch eine "Verarbeitung" der verschiedenen Bilder und Vorstellungen entsteht (kogitatives Modell). Auf der
2. semantischen Stufe werden diese Vorstellungen "ausgesprochen", d.
h. in einer intersubjektiv verständlichen Sprache zum Ausdruck gebracht (Kommunikationsmodell). In höheren semantischen Stufen können
diese Sprachformen wieder auf anderen Zeichenformen abgebildet werden.
Der nächstliegende Schritt besteht darin, daß die Sprache schriftlich
fixiert wird. In weiteren Stufen könnte man daran denken, die Vorstellungen in formalen Sprachen, z. B. in einer Computersprache, auszu-
drücken und damit eine Abbildung der Vorstellungen in einem Computer
zu generieren. Auf diese Weise lassen sich die "semantischen Stufen
der Erkenntnis" beliebig fortsetzen. Jede Stufe bedeutet eine Ein-
schränkung des Informationsgehaltes, die aber gleichzeitig mit einer
Präzisierung verbunden ist: Die Sprache ist einschränkender, aber präziser als die Gedankenverbindungen und Empfindungen, die Schrift wiederum einschränkender und präziser als die Fülle der Sprachmöglichkei-
ten und eine formale Sprache einschränkender, aber präziser als eine
Umgangssprache.

Nach dieser Auffassung der "Modelltheorie der Erkenntnis" sind die
wissenschaftlichen Modelle Erkenntnismodelle, die auf der 3. oder höheren semantischen Stufe der Erkenntnis anzusiedeln sind. Das bedeutet, daß sie in präzisierten Formen Abbildungen von Gedanken und
Sprachkonstrukten sind, die aufgrund der Reize und Einflüsse der Gegenstände und Vorgänge in der "realen Welt" entstanden sind. Es sei

hier nur am Rande vermerkt, daß die sog. Realität nur auf dem Umweg über Gedanken- und Sprachkonstrukte für uns intersubjektiv erfaßbar ist und alle Aussagen über die Realität somit präziser als Aussagen über die "Vorstellungen von der Realität" formuliert werden müßten.

Eine Präzisierung des Modellbegriffs setzt eine präzise Fassung dessen voraus, was als "Bild" und "Abbild" bezeichnet wurde.

Nach STACHOWIAK sollen Originale und Modelle ausschließlich als Attributklassen gedeutet werden. Attribute sind "Merkmale und Eigenschaften von Individuen, Relationen zwischen Individuen, Eigenschaften von Eigenschaften, Eigenschaften von Relationen usw.". Die Individuen selbst werden als Attribute O-ter Ordnung, die Eigenschaften und Relationen als Attribute 1. Ordnung, die Eigenschaften von Eigenschaften als Attribute 2. Ordnung usw. bezeichnet. Eine Attributklasse ist eine Menge von Attributen (beliebiger, aber endlicher Ordnung), die bezüglich bestimmter Operationen (Relationen, Verknüpfungen) abgeschlossen ist. Hat eine solche Attributklasse die Eigenschaft, daß "jedes Element der Klasse sich mit jedem anderen Element derselben Klasse in (wenigstens) einer Zusammenhangsrelation befindet, so daß die Gesamtheit der Klassenelemente bezüglich dieser Relationen ein "einheitlich geordnetes Ganzes" bildet", dann soll diese Klasse ein <u>System</u> heißen. Falls die Eigenschaften durch Sprachzeichen dargestellt werden, spricht man nicht von Attributen, sondern von Prädikaten und Prädikat-Klassen bzw. Prädikatsystemen.

Original und Modell sind demnach - im Sinne der Klassenlogik - als Äquivalenzklassen von Attribut- bzw. Prädikatklassen zu definieren, d. h. als die Gesamtheit aller "Individuen" (Dinge, "Entitäten"), die die betreffende Attribut- bzw. Prädikatklasse erfüllen. Zwei Originale oder Modelle sind äquivalent, wenn sie dieselben Attribut- oder Prädikatklassen erfüllen.

Von einem Modell verlangt STACHOWIAK drei Hauptmerkmale:

1. <u>Abbildungsmerkmal</u>: "Modelle sind stets Modelle von etwas, nämlich Abbildungen, Repräsentationen natürlicher oder künstlicher Originale, die selbst wieder Modelle sein können."

2. <u>Verkürzungsmerkmal</u>: "Modelle erfassen im allgemeinen nicht alle Attribute des durch sie repräsentierten Originals, sondern nur solche, die den jeweiligen Modellerschaffern und/oder Modellbenutzern relevant erscheinen."

3. <u>Pragmatisches Merkmal</u>: "Modelle sind ihren Originalen nicht per se eindeutig zugeordnet. Sie erfüllen ihre Ersatzfunktionen a) für

bestimmte - erkennende und/oder handelnde, modellbenutzende - Subjekte, b) innerhalb bestimmter Zeitintervalle und c) unter Ein-
schränkung auf bestimmte gedankliche oder tatsächliche Operationen."

Aus dem ersten und zweiten Merkmal folgt, daß die Attributklasse des
Originals eine Teilklasse enthält, die auf eine Teilklasse der Attribute des Modells abgebildet wird (vgl. Abb. 2). Nur auf diese Teilklasse beziehen sich die pragmatischen Aussagen und Operationen des
Modellkonstrukteurs und Benutzers gemäß dem dritten Merkmal. Alle
übrigen Attribute des Originals und Modells sind für seine Benutzung
(operativ) irrelevant, können aber z. B. bei der Frage der "Gültigkeit" eine bedeutsame Rolle spielen. Die Attribute des Originals, die
nicht abgebildet werden, bezeichnet STACHOWIAK als "präterierte" (=
übergangene, ausgelassene) Attribute; die Attribute des Modells, denen keine originalseitigen Attribute entsprechen, als "abundant"
(überschüssig).

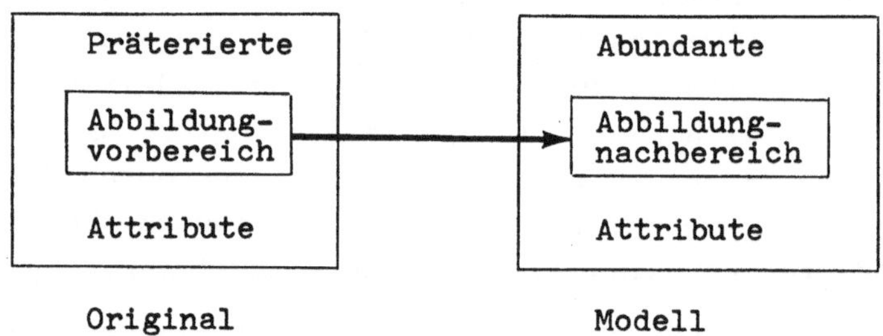

<u>Abb. 2:</u> Die Original-Modell-Abbildung (nach STACHOWIAK)

Entscheidend für die Beurteilung der Original-Modellbeziehung ist die
Frage nach dem Grad der Übereinstimmung oder "Angleichung" von Modell
und Original. Üblicherweise wird zwischen einer <u>formalen</u> oder <u>struk-
turellen</u> Angleichung und einer <u>materialen</u> oder <u>inhaltlichen</u> Angleichung unterschieden (obwohl die Grenze zwischen Form und Inhalt nicht
einfach zu ziehen ist). Dies entspricht der logischen Unterscheidung
zwischen "Syntaktik" und "Semantik". Die semantische Deutung eines
Modells erhält man durch eine Belegung oder Interpretation der formalen Prädikat-Zeichen des Modells mit entsprechenden Inhalten (in einer Metasprache). Sie ist somit ein inhaltliches, metasprachliches
Modell der formalen Struktur.

Für die "Angleichung" von Modell und Original sind zwei Grenzfälle zu
unterscheiden:

- <u>Isomorphie-Modell</u>: Den (relevanten) Attributen des Originals sind
  eineindeutig Attribute des Modells zugeordnet, so daß Relationen
  zwischen Attributen des Originals in entsprechende Relation zwischen den zugeordneten Attributen des Modells überführt werden
  (und umgekehrt).
- <u>Atom-Modell</u> (monadisches Modell): Die (relevanten) Attribute des
  Originals werden auf ein einziges Attribut des Modells abgebildet.

Ein Beispiel für ein Atom-Modell ist etwa das Ein-Kompartmentmodell
der Pharmakokinetik, in dem die komplexen Eigenschaften des "Blut-
spiegels" auf das einzige Attribut: "Arzneimittelkonzentration im
Blut" abgebildet werden. Im allgemeinen wird die Beziehung zwischen
Modell und Original zwischen den beiden oben angegebenen Grenzfällen
liegen. Die Dimension der Original-Attribut-Klassen und die der Mo-
dell-Attribut-Klassen sowie die Struktur der Zuordnung eröffnen eine
Möglichkeit, quantitative Maße für die "Angleichung" zwischen Modell
und Original zu konstruieren. Dabei können die Methoden der Grafen-
theorie sehr nützlich sein. Für die Details von solchen Maßkonstruk-
tionen sei auf STACHOWIAK verwiesen, wo sich auch eine formallogische
Explikation der oben eingeführten Begriffe befindet.

Modelle der 2. oder höheren semantischen Stufe können entweder als
<u>Zeichenmodelle</u> (syntaktische Modelle) bzw. <u>Sprachmodelle</u> (semantische
Modelle) oder als <u>Realmodelle</u> dargestellt werden. Im ersten Fall wer-
den die Gedankenvorstellungen, die modelliert werden sollen, auf Zei-
chen- oder Sprachsysteme abgebildet. Werden dabei formalisierte Ob-
jekt- bzw. Metasprachen benutzt, dann enthält das Modell keine abun-
danten Attribute, d. h. das Modell besteht ausschließlich aus der
Klasse aller relevanten Attribute. Es ist dabei von untergeordneter
Bedeutung, welche Zeichen zur Modelldarstellung verwendet werden:
Schriftzeichen, Bilderzeichen (Hieroglyphen) oder elektromagnetische
Zeichen. In diesem Sinn ist ein im Computer dargestelltes Modell auch
als syntaktisches Modell aufzufassen. Im zweiten Fall, bei Realmodel-
len, werden die Gedankenvorstellungen auf reale Gegebenheiten proji-
ziert (z. B. technische Anlagen, Tiermodelle). Diese Modelle sind
stets abundant, d. h. sie enthalten Attribute, denen keine Größen im
Original der Gedankenverbindung entsprechen. Auch die die Attributklasse des Modells erzeugenden Operationen (z. B. Ableitungsregeln,
Verknüpfungen) können im Realmodell von den entsprechenden Operationen des Originals in nicht vorhersehbarer Weise abweichen, so daß die
Attributklasse des Realmodells weder eindeutig bestimmt noch eindeutig vorhersagbar ist. Dies schafft zusätzliche Probleme bei der Frage

nach der "Übereinstimmung" oder "Gültigkeit" des Modells, die nicht
ohne induktiv-statistische Überlegungen befriedigend gelöst werden
können.

2. Das Kriterium der "Wissenschaftlichkeit"

Modelle werden für verschiedene Zwecke eingesetzt: Zur Demonstration
von Gedankengängen oder Handlungsweisen (Demonstrationsmodelle), zur
Voraussage der Konsequenzen, die sich aus bestimmten Handlungsanwei-
sungen oder technischen Konstruktionen ergeben (Prognosemodelle,
technische Modelle, operative Modelle), zur Überprüfung der Wider-
spruchsfreiheit und Vollständigkeit theoretischer Systeme (theoretische Modelle), zum Auffinden von neuen, gesetzmäßigen Zusammenhängen
bzw. zum Erklären von Naturphänomenen (naturwissenschaftliche Modelle, Forschungsmodelle) oder zur empirischen Überprüfung (Bestätigung
oder Verwerfen) naturwissenschaftlicher Theorien oder Hypothesen
(Experimentalmodelle, Beobachtungsmodelle). Gerade für die zuletztge-
nannten Zwecke wird an die Modelle der Anspruch der "Wissenschaftlichkeit" gestellt. Was bedeutet das?

Es dürfte weitgehender Konsensus darüber bestehen, daß der Anspruch
der Wissenschaftlichkeit sich auf zwei Säulen stützt:
- die Allgemeingültigkeit der Aussagen,
- das Vorhandensein einer ausgezeichneten Methode, nach der die Aussagen gewonnen und nachgeprüft werden können.

Der Anspruch der Allgemeingültigkeit bedeutet zunächst, daß die Aussagen "allgemein" sind, d. h. nicht bestimmte, singuläre "Ereignisse", die sich in einer bestimmten Raum-Zeit-Koordinate abspielen,
betreffen, sondern "Vorgänge", die so in jeder Raum-Zeit-Koordinate
ablaufen könnten. So hat POPPER in seinem bekannten Buch "Logik der
Forschung" formuliert: "Wissenschaftliche Theorien sind allgemeine
Sätze" (S. 31). Mathematisch oder formallogisch wird man Theorien dadurch kennzeichnen, daß in ihren Formulierungen Variable enthalten
sind, für die aus bestimmten Wertebereichen beliebige Werte eingesetzt werden können (z. B. die Formulierung durch Differentialgleichungssysteme, Integralgleichungen, Funktionalgleichungen).

Schwieriger ist schon anzugeben, was mit dem Wort "Gültigkeit" ge-
meint sein soll. Trivialerweise wird man fordern, daß die Aussagen
"wahr" sein sollen. Es hat sich jedoch herausgestellt, daß eine genaue und sinnvolle Definition dessen, was unter wahr verstanden werden kann, so kompliziert ist, daß man meist in der Wissenschaft auf
dieses Wort und seine genaue Definition verzichtet (vgl. KEUTH).

Stattdessen verlangt man von den wissenschaftlichen Aussagen "Objektivität". POPPER bezieht sich bei der Erklärung dieses Wortes auf KANT. Er schreibt: "Kant verwendet das Wort "objektiv", um die wissenschaftlichen Erkenntnisse als (unabhängig von der Willkür des einzelnen) begründbar zu charakterisieren; die "objektiven" Begründungen müssen grundsätzlich von jedermann nachgeprüft und eingesehen werden können: "Wenn es für jedermann gültig ist, sofern er nur Vernunft hat, so ist der Grund desselben objektiv hinreichend" (KANT, S. 848). POPPER fährt fort: "Wir halten nun zwar die wissenschaftlichen Theorien nicht für begründbar (verifizierbar), wohl aber für nachprüfbar. Wir werden also sagen: Die Objektivität der wissenschaftlichen Sätze liegt darin, daß sie intersubjektiv nachprüfbar sein müssen" (POPPER, S. 18).

Die "Nachprüfbarkeit" ist auch das Kriterium, das LORENZEN und SCHWEMMER von der Wissenschaftlichkeit fordern. Sie schreiben: "Sie (die Wissenschaftler) betreiben Wissenschaft, um - in einer allgemeinen Weise - eine bessere Bewältigung unseres Lebens zu ermöglichen. Von anderen Bemühungen der Lebensbewältigung unterscheiden sich die Wissenschaften dabei durch ihren besonderen Charakter der "Wissenschaftlichkeit", der meist als die Nachprüfbarkeit einer jeder ihrer Behauptungen aufgefaßt wird" (S. 9).

Die Nachprüfbarkeit als Forderung der Objektivität ist aber eine methodische Forderung. Damit wird zugleich die zweite Säule der Wissenschaftlichkeit angesprochen.

Die erste methodische Voraussetzung für eine Nachprüfbarkeit von Aussagen ist die klare und eindeutige, sprachliche Darstellung. ("Was sich überhaupt sagen läßt, läßt sich klar sagen; und wovon man nicht reden kann, darüber muß man schweigen" (WITTGENSTEIN).) Die Forderung nach einer klaren Wissenschaftssprache, bei der die Bedeutung der Sprach- oder Schriftzeichen eindeutig festliegt und aus der Form ihrer Darstellung unmittelbar hervorgeht, wurde bereits von Aristoteles gestellt. Leibniz hat diese Forderung zum Programm erhoben, aber erst Frege veröffentlichte 1879 in seiner "Begriffsschrift" zum ersten Male eine in sich geschlossene "formale Sprache". Heute gehören die formalen Sprachen zum grundlegenden Rüstzeug jeder analytischen Wissenschaft (Mathematik, Logik usw.).

Die Forderung der Nachprüfbarkeit betrifft zum einen die Aussagen der Wissenschaft selbst. Sie sollen "deduzierbar" sein, d. h. aus einfachen, unmittelbar einsehbaren Aussagen ableitbar. Dies führt zur <u>axiomatischen Methode</u>. Danach werden für ein wissenschaftliches System bestimmte Grundaussagen - sogenannte Axiome - möglichst in einer formalisierten Sprache aufgestellt und Ableitungsregeln angegeben, nach denen aus den Axiomen (oder bereits abgeleiteten Aussagen) neue Aussagen abgeleitet werden. Die Gesamtheit der so gewonnenen Aussagen bildet das wissenschaftliche System (oder wissenschaftliche "Kalkül"). Die unabdingbaren Forderungen an ein solches System sind: <u>Widerspruchsfreiheit</u>, <u>Unabhängigkeit</u> und <u>Vollständigkeit</u> des Axiomensystems. Solche Axiomensysteme wurden zunächst für die Mathematik und Logik aufgestellt (vgl. HILBERT, ACKERMANN). Aber bereits 1918 hat HILBERT bekannt: "Ich glaube: Alles, was Gegenstand des wissenschaftlichen Denkens überhaupt sein kann, verfällt, sobald es zur Bildung einer Theorie reif ist, der axiomatischen Methode und damit mittelbar der Mathematik. Durch Vordringen zu immer tieferliegender Schichten von Axiomen im vorhin dargelegten Sinne gewinnen wir auch in das Wesen des wissenschaftlichen Denkens selbst immer tiefere Einblicke und werden uns der Einheit unseres Wissens immer mehr bewußt. In dem Zeichen der axiomatischen Methode erscheint die Mathematik berufen zu einer führenden Rolle in der Wissenschaft überhaupt."

Im Sinne des allgemeinen Modellbegriffs ist ein axiomatisches System (Kalkül) ein Modell des wissenschaftlichen Fachgebietes, wobei die Attribute und Relationen des Fachgebietes auf Variable, Prädikate und Relationen des Kalküls abgebildet werden. Inzwischen gibt es solche axiomatischen Modelle nicht nur für Mathematik und Physik, sondern auch für die Biologie (vgl. WOODGER). Bei naturwissenschaftlichen Aussagen oder - allgemeiner - bei empirischen Wissenschaften (Faktenwissenschaften) kann man sich aber mit einer rein deduktiv-axiomatischen Nachprüfung der Aussagen nicht begnügen, da hiermit nur etwas über das theoretische System selbst, nicht aber über die Fakten, die durch das System modelliert werden, ausgesagt wird. Die deduktiv-axiomatische Nachprüfung ist also - im Sinne von KANT - rein analytisch. Für empirische Aussagen müssen diese analytischen Methoden durch synthetische Methoden der empirischen Nachprüfung ergänzt werden. Als solche wird seit dem 17. Jahrhundert die <u>experimentelle Methode</u> anerkannt. Über diese Methode schreibt KANT in der Vorrede zur 2. Auflage der "Kritik der reinen Vernunft" (1787): "Als Galilei seine Kugeln die schiefe Fläche mit einer von ihm selbst gewählten Schwere herabrollen, oder Torricelli die Luft ein Gewicht, was er sich zum voraus dem einer ihm bekannten Wassersäule gleich gedacht hatte, tragen ließ, ...; so ging allen Naturforschern ein Licht auf. Sie begriffen, daß die Vernunft nur das einsieht, was sie selbst nach ihrem Entwurfe hervorbringt, daß sie mit Prinzipien ihrer Urteile nach beständigen Gesetzen vorangehen und die Natur nötigen müsse auf ihre Fragen zu antworten, nicht aber sich von ihr allein gleichsam am Leitbande gängeln lassen müsse; denn sonst hängen zufällige, nach keinem vorher entworfenen Plane gemachte Beobachtungen gar nicht in einem notwendigen Gesetze zusammen, welches doch die Vernunft sucht und bedarf. Die Vernunft muß mit ihren Prinzipien, nach denen allein übereinkommende Erscheinungen für Gesetze gelten können, in einer Hand, und mit dem Experiment, das sie nach jenen ausdachte, in der anderen, an die Natur gehen, zwar um von ihr belehrt zu werden, aber nicht in der Qualität eines Schülers, der sich alles vorsagen läßt, was der Lehrer will, sondern eines bestallten Richters, der die Zeugen nötigt, auf die Fragen zu antworten, die er ihnen vorlegt" (Vorrede B XIII).

Das Experiment oder die gezielte Beobachtung (beides soll hier gleichwertig betrachtet werden) ist demnach ein <u>Realmodell</u> der wissenschaftlichen Theorie (oder Teile der Theorie). Hier ergibt sich aber eine Schwierigkeit: Während die Theorien "allgemeine Sätze" sind, d. h. Aussagen, die unabhängig von speziellen raumzeitlichen Konstellationen und Bedingungen gelten sollen, können Realmodelle nur für bestimmte Raum-Zeit-Koordinaten (bzw. an bestimmte Raum-Zeit-Koordinaten gebunden) erstellt und nicht aus ihrem Bezug zum Gesamtsystem der Wirklichkeit gelöst werden. Wie können sie so Modell für allgemeine Sätze sein?

Zur Lösung dieses Dilemmas hat man das sog. "ceteris paribus Prinzip" eingeführt; d. h. man verlangt, daß im Realmodell alle Attribute, die nicht Attributen der Theorie zugeordnet werden (abundante Attribute), konstant gehalten werden oder keinen Einfluß auf die Modellattribute ausüben (sog. "background noise"). "Der Experimentator wird durch den Theoretiker vor ganz bestimmte Fragen gestellt und sucht durch seine Experimente für diese Fragen und nur für sie eine Entscheidung zu erzwingen; alle anderen Fragen bemüht er sich auszuschalten. (Hier spielt die relative Unabhängigkeit von Teilsystemen einer Theorie eine Rolle.) So bemüht sich der Experimentator, den Versuch so einzurichten, daß er gegenüber einer Frage '... möglichst empfindlich, gegenüber allen anderen in Betracht kommenden aber möglichst unempfindlich ist ...: hierin besteht u. a. die Arbeit der Abschirmung aller möglichen 'Fehlerquellen'" (POPPER, S. 72).

Der Übergang vom allgemeinen Satz der Theorie zum singulären Ergebnis des Experiments geschieht durch die Festlegung von Rand- und Anfangsbedingungen. Dadurch wird der allgemeine Satz der Theorie in den singulären Satz umgewandelt, der für eine bestimmte Raum-Zeit-Koordinate und eine bestimmte Konstellation des in der Theorie beschriebenen Systems bestimmte Eigenschaften, Relationen - kurz Attribute - des Systems behauptete (Prognose). Im Experiment oder in der gezielten Beobachtung wird die durch die Anfangs- und Randbedingungen vorgegebene Konstellation als Realmodell nachgebildet und festgestellt, ob sich die Voraussage bestätigt oder ob sie nicht zutrifft (vgl. Abb. 3).

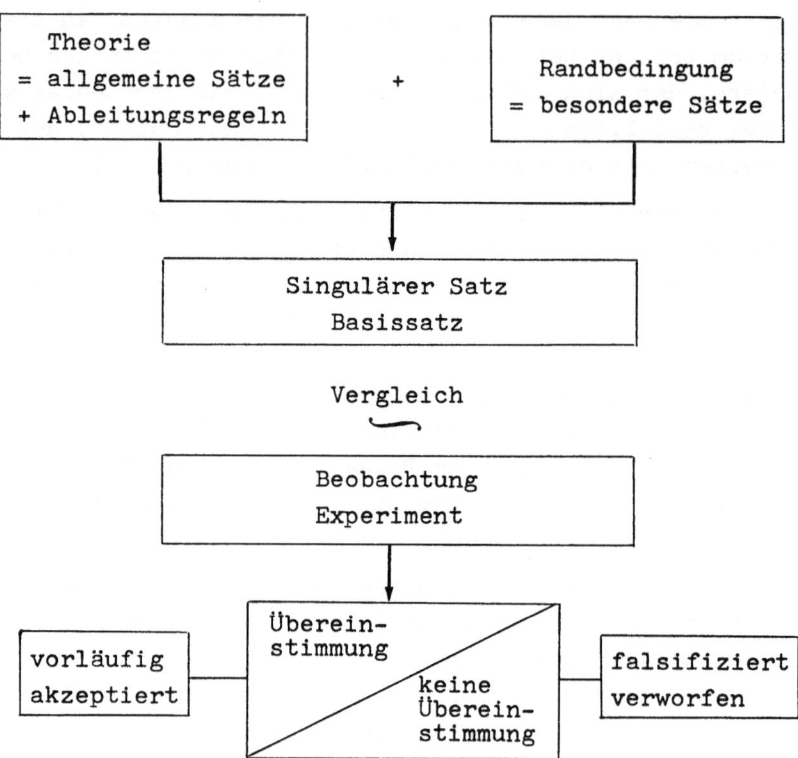

Abb. 3

Als Entscheidungsverfahren über Annahme oder Ablehnung einer Theorie hat POPPER die Methode der "deduktiven Falsifikation" propagiert: "Aus dem System werden (unter Verwendung bereits anerkannter Sätze) empirisch möglichst leicht nachprüfbare bzw. anwendbare singuläre Folgerungen ("Prognosen") deduziert und aus diesen insbesondere jene ausgewählt, die aus bekannten Systemen nicht ableitbar bzw. mit ihnen in Widerspruch stehen. Über diese - und andere - Folgerungen wird nun im Zusammenhang mit der praktischen Anwendung, den Experimenten usw., entschieden. Fällt die Entscheidung positiv aus, werden die singulären Folgerungen anerkannt, verifiziert, so hat das System die Prüfung vorläufig bestanden; wir haben keinen Anlaß, es zu verwerfen. Fällt eine Entscheidung negativ aus, werden Folgerungen falsifiziert, so trifft ihre Falsifikation auch das System, aus dem sie deduziert wurden" (S. 8).

In der Praxis wird man eine Theorie noch nicht verwerfen, wenn irgendein Experiment oder eine gezielte Beobachtung zu einem widersprüchlichen Ergebnis führt. POPPER hat daher diese "naive" Falsifikation durch zwei Forderungen zu einer "methodischen" Falsifikation modifiziert. Die erste Forderung besteht darin, daß zusätzlich zum widersprüchlichen Ergebnis des Experiments (sog. Basissatz) auch ein "die Theorie widerlegender Effekt" vorhanden sein muß. Er versteht darunter "eine (diesen Effekt beschreibende) empirische Hypothese von niedriger Allgemeinheitsstufe", die der Theorie widerspricht und mit dem Ergebnis des Experiments oder der Beobachtung übereinstimmt. Die zweite Forderung besteht darin, daß nicht jedes experimentelle Ergebnis oder Beobachtungsergebnis zur Falsifikation herangezogen wird, sondern nur "anerkannte" oder "ausgezeichnete" Basissätze. Basissätze werden "durch Festsetzungen anerkannt. Festsetzungen sind es somit, die über das Schicksal der Theorie entscheiden" (S. 73). Die Festsetzungen der Basissätze sind Konventionen, die "anläßlich einer Anwendung der Theorie" festgelegt werden und sich "im Wettbewerb, in der Auslese der Theorien am besten behaupten". Die Anerkennung der Konventionen geschieht also nicht durch einen einsamen Entschluß des einzelnen Wissenschaftlers, sondern in der Bewährung im Rahmen der wissenschaftlichen Diskussion.

Diese subjektive und von der Mode abhängige Komponente in POPPERs Methode der empirischen Bestätigung von Theorien (d. h. von wissenschaftlichen Modellen) hat etwas Unbefriedigendes an sich.

Es muß hinzugefügt werden, daß auch das Kriterium der Falsifikation eine subjektive, pragmatische Entscheidung darstellt, die zwar im sog. "modus tollens"[*] der Aristotelischen Syllogistik eine gewisse rationale Begründung erfährt, aber keineswegs das einzig mögliche oder auch sachlich notwendige Kriterium darstellt. So haben z. B. LORENZEN und SCHWEMMER im Rahmen einer "konstruktiven" Wissenschaftstheorie gezeigt, daß auch die Verifikation methodisch einwandfrei (d. h. im Rahmen einer widerspruchsfreien, vollständigen und voll-

---

* Diese Schlußweise lautet im vorliegenden Fall: "Wenn die Theorie T richtig ist und die Nebenbedingungen B gelten, dann folgt die Prognose P. Im Experiment wird P nicht beobachtet. Also ist die Theorie T falsch (oder es gelten die Nebenbedingungen B im Experiment nicht)."

ständig nachprüfbaren Wissenschaftstheorie) als Kriterium der Übereinstimmung zwischen allgemeinen Sätzen und realen Gegebenheiten benutzt werden kann. Im übrigen ist der Aristotelische Syllogismus, auf den sich POPPER entscheidend beruft, eine (von POPPER meist etwas verächtlich sog.) "metaphysische Theorie", die für sich höchstens eine jahrtausendealte, konventionelle Anerkennung, aber weder empirische Nachprüfbarkeit noch sonstige "absolute" Gültigkeit beanspruchen kann.

Es gibt verschiedene Ansätze, POPPERs Methode der empirischen Überprüfung zu modifizieren (z. B. die "sophisticated falsification" von Lakatos) oder überhaupt andere Methoden der empirischen Überprüfung anzuwenden (z. B. den "pragmatischen Entschluß" von STACHOWIAK, das "Paradigma" von KUHN oder die "induktive Bestätigungsfunktion" von CARNAP-STEGMÜLLER). Aber auch diese Modifikationen oder Alternativen können nicht vermeiden, daß zur "objektiven" Überprüfung der empirischen Gültigkeit von Theorien und wissenschaftlichen Modellen relativierende Annahmen (metaphysische Annahmen) und subjektive Entschlüsse erforderlich sind. Eine "absolute" Objektivität ist offensichtlich nicht möglich; sie widerspricht schon den Möglichkeiten unserer Sprache. Dies hat bereits 1927 Weyl ausgesprochen: "Dieses Gegensatzpaar: subjektiv-absolut und objektiv-relativ scheint mir eine der fundamentalsten erkenntnistheoretischen Einsichten zu enthalten, die man aus der Naturforschung ablesen kann. Wer das Absolute will, muß die Subjektivität, die Ichbezogenheit, in Kauf nehmen: wen es zum Objektiven drängt, der kommt um das Relativitätsproblem nicht herum." Noch früher - und mehr poetisch - hat bereits Reininger formuliert: "Metaphysik als Wissenschaft ist unmöglich ... weil das Absolute zwar erlebt wird und darum intuitiv geahnt werden kann, weil es sich aber dagegen sträubt, in der Sprache ... ausgedrückt zu werden. Denn: 'Spricht die Seele, so spricht, ach! schon die Seele nicht mehr'" (zitiert nach POPPER, S. 75/76).

<u>Literatur</u>

CARNAP, R. und STEGMÜLLER, W.: Induktive Logik und Wahrscheinlichkeit. Wien: Springer 1958.

HILBERT, D.: Axiomatisches Denken. Math. Annal. 78, 405-415 (1918).

HILBERT, D., ACKERMANN, W.: Grundzüge der theoretischen Logik. Berlin-Göttingen-Heidelberg: Springer 1949.

KANT, I.: Kritik der reinen Vernunft. Hamburg: Felix Meiner 1956.

KEUTH, H.: Realität und Wahrheit. Tübingen: J.C.B. Mohr (Paul Siebeck) 1978.

KUHN, T.S.: Die Struktur wissenschaftlicher Revolution. Frankfurt: Suhrkamp 1979.

LORENZEN, P., SCHWEMMER, O.: Konstruktive Logik, Ethik und Wissenschaftstheorie. Mannheim-Wien-Zürich: Bibliographisches Institut 1975.

POPPER, K.R.: Logik der Forschung. Tübingen: J.C.B. Mohr (Paul Siebeck) 1982.

STACHOWIAK, H.: Allgemeine Modelltheorie. Wien-New York: Springer
1973.

WITTGENSTEIN, L.: Tractatus logico-philosophicus. Frankfurt am Main:
Suhrkamp 1969.

WOODGER, J.H.: The Axiomatic Method in Biology. Cambridge: University
Press 1937.

SYSTEMANALYSE UND MODELLAUFBAU

Bernd Schmidt, Erlangen

Zusammenfassung. Systemanalyse und Modellaufbau sind grundlegend für das allgemeine
wissenschaftliche Vorgehen.
Die Systemanalyse umfaßt zunächst die Strukturierung des vorgegebenen Datenmaterials;
sie führt zur Begriffsbildung und damit zu einem abstrakten Modell.
Das Verhalten eines abstrakten Modells kann auf zwei grundsätzlich verschiedene
Weisen untersucht werden: Es gibt das analytische Verfahren und den Aufbau eines re-
alen Modells. Simulationsmodelle gehören zu den realen Modellen.
An einem Beispiel aus der Ökologie wird das Vorgehen erläutert.

Summary. Systems analysis and model construction are a fundamental aspect of general
scientific method.
Systems analysis starts with imposing a structure on the given data; it leads to
the development of concepts and so to an abstract model.
The behavior of an abstract model can be investigated by two fundamentally different
methods. These are the analytic method and the construction of a real model.
Simulation models are examples of real models.
An example from ecology is used to illustrate this procedure.

1. Der wissenschaftliche Erkenntnisprozeß

Der Erkenntnisgegenstand tritt der wissenschaftlichen Untersuchung zunächst als Menge

unstrukturierter Ausgangsdaten entgegen. Hierzu gehören Beobachtungen und Meßergeb-

nisse.

Es ist Aufgabe der Wissenschaften, die zunächst gegebenen Ausgangsdaten zu interpre-

tieren und zu erklären, indem hierzu ein abstraktes Modell entworfen wird.

1.1 Das abstrakte Modell

Ein abstraktes Modell besteht aus gedachten Objekten mit gedachten Attributen und

einer gedachten Struktur. Es stellt sozusagen das Bild des realen Systems im mensch-

lichen Bewußtsein dar.

Ein abstraktes Modell wird mit Hilfe von Sprache repräsentiert. Damit wird zwischen-

menschliche Kommunikation über das abstrakte Modell möglich.

Das abstrakte Modell muß so gewählt werden, daß das Verhalten des realen Systems

und das Verhalten des abstrakten Modells innerhalb einer vorgegebenen Toleranz über-

einstimmen.

Die Systemanalyse untersucht die unstrukturierten Ausgangsdaten und liefert als Er-

gebnis ein abstraktes Modell. Die Konstruktion des abstrakten Modells umfaßt die fol-

genden drei Schritte: Abgrenzung gegen die Umwelt, Bestimmung der Modellobjekte und

Festlegung der Attribute, Definition der Modellstruktur.

* Abgrenzung gegen die Umwelt.
Ein abstraktes Modell ist ein abgeschlossenes Ganzes. Reale Systeme sind in der Regel offen; das bedeutet, daß aus der Umwelt, die nicht zum beobachteten System gehören soll, Einflüsse in das System hineinragen. Für derartige Einflüsse der Umwelt muß im Modell eine Ersatzdarstellung gefunden werden.

* Bestimmung der Modellobjekte und Festlegung der Attribute.
Es wird bestimmt, welche Objekte im Modell vorkommen sollen und welche Attribute sie haben. Dieser Schritt bedient sich der Abstraktion und Idealisierung. Abstraktion bedeutet, daß nicht alle Objekte und Attribute des realen Systems im abstrakten Modell eine Repräsentation erhalten. Objekte und Attribute des realen Systems, die unwesentlich erscheinen, werden im Modell weggelassen. Zum Vorgang der Abstraktion siehe /1/.

Idealisierung bedeutet, daß reale Gegebenheiten auf ideale Objekte abgebildet werden. Beispiel ist der Massepunkt der klassischen Mechanik oder die Repräsentation der jährlichen Schwankung der Sonneneinstrahlung mit Hilfe einer Sinusfunktion.

* Definition der Modellstruktur.
Es muß festgelegt werden, in welcher Weise die einzelnen Modellobjekte miteinander in Verbindung stehen sollen und wie sie sich gegenseitig beeinflussen.
Es ist die Aufgabe der Einzelwissenschaften, für ein Wissensgebiet ein abstraktes Modell zu entwerfen und Verfahren zur Beschreibung und Darstellung zu entwickeln.

Die Beschreibung des abstrakten Modells liefert an sich noch keine neue Einsicht. Es ist erforderlich, aus der Beschreibung des abstrakten Modells neue Erkenntnisse über das Modellverhalten zu gewinnen.
Die Aussagen über das Verhalten des abstrakten Modells können dann auf das zu untersuchende reale System zurückübertragen werden und liefern damit auch neue Erkenntnisse über das System.
Aussagen über das Verhalten des abstrakten Modells sind auf zwei grundsätzlich unterschiedliche Weisen möglich. Man unterscheidet das analytische Verfahren und die reale Modellierung.

1.2 Das analytische Verfahren

Wird das abstrakte Modell mit Hilfe einer formalen Sprache beschrieben, so ist es möglich, neue Aussagen über das Verhalten des abstrakten Modells mit Hilfe der Ableitungsregeln zu gewinnen, die in der Sprache definiert sind. Das bedeutet, daß man gewisse neue Aussagen "beweisen" kann.

Beispiele:

* Ein reales System soll auf ein abstraktes Modell aus der Klasse der Petri-Netze ab-

gebildet werden. Für das vorliegende Petri-Netz, das als abstraktes Modell für das
reale System dient, kann bewiesen werden, ob Systemverklemmung möglich ist oder nicht.

* Für ein abstraktes Modell aus der Klasse der Warteschlangenmodelle können mit Hilfe
der Warteschlangentheorie die Werte für die mittlere Warteschlangenlänge und dgl.
berechnet werden.

* Zur Darstellung eines zeitkontinuierlichen abstrakten Modells, das mit Hilfe von
Veränderungsraten beschrieben werden muß, dienen Differentialgleichungen. Die exakte,
analytische Lösung der Differentialgleichungen läßt sich mathematisch bestimmen.

Analytische Verfahren liefern in der Regel allgemeine Aussagen. Es sind Strukturaussagen über das abstrakte Modell möglich.
Aussagen über ein individuelles Modell erhält man, indem man in der allgemeinen Lösung die Variablen durch entsprechende Werte ersetzt.

Beispiel:

Ein lineares System 2. Ordnung soll durch eine Eingangsfunktion u(t) angeregt werden.
Gesucht ist das Verhalten der Ausgangsfunktion y(t).
Bild 1 zeigt das abstrakte Modell.

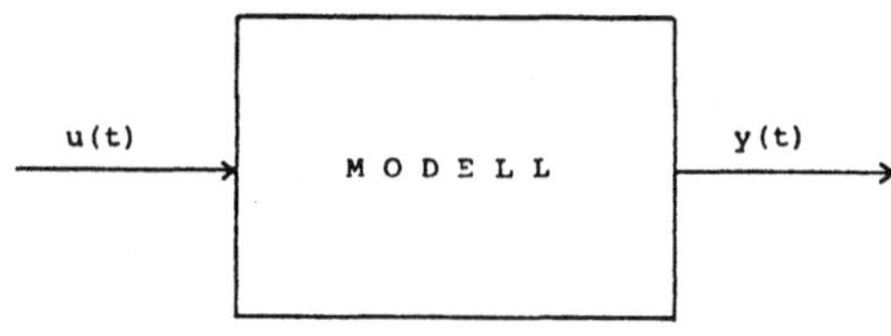

<u>Bild 1</u>   Das abstrakte Modell

Die Differentialgleichung zur Beschreibung des abstrakten Modells lautet:

$$a(2) * y''(t) + a(1) * y'(t) + a(0) * y(t) = b(0) * u(t)$$

Die Lösung dieser linearen Differentialgleichung 2. Ordnung mit konstanten Koeffizienten läßt sich für einfache Eingangsfunktionen u(t) sofort ausrechnen.
Das Ergebnis beschreibt die Lösungsmannigfaltigkeit. Eine individuelle Lösung läßt
sich aus der Lösungsmannigfaltigkeit durch Angabe der Anfangswerte und der Koeffizienten a_i gewinnen.
Der entscheidende Nachteil des analytischen Verfahrens besteht in der Tatsache, daß
häufig nur für sehr einfache abstrakte Modelle Lösungen existieren. Für anspruchs-
volle Modelle mit komplexer Struktur versagt das analytische Verfahren sehr schnell.

1.3 Die reale Modellierung

Um Aussagen über das Verhalten eines abstrakten Modells zu gewinnen, gibt es eine
zweite Möglichkeit. Man kann ein reales Modell aufbauen, das sich mit Hilfe des abstrakten Modells beschreiben läßt. Man untersucht dann das reale Modell und überträgt
die Ergebnisse auf das abstrakte Modell zurück.

Beispiel:

Um die Differentialgleichung

$$a(2) * y''(t) + a(1) * y'(t) + a(0) * y(t) = b(0) * u(t)$$

zu lösen, kann man einen elektrischen Schwingkreis mit folgenden Größen betrachten:

u(t)   Eingangsspannung
C   Kapazität des Kondensators
R   Widerstand
L   Induktivität der Spule
y(t)   Spannung am Kondensator

Für einen Schwingkreis, in dem der Widerstand, die Spule und der Kondensator in Serie
geschaltet sind, gilt:

$$L * y''(t) + R * y'(t) + 1/C * y(t) = 1/C * u(t)$$

Die Lösung für die Differentialgleichung des abstrakten Modells läßt sich bestimmen,
indem man einen elektrischen Schwingkreis aufbaut, ihn mit der Eingangsspannung u(t)
anregt und den Verlauf des Spannungsabfalls y(t) am Kondensator aufzeichnet.
Die auf diese Weise gewonnene Kurve ist eine partikuläre Lösung für die Differentialgleichung des abstrakten Modells.
Auch Simulationsmodelle gehören zu den realen Modellen. In diesem Fall wird das abstrakte Modell nicht auf einen elektrischen Schwingkreis, sondern auf ein Simula-
tionsprogramm in einer Rechenanlage abgebildet.
Wesentlich ist hierbei, daß die Zustandsübergänge, die das abstrakte Modell durchläuft, auf der Rechenanlage in der gleichen Reihenfolge nachgespielt werden.
Man sieht, daß der Aufbau eines realen Modells nur partikuläre Lösungen liefert.
Strukturaussagen oder allgemeine Aussagen über das Verhalten des abstrakten Modells
sind nicht möglich. Dafür ist ein reales Modell, insbesondere ein Simulationsmodell,
viel weniger den Grenzen der Anwendbarkeit unterworfen.
Die Ergebnisse, die das Verhalten des abstrakten Modells beschreiben, lassen sich
analytisch ableiten oder an einem realen Modell bestimmen. Für den Fall, daß ein abstraktes Modell sowohl eine analytische Lösung besitzt als auch ein reales Modell
dafür existiert, sind die über die beiden verschiedenen Wege gewonnenen Werte ver-
gleichbar.

1.4 Die Validierung

Besondere Beachtung verdient der Nachweis, daß ein abstraktes Modell tatsächlich das Verhalten des zu untersuchenden Systems befriedigend repräsentiert. Man spricht von Modellvalidierung.
Grundsätzlich ist eine vollständige Übereinstimmung zwischen System und Modell nicht möglich. Hierfür gibt es zwei Gründe:

1. Das abstrakte Modell ist über Abstraktion und Idealisierung aus dem realen System hervorgegangen. Das abstrakte Modell enthält daher viel weniger Einflußgrößen und wird sich aus diesem Grund unterschiedlich verhalten.

2. Jede Messung am realen System ist mit einem Meßfehler verbunden. Die Abweichung zwischen dem Modellergebnis und der experimentell bestimmten Meßgröße kann auf einen Meßfehler zurückführbar sein.

Die Übereinstimmung zwischen System und Modell ist also nur innerhalb einer vorgegebenen Toleranz möglich.
Zur Modellvalidierung gibt es die beiden Verfahren Verifikation und Falsifikation.
Die Verifikation zeigt die Übereinstimmung zwischen Modell und System an untersuchten Einzelfällen.
Im Gegenteil dazu versucht die Falsifikation die Fehlerhaftigkeit des abstrakten Modells durch einen Negativfall nachzuweisen.
Die moderne Wissenschaftstheorie hat gezeigt, daß weder Verifikation noch Falsifikation einen endgültigen Nachweis für die korrekte Übereinstimmung zwischen einem System und seinem abstrakten Modell liefern können. Siehe hierzu /2/.

1.5 Zusammenfassung

Als wesentlich sollen an dieser Stelle noch einmal die folgenden Sachverhalte herausgestellt werden:

* Das zu untersuchende System präsentiert sich der menschlichen Erkenntnis nicht an sich, sondern nur in Form der zunächst unstrukturierten Ausgangsdaten.

* Das abstrakte Modell liefert die von der menschlichen Verstandestätigkeit aufbereitete Darstellung des Systems. Der Entwurf des abstrakten Modells beinhaltet die eigentliche, wissenschaftliche Leistung.

* Das Verhalten des abstrakten Modells kann auf zwei Weisen untersucht werden:
Das analytische Verfahren und die reale Modellierung liefern vergleichbare Ergebnisse.
Bild 2 zeigt den Erkenntnisprozeß in der Übersicht.

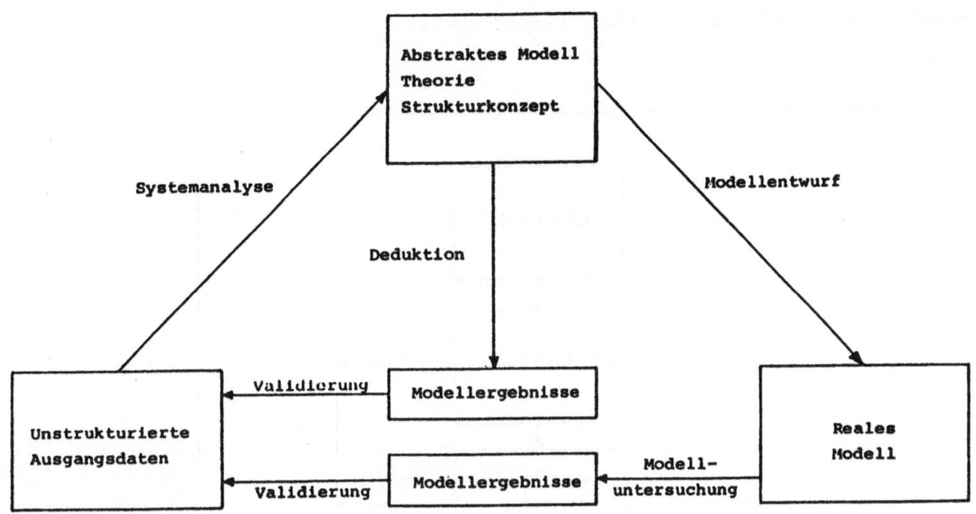

__Bild 2__   Der wissenschaftliche Erkenntnisprozeß

2. Das Modell Cedar-Bog-Lake

An einem Beispiel aus dem Gebiet Ökologie wird das Vorgehen der Systemanalyse und
des Modellaufbaus gezeigt. Es soll ein Modell entwickelt werden, das die Verlandung
des Cedar-Bog-Lake zu untersuchen gestattet /3/.

2.1 Die Systemanalyse

Die Systemanalyse findet als Untersuchungsobjekt die bunte Vielgestaltigkeit der realen Lebenswelt. Aus den unstrukturierten Ausgangsdaten ist durch Abstraktion und
Idealisierung ein abstraktes Modell zu entwickeln. Die hierzu erforderlichen Schritte
werden nachfolgend beschrieben.

* Abgrenzung gegen die Umwelt.
Es wird eine Quelle eingeführt, die die Energieeinstrahlung durch die Sonne repräsentiert.
In gleicher Weise gibt es eine Senke, die berücksichtigt, daß Pflanzen und Tiere
den See verlassen.

* Bestimmung der Modellobjekte und Festlegung der Attribute.
Als Modellobjekte werden die Biomassen für Pflanzen, Pflanzenfresser und Fleischfresser eingeführt. Als einziges Attribut eines Modellobjektes wird der Energiein-
halt angenommen.

* Definition der Modellstruktur.

Die Modellstruktur wird durch Bild 3 beschrieben.

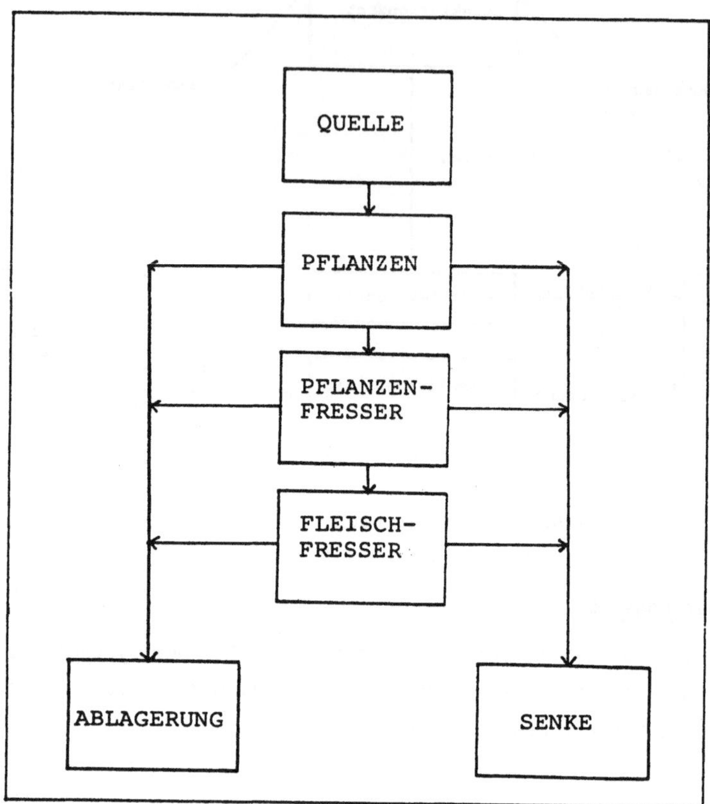

<u>Bild 3</u>   Die Struktur des abstrakten Modells

Die Quelle, als Energielieferant aufgrund der Sonneneinstrahlung, beeinflußt das Pflanzenwachstum. Das Angebot an Pflanzen bestimmt den Zuwachs an Pflanzenfressern, von denen andererseits die Fleischfresser abhängen.

Pflanzen, Pflanzenfresser und Fleischfresser tragen zur Ablagerung von Sedimenten am Boden des Sees bei. Zugleich geben alle drei Komponenten Substanz an die Umwelt ab.

Die Struktur des abstrakten Modells spiegelt sich in den Differentialgleichungen wider, die die Attribute der Objekte miteinander in Beziehung setzen. Es gilt:

x_s Energieaufnahme des Modells durch Sonneneinstrahlung (Quelle)

x_p Energiegehalt der Biomasse Pflanzen

x_h Energiegehalt der Biomasse Pflanzenfresser

x_c Energiegehalt der Biomasse Fleischfresser

x_e Energieabgabe an die Umwelt (Senke)

x_0 Energieabgabe an den Boden durch Ablagerung

$$x_s = 95.9(1 + 0.635 \sin 2\pi t)$$

$$dx_p/dt = x_s - 4.03x_p$$

$$dx_h/dt = 0.48x_p - 17.87x_h$$

$$dx_c/dt = 4.85x_h - 4.65x_c$$

$$dx_0/dt = 2.55x_p + 6.12x_h + 1.95x_c$$

$$dx_e/dt = 1.00x_p + 6.90x_h + 2.70x_c$$

Das auf diese Weise entwickelte abstrakte Modell erhebt den Anspruch, die Vorgänge des realen Systems innerhalb einer vorgegebenen Toleranz ausreichend genau widerzuspiegeln.

Man sieht zunächst, daß der Abstraktionsprozeß aus der großen Vielzahl der Objekte mit ihren zahllosen Attributen nur einige wenige übrig gelassen hat.

Die Idealisierung hat die jahreszeitliche Schwankung der Sonneneinstrahlung durch eine einfache Sinusfunktion ersetzt.

Es wird deutlich, daß das abstrakte Modell nicht real in der Umwelt zu finden ist, sondern zunächst nur im menschlichen Bewußtsein. Das abstrakte Modell ist das von der menschlichen Verstandestätigkeit konstruierte Bild des realen Systems.

Es wurde bereits gesagt, daß die Entwicklung des abstrakten Modells die wesentliche wissenschaftliche Leistung darstellt. Im vorliegenden Beispiel besteht die zentrale Modellidee in der Annahme der drei Kompartimente Pflanzen, Pflanzenfresser und Fleischfresser, die sich in ihrem Wachstum beeinflussen und in unterschiedlicher Weise zur Bodenablagerung beitragen.

2.2 Das Verhalten des abstrakten Modells

Die bisher dargestellte Beschreibung des abstrakten Modells liefert noch keine neue Erkenntnis.

Neue Erkenntnis ergibt sich erst, wenn sich aus der Modellbeschreibung neue Sachverhalte über das Verhalten des Modells ableiten lassen.

Ein derartiger neuer Sachverhalt wäre beispielsweise der Verlauf der Zustandsgrößen x_p, x_h, x_c, x_e und x_0 als Funktion der Zeit.

Um die Differentialgleichungen des abstrakten Modells zu lösen, kann man zunächst das analytische Verfahren versuchen. Wäre x_s eine zeitunabhängige Konstante, läge ein lineares System der 1. Ordnung vor, dessen Lösung relativ leicht anzugeben wäre. Im vorliegenden Fall ist jedoch x_s eine Funktion der Zeit. Damit wird das Differentialgleichungssystem zeitvariant; es existiert keine analytische Lösung mehr.

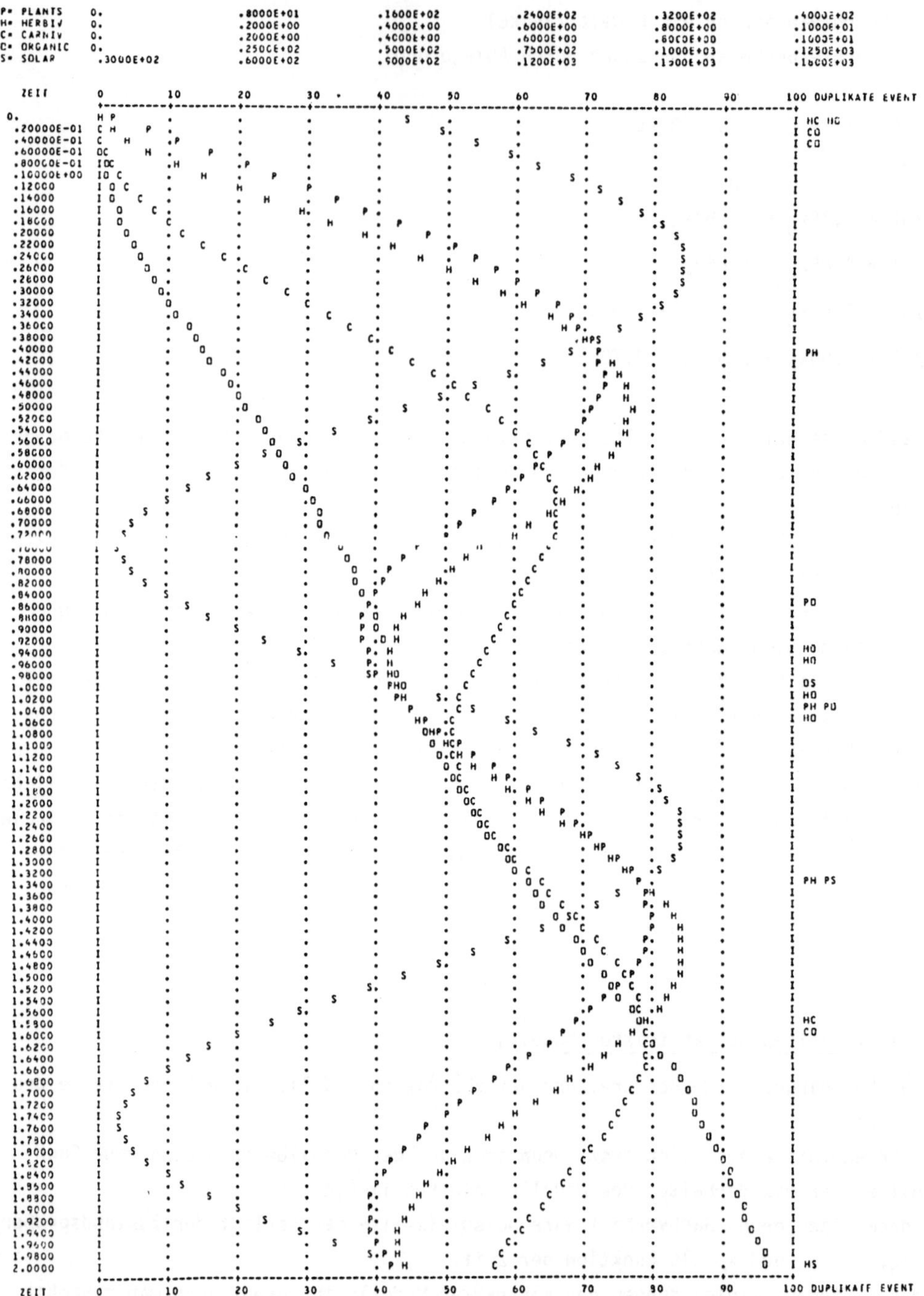

<u>Bild 4</u>   Die Verlandung des Cedar Eog Lake

Als einzige Alternative zur Untersuchung des Modellverhaltens bleibt die reale Modellierung. Für die Simulation bedeutet die Lösung keine Schwierigkeit.
Bild 4 zeigt den Kurvenverlauf. Man sieht die jahreszeitliche Schwankung der Sonneneinstrahlung in Form einer Sinusschwingung. Phasenverschoben folgt das Wachstum der
Pflanzen, Pflanzenfresser und Fleischfresser.
Die entscheidende Größe ist die Zunahme der Ablagerung. Die Abhängigkeit der Verlandung von der Zeit war Ziel der Untersuchung.

2.3 Die Modellvalidierung

Es wurde schon mehrfach darauf hingewiesen, daß eine genaue Übereinstimmung zwischen
dem Verhalten des realen Systems und dem Verhalten des abstrakten Modells nicht erwartet werden kann. Die Gründe für eine mögliche Abweichung liegen im Meßvorgang,
im Abstraktionsprozeß und in der Idealisierung.

* Meßvorgang.

Es ist offensichtlich, daß die Meßwerte der Zustandsgrößen sehr breite Fehlerverhalten aufweisen.

* Abstraktion.

Das reale Verhalten des Systems wurde im abstrakten Modell drastisch vereinfacht.
So blieb z.B. unter vielen anderen der Lotka-Volterra-Effekt unberücksichtigt; er
behandelt die Tatsache, daß die Wachstumsrate der Pflanzen nicht unabhängig ist von
der Anzahl der Pflanzenfresser.

* Idealisierung.

Die Annahme, daß die Sonneneinstrahlung im Modell im jährlichen Verlauf die Form
einer Sinusschwingung hat, führt dazu, daß sich das Modellverhalten und das Verhalten
des realen Systems unterscheiden werden.
Die Übereinstimmung zwischen System- und Modellverhalten ist nur innerhalb einer
vorzugebenden Toleranz denkbar.
Wird im Vergleich von System- und Modellverhalten innerhalb der vorzugebenden Toleranz Übereinstimmung erzielt, spricht man von Verifikation. Je mehr Fälle von Übereinstimmung beobachtet worden sind, umso stärker wird das Vertrauen in die Abbildungstreue des abstrakten Modells zunehmen. Es ist nicht möglich, mit Hilfe der Verifikation die Korrektheit des abstrakten Modells zu beweisen.
Wird ein Fall beobachtet, in dem System und Modell innerhalb der Toleranz nicht übereinstimmen, spricht man von Falsifikation. Auch die Falsifikation vermag nicht, die
Zurückweisung eines Modells endgültig zu begründen, da es immer möglich ist, das
Modell durch Zusatzhypothesen zu retten. Weiterhin hat die Wissenschaftsgeschichte
gezeigt, daß es oft besser ist, ein fehlerhaftes Modell für einen Realitätsbereich

zu besitzen als gar keines.

An dieser Stelle soll nur auf die Schwierigkeiten hingewiesen werden, die mit der Modellvalidierung verknüpft sind. Eine Antwort auf die Probleme ist abhängig von der jeweiligen wissenschaftstheoretischen Position, die eingenommen wird /2/.

Es wird auch auf B. Schneider, Die Logik der Modellbildung, abgedruckt im vorliegenden Tagungsband, verwiesen.

3. Die Systemanalyse in Biologie und Medizin

Zunächst ist nicht einzusehen, warum die bisher beschriebenen Verfahren der Systemanalyse und des Modellaufbaus in den Wissenschaften, die sich mit lebenden Organismen beschäftigen, nicht einsetzbar sein sollen. Es hat sich gezeigt, daß auch Prozesse, an denen lebende Organismen beteiligt sind, auf ein Modell abgebildet werden können und sich quantifizieren lassen.

Es gibt jedoch einige Probleme auf dem Gebiet der Biologie und Medizin, die kurz erwähnt werden sollen. Hierbei zeigt sich, daß nur die Systemanalyse besonderer Beachtung bedarf. Die Untersuchung des abstrakten Modells selbst folgt dem üblichen Vorgehen und bereitet keine Schwierigkeiten. Sowohl analytische Verfahren wie auch die Simulation sind einsetzbar.

Die besonderen Schwierigkeiten der Systemanalyse auf dem Gebiet der Biologie und Medizin haben die folgenden Gründe:

* Abgrenzung gegen die Umwelt.

Biologie und medizinische Systeme zeichnen sich durch eine besonders enge Verflechtung zur Umwelt ab. Biologische und medizinische Systeme sind sehr viel stärker auf die Umwelt bezogen als z.B. technische Systeme. Außerdem ist es für biologische und medizinische Systeme schwieriger, die Umwelt unter Laborbedingungen konstant zu halten, um dadurch ihren Einfluß zu eliminieren.

Es bereitet aus diesem Grund besondere Probleme, für den Umwelteinfluß, dem das reale System ausgesetzt ist, im abstrakten Modell eine adäquate Ersatzdarstellung zu finden.

* Bestimmung der Modellobjekte und Festlegung der Attribute.

Die außerordentlich hohe Komplexität der meisten biologischen und medizinischen Systeme hat eine hohe Anzahl von Modellobjekten mit einer hohen Anzahl von Attributen zur Folge. Die Systemanalyse kann daher sehr schwer abschätzen, welche Systemkomponenten als wesentlich im Modell übernommen werden müssen und welche als nebensächlich vernachlässigt werden können. Dazu kommt die Schwierigkeit, für die Attribute zuverlässige Werte zu bestimmen.

* Definition der Modellstruktur.

Die Komplexität der biologischen und medizinischen Systeme hat weiterhin eine komplexe Modellstruktur zur Folge, die nur sehr schwer ermittelt werden kann.
Die soeben genannten Schwierigkeiten haben dazu geführt, im Bereich von Biologie und Medizin mit dem Begriff "ill defined systems" zu arbeiten /4/.
Es soll an dieser Stelle herausgestellt werden, daß für "ill defined systems" Modellbildung nicht einsetzbar ist. Nur ein eindeutig definiertes abstraktes Modell ermöglicht die Ableitung neuer Ergebnisse.
Einige Hinweise müssen genügen, die zeigen, auf welche Weise auch in Biologie und Medizin ein eindeutig definiertes abstraktes Modell erreicht werden kann.

* Weitgehende Abstraktion.

Bewußt fallen Einzelheiten dem Abstraktionsprozeß zum Opfer. Dadurch wird das Modell natürlich sehr grob und ungenau. Man gewinnt auf diese Weise zunächst eine ungefähre Vorstellung über das Systemverhalten. Das grobe Modell könnte dann allerdings schrittweise durch Hinzugabe weiterer Systemelemente und Systemfunktionen verbessert werden.

* Einführung stochastischer Modellkomponenten.

Falls das genaue Verhalten einer Modellkomponente nicht bekannt ist, kann die kausale Abhängigkeit durch eine Wahrscheinlichkeitsverteilung ersetzt werden.

* Systemidentifikation.

Man kann eine Annahme über die Modellstruktur machen und anschließend die Attribute so festlegen, daß die damit bestimmten Modellergebnisse mit Meßreihen übereinstimmen.

* Fuzzy Systems.

Oft ist es in der Biologie und Medizin schwer möglich, für Objekte oder Relationen eine eindeutige Mengenzugehörigkeit zu treffen. Hier liefert die Theorie der fuzzy systems eine adäquate Beschreibungsmöglichkeit. Siehe hierzu /5/ und /6/.

LITERATUR

/1/   Schmidt, B.: Systemanalyse und Modellbildung,
       erschienen in Simulationstechnik, Informatik Fachberichte Bd. 56,
       Springer Verlag 1982

/2/   Lokatos, I.; Musgrave, A.: Kritik und Erkenntnisfortschritt,
       Vieweg Verlag, 1974

/3/   Williams, R.B.: Computer Simulation of Energy Flow in Cedar-Bog-Lake,
       System Analysis and Simulation in Ecology, Academic Press, 1971

/4/   Vansteenkiste, G.C.; Spriet, J.A.: Modelling Ill-Defined-Systems,
       erschienen in Progress in Modelling and Simulations, Academic Press, 1982

/5/   Zadeh, L.A.: Simularity Relations and Fuzzy Orderings, Information Sciences 3,
       1971

/6/   Gottinger, H.W.: Towards a Fuzzy Reasoning in Behavioral Sciences, Cybernetica
       16, 1973

SYSTEM-THEORETIC CHARACTERIZATION OF LIVING SYSTEMS

U. an der Heiden, G. Roth, and H. Schwegler

Zusammenfassung. Lebende Systeme (Organismen) werden als selbsterzeugende und selbsterhaltende Systeme charakterisiert. Die Begriffe der Selbsterzeugung und Selbsterhaltung werden einer system-theoretischen Explikation unterzogen. Diese führt auf Prinzipien, von denen gezeigt werden kann, daß sie in ihrer Gesamtheit unter allen bekannten Systemen am besten von Lebewesen realisiert werden. Für lebende Systeme wesentliche Strukturen sollen damit in einen koordinierenden Brennpunkt gerückt werden.

Summary. Living systems (organisms) are characterized as self-generating and self-maintaining systems. The notions of self-generation and self-maintenance are subjected to a system-theoretic explication leading to principles which are altogether optimally realized by living beings. The aim of the paper is to bring into focus essential structures coordinating our knowledge of living systems and their development.

1. Introduction

Many aspects of living systems can be and have been investigated; so many that no one is knowing how much we do know about them and how much we do not know. Does the great manifold of phenomena of life allow to find some system-theoretic principles which are connected to all these phenomena and thereby giving rise to some systematic order of our knowledge of life?

Often living systems are considered to be very complex and "nonlinear". They appear as if they are particularly complicated machines. However, if this is true, the question remains whether they can be distinguished in a non-gradual way from other also very complicated and nonlinear machines which no one would call a living system. Apparently the answers to these questions would have considerable consequences on our scientific investigation of living systems. It is the aim of this paper to briefly outline a framework of concepts and relations we developed in an effort to solve these problems.

It is very remarkable that the totality of life represents a process which is persisting now since several billion years, and in principle can be imagined to go on forever if the environmental conditions of the earth would remain essentially constant. Though during evolution nearly all properties of living processes have changed drastically the capability of life to maintain itself has not changed. Our work is guided by the idea to find out just those properties of living beings which are the basis for this persistence, and therefore in some sense are also the basis for many other properties to be observable in the realm of life. Our final result will be to characterize living beings by self-production and self-maintenance.These two notions will be defined by system-theoretic concepts. Of course we can give here only a rough sketch. For more details the reader is referred to the literature, particularly also to the work of H. R. Maturana and F. J. Varela from which our ideas started.

2. Processes

A process is defined as a connected four-dimensional spatio-temporal domain B and certain physico-chemical entities or quantities $V1,V2,....,Vn$ distributed in this domain. Each of the components Vi of the vector $V=(V1,V2,...,Vn)$ is a function with domain B. For any point $(s,t) \in B$ the value $Vi(s,t)$ is just one value of the physical or chemical quantity Vi, for $i=1,2,...,n$. E.g. Vi may denote a mass density, an electro-magnetic field, a gravitational field, the concentration of some type of molecules.

Moreover it is part of the definition of a process $P=(B,V)$ that it is separated or delimitated from its environment, i.e. that part of the world exterior to B, by the way that at each point (s,t) of the three-dimensional boundary at least one of the quantities Vi has a discontinuous spatial gradient or at least approximately discontinuous spatial gradient. This rule only determines the spatial boundary of a process. The temporal boundaries, consisting of its beginning and ending, are determined by one of three types of events: fusion of several processes, division of one process into several, or building up or fading away of the spatial boundary. The temporal boundaries are not sharp points in time but defined by an unambiguously detectable property.

Examples of processes are: stones, waters, chemical reactions, the earth, cells, organs, organisms.

3. Systems

By way of their decomposition into components $V1,V2,...,Vn$ processes are systems. However, we define systems more generally. Two disjoint processes with spatio-temporal domains B1, B2 (i.e. the intersection of B1 and B2 is empty or only contains boundary points of B1 or B2) interact if at least for one instant the processes have some part of their boundary in common (i.e. they touch each other without necessarily fusing). A system S is a union of finitely or infinitely many mutually disjoint processes P1,P2,.... obeying the condition that any two of its processes are linked together by a chain of interactions beween processes which all belong to S. The processes P1,P2,... are called the constituent subprocesses of the system S. For example, proper subproceses of constituent subprocesses are not constituent subprocesses.

We give some examples of systems and their constituent subprocesses: A mechanical clock and its cog-wheels, springs, casing; a chemical reaction and its spatio-temporally separated reactants; a population and its individuals if these are connected by descent; an organism and its biological macromolecules.

A system is itself a process. Hence the notions of boundary, environment, and interaction for processes carry over naturally to systems.

Note that two different subdivisions of an object into constituent subprocesses define two different systems.

4. Self-generating systems

The state of a system or a process at the time (or time interval) of its beginning is called its initial condition. No system can generate itself in an absolute sense since its initial condition is constituted by other processes or systems. In a less strict sense we call a system self-generating if in the course of its history new constituent subprocesses originate within the system and if at some time the system only consists of constituent subprocesses which orininated within itself. This description is stated more precisely in the following way:

A system S=(P1,P2,...) is defined to be self-generating if there is a time t and a non-empty subset (Pi1,Pi2,...) of its constituent subprocesses such that the following three conditions hold:
(i)   Pi1,Pi2,... originate after t
(ii)   Pi1,Pi2,... are the only constituent subprocesses of S existing after t
(iii) each of the initial conditions of Pi1,Pi2,... is constituted at least partially by constituent subprocesses of S.

Remark: The subset (Pi1,Pi2,...) may depend on the choice of t.

Condition (iii) is the main reason for the special quality of self-generating systems that the existence of the system is a prerequisite to the existence of its (constituent) parts.

Examples of self-generating systems are: chemical reactions showing after some time a spatial decomposition into reactants which were all produced within the reaction; populations in which permanently new individuals come into being and old individuals die away; organisms synthetizing the macromolecules out of which they consist.

All machines existing up to now are not self-generating since they do not allow a decomposition into constituent subprocesses (parts) satisfying condition (iii): Most parts of a machine are produced independent and outside of the machine. Hence it is not very helpful to say that organisms are complicated machines.

5. Self-maintaining systems

As a rule self-generating systems like systems in general are left to one of two fates: either they disintegrate in the way that their constituent subprocesses stop to exist or a final state is reached where no new constituent subprocesses originate. None of these alternatives is typical for living systems. Organisms have the remarcable capability to persist permanently though there are no permanently persisting constituent subprocesses. They fulfil the property of self-generation in a very exaggerated form because they produce themselves not only once but permanently, again and again. Together with some other conditions still to be specified this strong type of self-generation is called self-maintenance.

Most chemical reactions are not self-maintaining because they stop with some end-products in a chemical equilibrium. However, there are cyclical reactions like the Belousov-Zhabotinsky reaction in which again and again new constituent subprocesses come into being. There is at least one reason not to call such a system self-maintaining: It is very important for the Belousov-Zhabotinsky reaction that it takes place inside some reaction vessel. This vessel exists before and independent of the reaction and it constitutes parts of the boundary of the reaction. Removing of the walls of the vessel would nearly immediately cause the reaction to lose its cyclical behavior, i.e. its self-maintaining character. Therefore we postulate for a self-maintaining system that its boundary not even partially does exist independent of the system, but is maintained by the system itself. This property is formulated precisely as follows:

A system has by definition an <u>autonomous (self-determined) boundary</u> if the spatial domain defined by the intersection of the spatial boundary of the system and the spatial boundary of its environment does not exist independent of the system. It is evident that organisms do satisfy this condition. On the contrary, any chemical reaction taking place in a vessel such that parts ofthe boundary of the vessel are parts of the boundary of the reaction, has no autonomous boundary.

If the boundary of a population of organisms is considered to consist in the union of the boundaries of its individuals then this population also has an autonomous boundary. Mainly for the reason that the individuals of a population or some subroups of individuals of a population may have little to do with each other arbitrary populations should not be examples of self-maintaining systems. They are excluded by postulating that a self-maintaining system has to be spatially connected at each time of its existence. Spatial connectivity indicates a type of unity of a system populations are generally lacking.

If self-maintenance should be characteristic and up to now unique to living beings we have still to exclude the cases of the total world and the sun. Evidently both systems are partitioned into subprocesses which are permanently produced within the corresponding system, and they also satisfy the conditions of an autonomous boundary (an empty condition in the case of the world) and spatial connectivity (mutatis mutandis certain aspects of relativity theory). This is the reason why we have to add another condition to arrive at a complete definition of self-maintenance. One striking difference between the world and the sun on the one hand and living beings on the other hand is that the latter have to take up matter and/or energy from their environment in order to maintain the gradient of their boundary separating them from just this environment. Therefore it is to be presumed that energetic and material resources required for the maintenance of the system are permanently available in the environment and in fact are consumed by the self-maintaining system. This condition is called the principle of <u>external support</u> or <u>material/energetic openness</u> of a system. Obviously the world and the sun do not satisfy this criterion.

Since to our knowledge living beings are the only systems satisfying all principles of self-maintenance, so far enumerated, to an extreme degree we claim to have arrived now at a definition of self-maintenance which may be used to characterize living beings. We summarize:

A system S of constituent subprocesses P1,P2,... is called <u>self-maintaining</u> if the following conditions are satisfied:

(i)   at each time of its existence S is spatially connected (<u>unity</u>)

(ii)   the intersection of the spatial boundary of S and the spatial boundary of its environment does not exist beyond the existence of the system (<u>autonomous boundary</u>)

(iii) S is existing in an environment from which it takes up energy and /or matter (<u>external support</u>, <u>material/energetic openness</u>)

(iv)   each of the constituent subprocesses only persists for a finite time (<u>dynamicity</u>)

(v)   the constituent subprocesses existing at any time participate in the initial conditions of the subprocesses existing at a subsequent time such that the system is permanently maintained (<u>self-reference</u>).

It has to be noted that these are the conditions of ideal self-maintaining systems. Probably most living beings possess some innate mechanisms limiting their life-time. However, these mechanisms generally become dominant to the events in the organism only at a late period of their life. Moreover it cannot be assumed that the material/energetic conditions of the environment required for the realization of self-maintenance persist really forever. Essential to our definition is not that the self-maintaining system exists forever but that the "life-time" of the system is by far longer than the average duration of their constituent subprocesses. Living beings are "realistic" self-maintaining systems.

It is possible to explicate these principles of self-maintenance by joining them with known physical and chemical laws and with the historical conditions occuring on earth in the long history of evolution. By this way many both general and detailed properties of structure, function and organization of organisms and their evolution may be derived and brought into a systematic context. Part of this work has been done in another paper by these authors. Some points may be indicated: existence of global and local metabolism; macroscopic structures and their homeostatic stability; environmental fluctuations and the type of coupling between organism and environment; invariants of evolution; the relation between pheno- and genotype.

Two observations are at hand: First, it may turn out that the properties (i) - (v) are not complete to delimitate living from non-living systems. This is a problem of empirical verification. Secondly, it may be possible to start with another set of principles. In this case it should be possible to derive the two sets in some way from each other.

Finally we appreciate very much the inspiration emanating from the work of H. R. MATURANA and F. J. VARELA. Their ideas on "autopoietc" systems were the starting point for our considerations. We hope that we succeeded to transform and extend some of their ideas into more precise, testable, and useful scientific concepts. Unfortunately a discussion on the relation between their and our notions would be very extensive and cannot be specified here.

References

1. U. an der Heiden, G. Roth, H. Schwegler: The organization of organisms (in preparation)

2. U. an der Heiden, G. Roth, H. Schwegler: Principles of self-generation and self-maintenance. Acta biotheoretica (1984), in press

3. H. R. Maturana: The organization of the living: A theory of a living organization. Internat. J. of Man - Machine Studies 7, 313-332(1975)

4. H. R. Maturana: Erkennen: Die Organisation und Verkörperung von Wirklichkeit. Vieweg Verlag, Braunschweig-Wiesbaden 1982

5. H. R. Maturana, F. J. Varela: Cognition and autopoiesis. D. Reidel, Boston 1980

PETRI-NETZE ZUR SIMULATION VON NEURONENVERSCHALTUNGEN

UND EINFACHEN LERNVORGÄNGEN

Joachim Elz, Dortmund

Zusammenfassung : Der Autor gibt zunächst eine kurze Zusammenfassung über die Struktur und Funktion von Petri-Netzen sowie über Möglichkeiten der Simulation auf Rechnern. Im zweiten Teil wird die Möglichkeit gezeigt, Neuronen als Petri- Netze zu beschreiben, wobei Erregung, Hemmung und Lernverhalten simuliert werden können. Im dritten Teil wird die Einführung von nondeterministischen Abläufen gezeigt.

Abstract : The autor starts with a short survey about structure and function of Petri Nets and the existing simulation procedures. The second part shows the fundamental description of neurons as Petri nets and the stepwise refinement to learning neurons. The third part gives a hint for the introduction of nondeterminism by monte-carlo decision.

1. Einiges über Petri-Netze

Die grundlegenden Strukturen wurden schon Anfang der 6oer Jahre von C.A.Petri definiert (/1/). Sie erwuchsen aus dem Bedürfnis, vom Konzept des Zustandsautomaten her eine Methode zur Beschreibung von parallel laufenden Prozessen zu gewinnen und die Methoden zur Beschreibung von diskreten Strukturen, die die Mathematik gerade entwickelt hatte, darauf anzuwenden.

1.1. Definition eines Petri-Netzes

Anschaulich entsteht ein Petri-Netz aus einem bipartiten Graphen mit gerichteten Kanten, dessen disjunkte Eckenmengen γ und $\mathcal{F}$ als **Stellen** S und **Transitionen** T bezeichnet werden. Kanten können nur zwischen S und T oder zwischen T und S liegen: $N = \{ \gamma , \mathcal{F} , F \subset (\gamma \times \mathcal{F}) \cup (\mathcal{F} \times \gamma) \}$

Jeder Stelle S wird nun durch eine Abbildung,"**Markierung**", eine natürliche Zahl oder $\mathcal{O}$ zugeordnet : $M: \gamma \to \mathbb{N} \cup \{0\}$.

Die Stellen sollen jeweils eine beschränkte Aufnahmekapazität für Marken haben, die durch $K: \gamma \to \mathbb{N}$ gegeben ist, sodaß $M(S) \leq K(S)$.

Die Kanten $f \in F$ haben eine **Bewertung**, die aus einer natürlichen Zahl besteht: $W: F \to \mathbb{N}$. Ein so definiertes Netz unterliegt nun einer kausalen Dynamik nach folgenden Vorschriften (Abb.1):

Eine Transition T ist **aktiviert**, d. h. ein Übergang ist möglich, falls für jede Eingangskante (S_i ,T) mit $W(S_i ,T) = i$ gilt: $M(S_i) \geq i$ und für jede **Ausgangs-**

kante (T, S_a) gilt: $M(S_a) + W(T, S_a) \le K(S_a)$. Bildlich gesprochen, müssen also in den Eingangsstellen jeweils der Wertigkeit entsprechend genügend Marken vorhanden sein und in den Ausgangsstellen genügend freie Kapazität.

Abb.1:

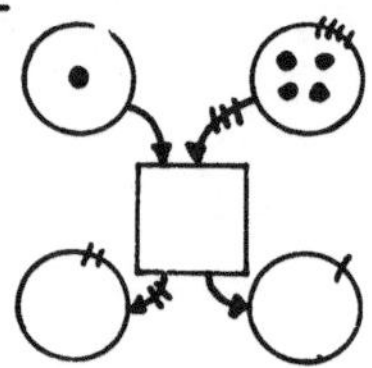
T ist aktiviert

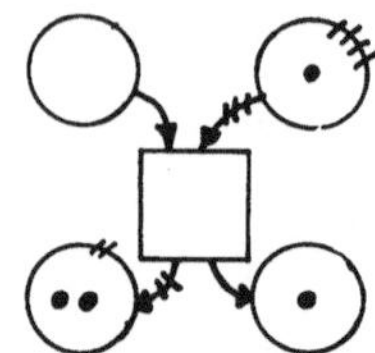
T hat gezündet

Wenn der Übergang stattgefunden, d.H. die Transition <u>gezündet</u> hat, hat sich die Markierung der Eingangsstelle geändert zu $M'(S_i) = M(S_i) - W(S_i, T)$ und die der Ausgangsstellen zu $M'(S_a) = M(S_a) + W(T, S_a)$.

Mit Hilfe dieser Definitionen lassen sich nun nebenläufige Prozesse simulieren, indem man bei einer bestimmten Anfangsmarkierung beginnt. In der bisherigen Forschung (/2/) hat man die Stellen z.B. mit Zuständen identifiziert, den Marken materielle Größen, Einheiten oder Datenmengen zugeordnet und die Transitionen als Zustandswechsel, Materialbewegung, Erzeugung und Verbrauch oder Verarbeitung von Daten interpretiert. Für die Zusammenstellung und Simulation von Netzen sind zahlreiche rechnergestützte Verfahren entwickelt worden. Dabei standen Fragen nach den von einer bestimmten Markierung aus erreichbaren anderen Markierungen sowie nach dem Auftreten von Konflikten und Verklemmungen im Vordergrund (/3/). <u>Konflikte</u> entstehen, wenn zwei Transitionen mindestens eine Eingangs- oder Ausgangsstelle gemeinsam haben und die Markierung zuläßt, daß beide aktiviert sind, aber nicht beide gleichzeitig zünden können. In diesen Fällen muß von außen eine Entscheidung getroffen werden(Abb.2).

Abb.2:

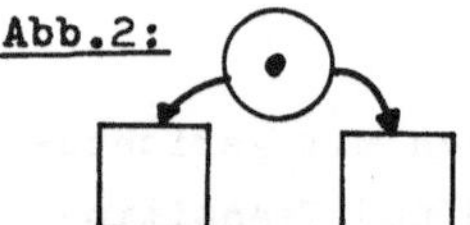
Eingangskonflikt

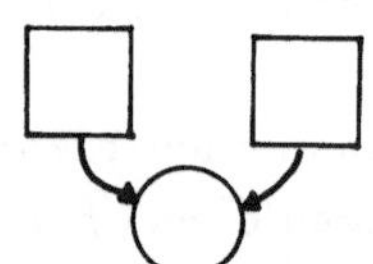
Ausgangskonflikt

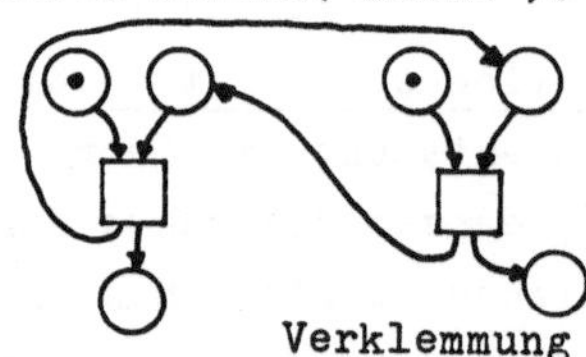
Verklemmung

<u>Verklemmungen</u> treten auf, sobald keine Transition mehr aktiviert ist, obwohl noch Marken im Netz sind. Da bei Neuronen Marken nach einer gewissen Zeit immer abgebaut werden, brauchen wir hier die Verklemmungsanalyse nicht zu berücksichtigen. Für uns sind Aussagen überZündhäufigkeiten interessanter.

Um zeitlich definierte Vorgänge wie z.B. Impulsverarbeitung zu beschreiben, müssen wir unsere Definition erweitern. In der Literatur (/4/,/5/) sind eine große Zahl von Erweiterungen beschrieben worden, die teilweise die Anschauung erleichtern, teilweise die Netze vereinfachen. Hier wollen wir uns aber beschränken, um auch allgemeine Analyseverfahren nicht auszuschließen.

1.2. Erweiterung um zeitverzögerte Transitionen

Diese Erweiterung kann formal im Rahmen des allgemeinen Modells eingeführt werden, indem man eine Transition in regelmäßigen Zeitabständen schalten läßt und so Zeitmarken erzeugt, die in zeitbestimmten Transitionen bewegt werden. Jede dieser Transitionen muß nun an Zeit-Stellen angeschlossen werden. Übersichtlicher wird es mit der folgenden Definition :

Für eine zeitverzögerte Transition $V = (\ T \subset \mathcal{T}, t_v \in \mathbb{R})$ soll gelten : in dem Moment ihrer Aktivierung werden in den Eingangsstellen entsprechend viele Marken reserviert : $M(S_i) = M_r(S_i,T) + M_u(S_i)$ mit $M_r(S_i,T) = W(S_i,T)$.
Eine andere Transition sieht für ihre Aktivierung nur die nicht reservierten Marken. Nach Ablauf der Transitionszeit t_v werden, falls die Ausgangsstellen noch freie Kapazität haben, die reservierten Marken getilgt und die der Ausgangsstellen wie bei einer normalen Transition verändert. Die Konflikte zwischen zeitverzögerten Transitionen sind komplizierter, für den Eingangskonflikt bietet sich aber folgende Strategie an (first come, first served): die Transition mit der kürzeren Schaltzeit hat Vorrang, sobald sie aktiviert ist.

2. Neuronen

2.1. Neuronen als verfeinerte Transitionen

Die Anschauung legt nahe, Neuronen als Transitionen zu beschreiben, die Synapsen als Ein- und Ausgangsstellen. Auf dieser einfachen Ebene könnte aber eine synaptische Erregung, als Marke dargestellt, nur durch Zünden des Neurons abgebaut werden. Das führt zu dem in Abb. 3 vorgestellten Modell eines Neurons mit 2 erregenden Synapsen in Koinzidenzschaltung und zwei Ausgangssynapsen.

Abb.3:

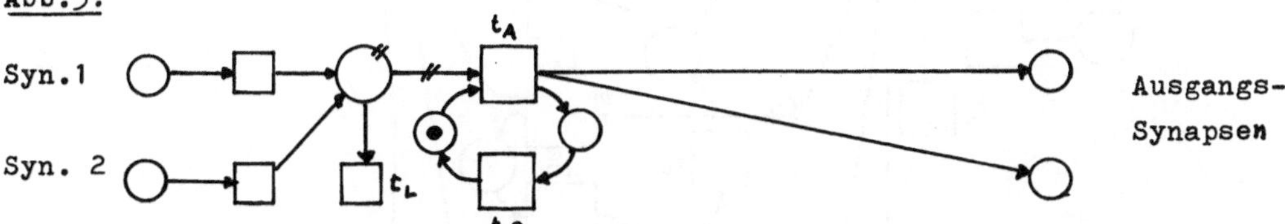

Die eingetragene Anfangsmarke beschreibt den polarisierten Ruhezustand. Die Zündverzögerung $t_A = 0{,}2$ ms, die Refraktärzeit $t_R \approx$ ca 1,0 ms sind nach (/6/) eingesetzt. Die Erregung einer einzelnen Synapse wird mit $t_L = 10$ ms abgebaut. Die bei der Erregungsleitung auftretende Verzögerung zeigt <u>Abb.4</u>:

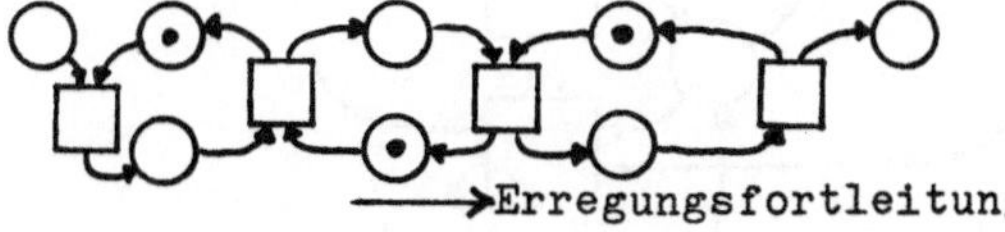

Präsynaptische Hemmung kann als Wegnahme der Markierung einer einzelnen Synapse beschrieben werden, die Vorrang vor der Übertragung ins Neuron hat, wie in Abb.5 gezeigt. Bei der postsynaptischen Hemmung muß der Übergang des ganzen Neurons in den hyperpolarisierten Zustand dargestellt werden wie in Abb.6.

Abb. 5 : Präsynaptische Hemmung

Erregende

Hemmende

Synapse

Kurzzeichen

Abb.6 : Postsynaptische Hemmung

Erregende

Hemmende

Synapse

Kurzzeichen

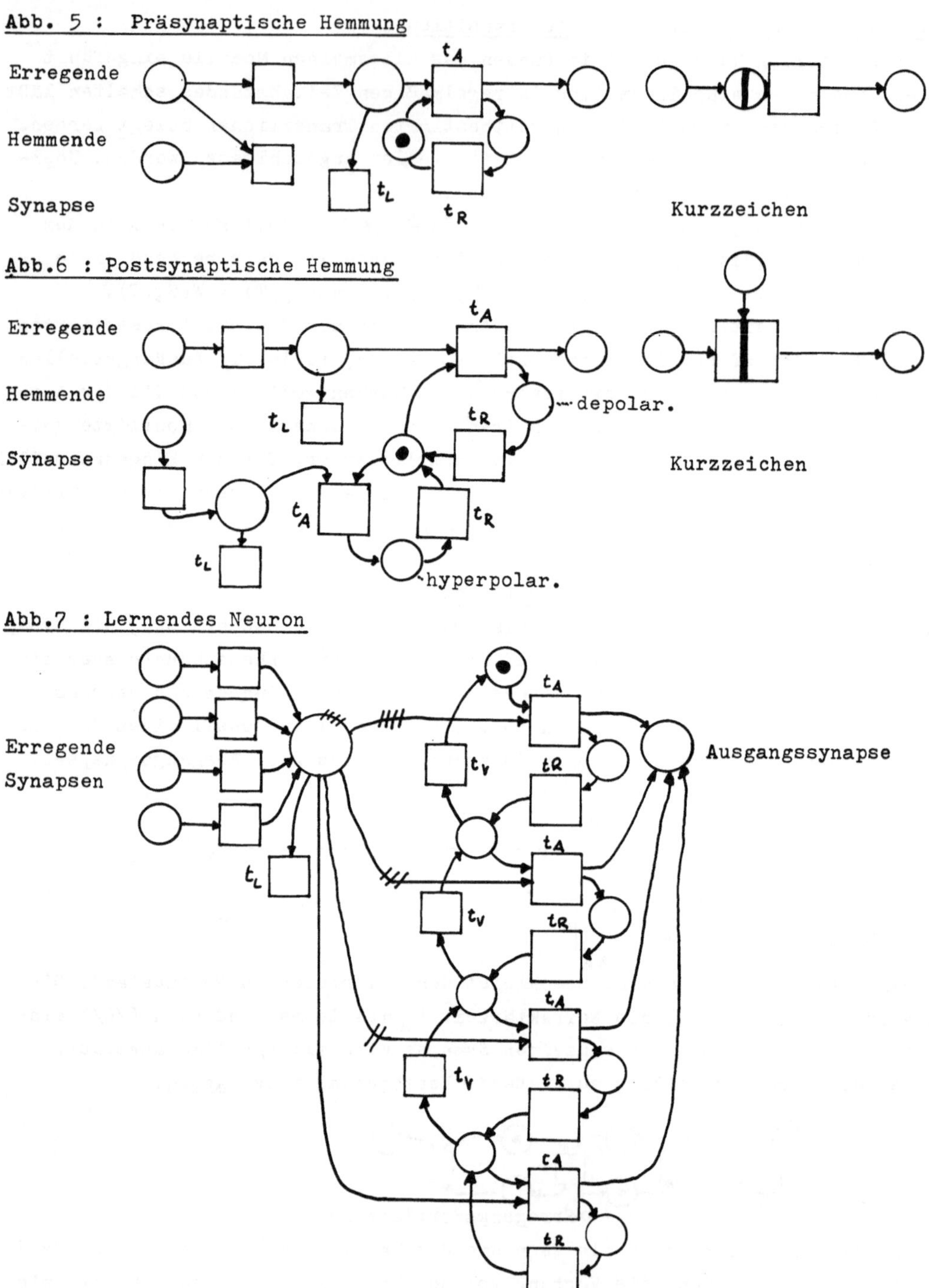

Abb.7 : Lernendes Neuron

Vergessenszeit $t_V \sim 1000$ sec

2.2. Neuronen als lernfähige Systeme

Grundla ge des Lernverhaltens ist hier die Annahme, daß sich der innere Zustand eines Neurons auf lange Sicht verändert, wenn eine bestimmte Reizkombi-
nation häufig auftritt (/6/,/7/). Das Neuronenmodell muß also entsprechend
verfeinert werden, wobei jeder einzelne zwischenzeitlich erreichte Speicher-
zustand beschrieben werden muß. Das Vergessen kann durch langdauernde Transitionen von einem höheren Lernzustand in einen niedrigen beschrieben werden
wie in Abb.7 gezeigt. Mit dem Erreichen eines Lernzustandes ist hier die Verringerung der Erregungsschwelle verbunden. Dieses Modell kann zur Beschreibung
eines konditionierten Verhaltens angewendet werden. Der Reiz "Klingel" in
Abb.8 erzeuge normalerweise die Reaktion "Flucht", der Reiz "Futter" die Reaktion "Annäherung". Beide Reaktionen hemmen sich gegenseitig. Tritt nun am
Lernneuron LN "Futter" und "Klingel" gemeinsam auf, so wird das registriert,
so daß nach mehrmaligem Auftreten schon der Reiz "Klingel" alleine ausreicht,
um "Annäherung" auszulösen. Bei Ausbleiben des "Klingel"- Signals über eine
längere Zeit wird die Konditionierung wieder vergessen.

<u>Abb.8:</u>

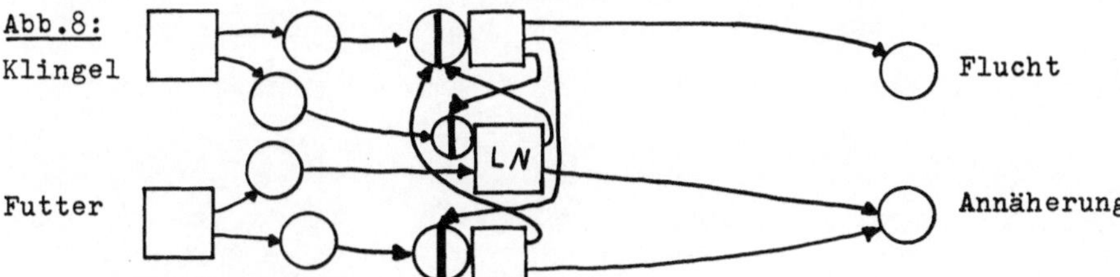

3. Nichtdeterminismus

Durch ein System, das die Zeitverzögerungen mittels Zähler und Zeitraster zugrunde liegt, kann echte Parallelität nicht ohne weiteres nachgebildet werden.
Statt dessen können die verzögerten Transitionen auch zu einem zufällig gewählten Punkt im Zeitraster beendet werden, wobei die Wahrscheinlichkeit reziprok
zur durchschnittlichen Übergangszeit liegt. Mit vielen Durchläufen erhält man
dann eine statistische Verteilung für die mit dem Modell zu bestimmenden Größen, die der in der Natur zu erwartenden analog ist.

4. Ausblick

Mit implementierten Systemen, die auf den hier definierten Transitionen aufbauen, wurden schon erfolgreich Zentraleinheiten von Großrechnern simuliert(/8/).
Bei Anwendung auf Neuronennetze können einerseits auf anschauliche Weise Hypothesen überprüft, andererseits Größen wie maximale Erregungsfrequenzen,
Informationsflüsse und Reaktionszeiten bestimmt werden. Auch die Überlastung
eines Sinneskanals läßt sich bestimmen. Die Algorithmen sind zwar im Extrem-
fall bezüglich der Rechenzeit exponential in der Anzahl der Transitionen, aber
die mikroskopisch zu verfolgenden Zusammenhänge sind nicht so komplex, daß
man die Verbindung jewils zwischen allen Neuronen simulieren müßte. Netze mit
5oo Stellen und Transitionen sind noch ohne Schwierigkeiten zu simulieren,
wenn man über eine bequeme Eingabemöglichkeit verfügt(/8/).

Literatur

/1/   C.A.Petri : Kommunikation mit Automaten,Schriften des IIM Nr.2,
         Bonn(1962)
/2/   H.J.Genrich et al. in: Net Theory and Applications,LNCS 84,
         Heidelberg (1980)
/3/   M.Jantzen,R.Valk, a.a.O.
/4/   K.Zuse,a.a.O.
/5/   Application and Theory of Petri Nets,Informatik-Fachberichte 52,
         Berlin(1982)
/6/   R.F.Schmidt,G.Thews: Physiologie des Menschen, Berlin(1983)
/7/   D.L.Alkon et al.: Primary Changes of Membrane Currents during
         Retention of Associative Learning, Science Bd.215,4533(1982)
/8/   J.D.Noe: Nets in Modeling And Simulation, wie in /2/

Adresse:

Joachim Elz, Hans-Wilhelm-Hansen-Weg 9, 46 Dortmund 5o

ANWENDUNG DER SYSTEMANALYSE IM MEDIZINISCHEN LABORATORIUM

W. Renn, H.U. Marschall, M. Eggstein, Tübingen

Zusammenfassung. Die vielfältigen Anwendungsmöglichkeiten der Systemanalyse im medizinischen Laboratorium werden in vier Problemkreisen
dargestellt: Kalibrierungskurven , Hormon-Rezeptor-Bindungskurven ,
Verlaufsdarstellung von Laborparametern und systemtheoretische Auswertung endokrinologischer Funktionstests . Besonderer Wert wird auf
die Darstellung der Ergebnisse in Form eines grafischen Laborberichts
gelegt. Beispiele zu den verschiedenen Themenkreisen veranschaulichen
die verwendeten Methoden.

Summary. Various applications of systems analysis in the medical
laboratory are presented: Calibration-Curves, Hormon - Receptor
Binding-Curves, Time-Curves of laboratory parameters and Evaluation
of endocrinological functiontests. The results of the analysis are
represented for the physician in form of a grafical laboratory -
report. Examples for the four different applications mentioned
above are shown to demonstrate the methods used.

1. Einführung

Im Gerinnungs-, klinisch-chemischen und besonders im endokrinologischen Laboratorium der Medizinischen Klinik gibt es zahlreiche
Anwendungen für die Systemanalyse biologischer Prozesse. Dabei
geht es um das Problem, zwischen den einzelnen Meßpunkten, die
man von einem biologischen System gewonnen hat, mit Hilfe der Lösungskurven eines mathematischen Modelles nichtlinear zu interpolieren.
Aus den Systemparametern, die man bei diesem Anpassungsprozess
berechnet, kann man auf die Eigenschaften des untersuchten biologischen Systems rückschließen.

Bei der Untersuchung von Patienten, kann man relativ wenig Daten
bestimmen. Man ist deshalb auf einfache Modelle angewiesen. Die Beispiele zeigen jedoch, daß es trotzdem gelingt, wertvolle Hinweise
für die Diagnose, Therapie und Prognose der untersuchten Patienten
mit Hilfe der mathematischen Auswertung zu gewinnen. Um deren Ergebnisse dem Kliniker, der mit der Systemanalyse nur wenig vertraut ist,
verständlich zu machen, wird die Dokumentation der Ergebnisse in Form
eines grafischen Laborberichts dargestellt. Die Anpassung der freien
Modellparameter wird mit einem Optimierungsprogramm (1) durchgeführt.

2. Berechnung nichtlinearer Kalibrierungskurven.

Bei der Bestimmung der Aktivität von Gerinnungsfaktoren ist die Ermittlung einer Eichkurve notwendig. Das kaskadenartige Gerinnungssystem ist bekannt und kann durch ein komplexes mathematisches Modell beschrieben werden. In der Praxis, bei der Durchführung von Schnellmethoden, ist man jedoch auf empirische Modelle angewiesen. Als Beispiel ist in Abb.1 die Eichkurve für die Quickberechnung gezeigt. Zur Erstellung der Eichung werden sechs verschiedene Verdünnungen des verwendeten Humanplasmas in Mehrfachbestimmungen gemessen. Die Meßwerte sind in der Abbildung durch I symbolisiert. Zwischen den Meßwerten wird dann mit Hilfe der angegebenen Formel nichtlinear interpoliert und die Eichkurve auf einem Schnelldrucker ausgegeben. Die Parameter werden außerdem bei der online Auswertung der Quickbestimmung verwendet. Bei der manuellen Erstellung der Quickeichkurve wird üblicherweise nur der lineare Anteil der Formel verwendet. Der exponentiale Anteil wurde von uns eingeführt, um den nichtlinearen Teil bei hohen Quickwerten zu beschreiben.

3. Berechnung der Affinität und Kapazität von Hormon-Rezeptoren.

Hormon-Rezeptor-Systeme sind mathematisch einfach zu beschreiben und gewinnen im medizinischen Labor zunehmend an Bedeutung. In unserem Labor werden die Insulin-Rezeptoren an Erythrozyten und Monozyten bei Diabetikern bestimmt. Außerdem wird eine Studie über Prostaglandin-Rezeptoren durchgeführt, um daraus Hinweise auf mögliche Risiken für koronare Herzerkrankungen zu gewinnen. In Abb.2 ist die Bindungskurve für Insulin-Rezeptoren dargestellt. Dabei wird ein Zweirezeptor-Modell verwendet, das durch die folgende Gleichung beschrieben wird:

$$B \: / \: F \; = \; R1 \: / \: (\: K1 \: + \: F \:) \; + \; R2 \: / \: (\: K2 \: + \: F \:) \qquad\qquad (\: I \:)$$

B ist die Konzentration des gebundenen und F die des freien Insulins. R ist die Kapazität und K die halbmaximale Bindung der Rezeptoren. Der grafische Laborbericht dient zur Kontrolle der Meßwerte und enthält die klinisch relevanten Parameter. Anhand der Bindungskurve kann man fehlerhafte Meßpunkte sofort erkennen. Die halbmaximale Bindung ist ein Maß für die Affinität und die Rezeptorzahl / Zelle für die Kapazität des untersuchten Rezeptorsystems. Diese Größen geben bisher unzugängliche Informationen für den Insulinbedarf von Diabetikern. Bei den Insulinrezeptoren an Erythrozyten fällt die halbmaximale Bindung außerhalb des Meßbereiches. In diesem Falle wird der Anteil des zweiten Rezeptors durch eine unspezifische Bindung ersetzt.

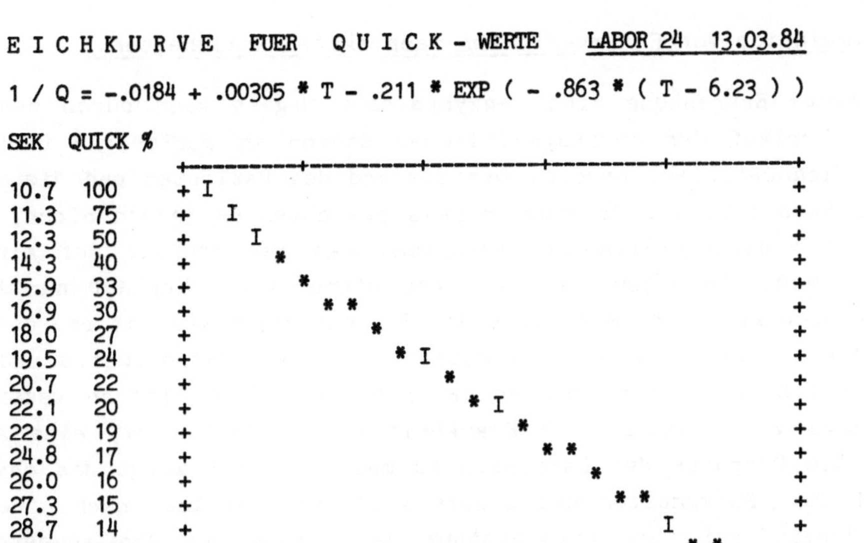

Abb. 1. Schematische Darstellung der Eichkurve für die QUICK-Berechnung.

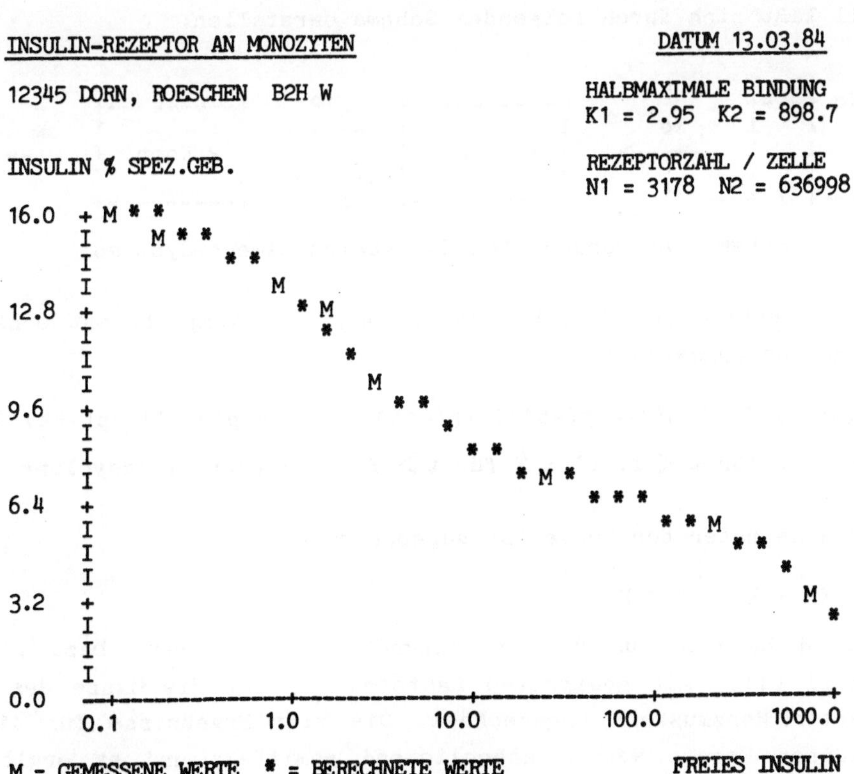

Abb 2. Bindungskurve für die Insulinrezeptoren an Monozyten.

4. Simulation von Enzymverläufen nach akuten Krankheiten.

Die akute Erkrankung eines enzymreichen Organs kann durch den typischen Verlauf der organspezifischen Enzyme im peripheren Blutkreislauf diagnostiziert werden. Der Zustand des Patienten und die ungenügende Kapazität des Pflegepersonals gestatten es jedoch nicht, diesen Verlauf kontinuierlich zu verfolgen. Man ist deshalb auf einzelne, wenige Meßwerte angewiesen, die den eigentlichen Verlauf nur lückenhaft widerspiegeln. Mit Hilfe der Systemanalyse gelingt es, den vollständigen Verlauf zu rekonstruieren sowie die Maximalwerte und integrierten Serumskurven abzuschätzen. Diese Größen liefern wesentliche Beiträge zur Diagnose der Krankheit und gestatten es, eine Aussage über die Prognose des Patienten zu machen. Abb.4 zeigt das charakteristische Enzymmuster und dessen zeitlichen Verlauf nach einem akuten Herzinfarkt. Die Ausschüttung der Enzyme aus den abgestorbenen Herzmuskelzellen wird durch eine Rechteckskurve beschrieben. Die Enzyme strömen dann in das Kapillar- und Lymphsystem - das 1. Kompartiment in unserem Modell - und von dort in den peripheren Blutkreislauf - das 2. Kompartiment - wo sie der Messung zugänglich sind. Dieses Modell läßt sich durch folgendes Schema darstellen:

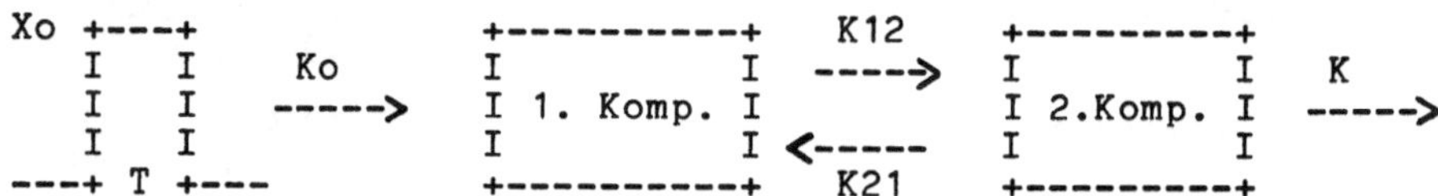

<u>Abb. 3.</u> Schema des verwendeten Zwei-Kompartiment-Systems

Für den Anstieg der Enzymkonzentration im 2. Kompartiment erhält man folgende Lösungskurve:

$$C = (XoKo/VT)*(A(1-exp(at'))exp(-at) - B(1-exp(bt'))exp(-bt)) \quad (II)$$

mit t' = t für t $<$ T, t' = T für t $>$ T, V = Verteilungsvolumen

Die Fläche unter der Kurve ist gegeben durch:

$$F = Xo * Ko / V * K \qquad\qquad (III)$$

Sie wird benützt, um die Infarktgröße zu berechnen. Dazu wird das Integral (III) mit geeigneten Faktoren (2) auf die Masse des nekrotisierten Herzmuskels umgerechnet. Die vier Ergebnisse für die verschiedenen Enzyme werden anschließend gemittelt und es ergibt sich die Infarktgröße, die auf dem grafischen Befund ausgedruckt ist. Die Normierung in der Grafik verdeutlicht die Wertigkeit der Enzyme.

ENZYMVERLAUF AB 11.05.83

1573 KALIF, STORCH   A1V M

DIAGNOSE: HERZINFARKT

% DES NORMWERTES

TAGE	L D H	G O T	CK-MB	C K
0	188	15	3	54
1	404	77	70	860
2	994	135	65	1148
3	1046	64	17	604
4	814	25	3	214
5	720	28	3	140
NORM	160	9	5	45
MAXIMA	1152	151	128	1404

INFARKTGROESSE :   31 GRAMM

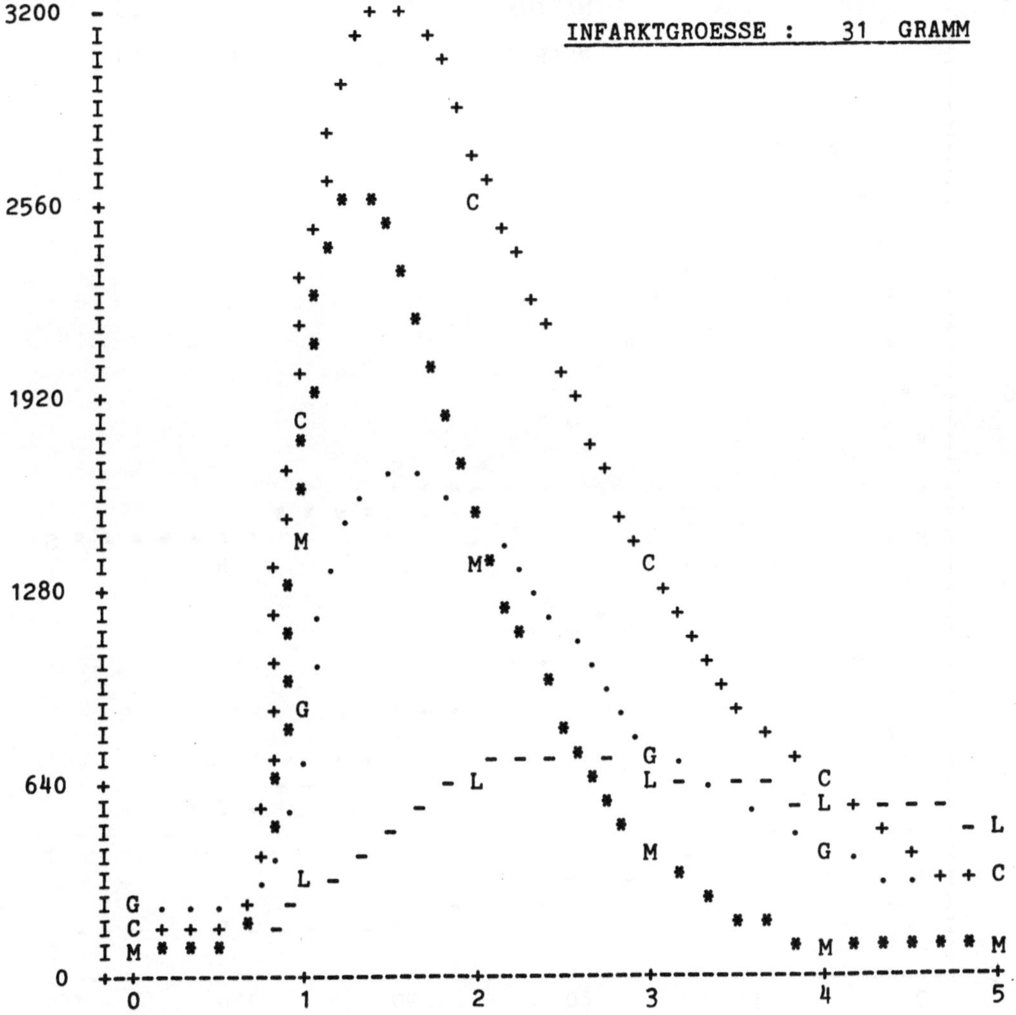

L---L = LDH   G...G = GOT   M***M = CK-MB   C+++C = CK   TAGE

Abb. 4. Enzymverlauf nach Herzinfarkt, mit den berechneten Maximalwerten und der Infarktgröße. Diese erhält man aus den integrierten Zeitkurven, die durch den Enzymgehalt pro Gramm Herzmuskel dividiert werden (2).

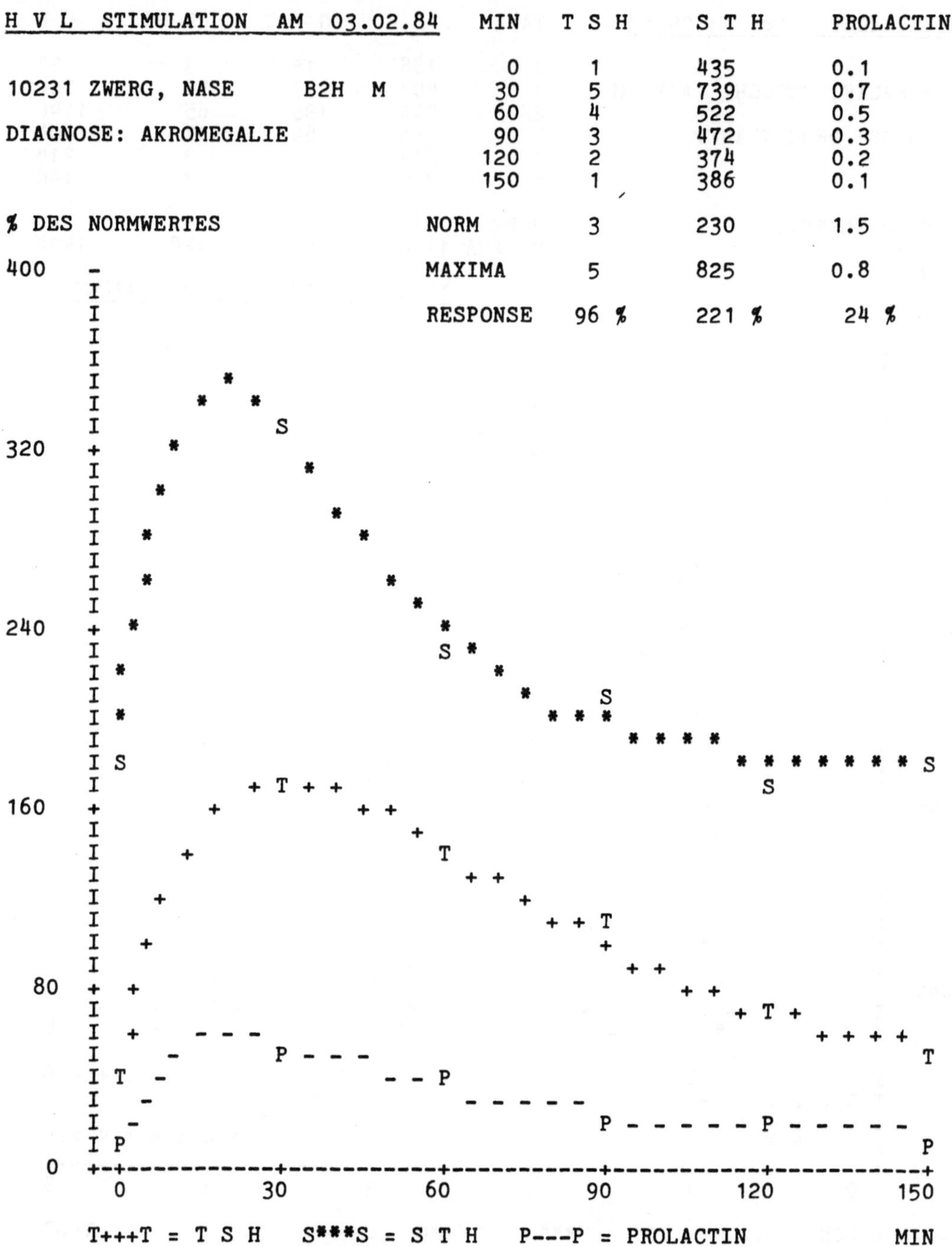

Abb. 5. Stimulation des Hypophysenvorderlappens mit T R F . Neben den gemessenen Werten sind die berechneten Responsewerte angegeben. Diese entsprechen den Flächen unter den interpolierten Verlaufskurven.

5. Auswertung und Dokumentation endokrinologischer Funktionstests.

Das lohnendste Anwendungsgebiet der Systemtheorie im medizinischen Labor ist die Analyse von endokrinologischen Stimulationstests. Dabei untersucht man die Eigenschaften eines biologischen Regelkreises des Patienten, um eventuelle pathologische Veränderungen oder die Existenz eines hormonausschüttenden Tumors nachzuweisen. Diese Untersuchungen werden in neuester Zeit aus folgenden Gründen immer komplexer und aufwendiger: Einerseits werden verschiedene Stimulantien gleichzeitig eingesetzt, andererseits werden, dank der ständig verbesserten Meßmethoden, mehrere Parameter gleichzeitig bestimmt, um aus einer Untersuchung möglichst viele Informationen zu gewinnen. Die dabei entstehende Datenflut kann nur mit Hilfe der Systemanalyse vernünftig ausgewertet und dokumentiert werden. Als Beispiel zeigt Abb.5 die Hormonausschüttung aus dem Hypophysenvorderlappen nach Stimulation mit TRF. Auch hier kann ein Zwei-Kompartiment-System (Abb.3) verwendet werden, da Wechselwirkungen zwischen den verschiedenen Hormonen nicht auftreten. Die intravenöse TRF-Dosis wird durch die Rechteckskurve beschrieben. Der Hypophysenvorderlappen stellt das 1. Kompartiment und der periphere Blutkreislauf das 2. Kompartiment dar. Die Responsewerte ergeben sich aus dem Integral (III), das durch die Zeitdauer der Untersuchung (150 Minuten) dividiert wird. Dazu wird der Basalwert addiert und die Summe mit dem entsprechenden Normwert geteilt. Dadurch gelingt es, den gesamten Hormonverlauf durch eine Zahl zu quantifizieren, die Hinweise auf pathologische Verhältnisse gibt. Bei dem Beispiel Abb.5 zeigen die Grafik und die Responsewerte sehr deutlich die abnormale Erhöhung des Wachstumshormons STH, was die Diagnose Akromegalie ("Riesenwuchs") eindrucksvoll bestätigt.

6. Schlußbemerkung.

Die Systemanalyse in Verbindung mit der grafischen Dokumentation leistet im medizinischen Laboratorium wertvolle Dienste. Meßfehler können schnell erkannt werden. Zusätzliche Informationen werden zur Verfügung gestellt, wie z.B. die Kenngrößen von Rezeptoren, Maximalwerte von Zeitkurven, die zwischen den Meßpunkten liegen oder die Integrale über die Zeitkurven und daraus abgeleitete Größen.

7. Literatur

1. POWELL MJD (1965) COMPUTERJOURNAL , 7.
2. MOGENS HORDER M et al. (1978) Proceedings of the Symposium CK-MB, Stockholm, Diagnostica Merk.

Ein Modulares Multirechnersystem für die Simulation dynamischer Prozesse

Armin Schöne, Bremen

Zusammenfassung: Bei der Simulation dynamischer physikalischer oder biologischer Prozesse kann man von mathematischen Modellen in Gestalt von Differentialgleichungen ausgehen. Für die Lösung solcher Differentialgleichungen hat die Verwendung eines modularen Multirechnersystems Vorzüge, das intern digitale Daten parallel verarbeitet, aus der Sicht des Benutzers aber wie ein Analogrechner betrieben wird. Ein solches Rechnersystem ist nicht zuletzt für die Echtzeitsimulation geeignet. Es wurde unter Verwendung marktgängiger Mikroprozessoren und anderer hochintegrierter Schaltungen entwickelt.

Summary: Dynamic physical or biological processes can be simulated on the basis of mathematical models that have the form of differential equations. For the solution of such differential equations the use of a modular multicomputersystem is of advantage that processes internally digital data in parallel, while it is driven like an analog computer from the user's point of view. Such a computer system is quite adequate for real time simulations too. It was developed by use of microprocessors of commercial standard and other LSI-circuits.

1. Einführung

Ein physikalisches oder biologisches Geschehen, einen Prozeß, kann man statisch oder stationär, d.h. nur in seinen Beharrungszuständen, oder aber dynamisch, d.h. einschließlich der Übergangs- oder Einschwingvorgänge betrachten. Aufgaben, bei denen die letztere Betrachtungsweise erforderlich ist, findet man in der Technik, aber auch in der Biologie, hier zum Beispiel bei Herz-Kreislauf-Systemen. Je nach der speziellen Aufgabenstellung kann es zweckmäßig sein, ein mathematisches Modell des betrachteten Prozesses, im letztgenannten

Fall also ein dynamisches mathematisches Modell, aufzustellen und zu
verwenden. Das gilt insbesondere für die Anwendung von Simulations-
verfahren. Die benutzten mathematischen Modelle können zum Beispiel
in Gestalt einer Reihe gewöhnlicher Differentialgleichungen vorliegen. Deren Lösungen beschreiben zeitabhängige Zusammenhänge
zwischen unabhängigen und abhängigen Prozeßvariablen.

Bei den bei der Simulation dynamischer Prozesse auftretenden Aufgabenstellungen ist es meistens erforderlich, unter Variation der
Parameter der Modelle sowie der Anfangs- oderRandwerte Scharen derartiger Lösungen zu entwickeln. Hierbei berücksichtigt man bei einer
neuen Wahl der Werte dieser Parameter jeweils, welche Lösungskurven
mit den früher eingestellten Werten der Parameter erhalten wurden.

Bei solchen Anwendungen ist es mühsam, die Folgen von Lösungen im benötigten Umfang von Hand zu berechnen. Man benutzt für solche Zwecke
daher analoge oder digitale Datenverarbeitungsanlagen, seitdem diese
verfügbar sind. Analoge Datenverarbeitungsanlagen (indirekte Analogrechner bzw. Analogrechner mit aktiven Elementen, JO 63, PA 68, SC 74)
sind an sich auf derartige Aufgabenstellungen, nämlich die schnelle
und wiederholte Lösung gewöhnlicher Differentialgleichungen oder von
Systemen gewöhnlicher Differentialgleichungen, genau zugeschnitten.
Auch eine Lösung von nichtlinearen gewöhnlichen Differentialgleichungen oder Differentialgleichungen mit zeitvarianten Koeffizienten
macht hier keine großen Schwierigkeiten. Durch schrittweises Arbeiten
kann man mit diesen Rechnern auch partielle Differentialgleichungen
lösen.

Auch für die Echtzeitsimulation dynamischer Prozesse ist der indirekte
Analogrechner gut geeignet. Man kann mit ihm zum Beispiel denjenigen
Teil des betrachteten Prozesses nachbilden, der im Rahmen der beab-
sichtigten Untersuchungen nicht verfügbar oder nicht zugänglich ist,
also etwa den biologischen Teil eines Prozesses. Diesen am Analogrechner realisierten Modellteil kann man dann in geeigneter Weise mit den
übrigen Teilen des Prozesses koppeln, die mit den betreffenden Teilen
der tatsächlichen Realisierung identisch sind.

2. Analoge und digitale Rechentechniken

Konventionale Analogrechner besitzen aber auch Nachteile, die sich bei
der Lösung der umrissenen Aufgaben bemerkbar machen. Ihre Rechengenau-
igkeit ist beschränkt, so daß man z.B. nicht genau die gleichen Ergebnisse erhält, wenn man die gleiche Aufgabe mehrere Male löst.
Ferner waren bei den früher üblichen Ausführungen von Analogrechnern
die Verfahren, die beim Aufbau von Analogrechenschaltungen angewandt
werden mußten, sehr umständlich. Schließlich waren und sind Analogrechner ziemlich kostspielige Einrichtungen, wenn man sie so auslegt,
daß man umfangreichere Aufgaben lösen kann.

Lösungen von Differentialgleichungen oder von Systemen von Differentialgleichungen kann man auch mittels universeller digitaler Datenverarbeitungsanlagen berechnen. Da diese in ihren üblichen Ausführungsformen im Gegensatz zu Analogrechnern im wesentlichen seriell
arbeiten, kann man mit ihnen auch gewöhnliche Differentialgleichungen
nur schrittweise lösen, benötigt also erheblich längere Rechenzeiten
als bei Analogrechnern. Auch der verfügbare Benutzerkomfort kann
Wünsche offen lassen. Andererseits muß man lediglich die durch die
erforderliche Diskretisierung der Variablen auftretenden Genauig-
keitsprobleme beachten und erhält, wenn einmal bestimmte diskreti-
sierte Werte der Variablen vorliegen, genau reproduzierbare Lösungen.
Besondere anwendungsorientierte Programmsysteme oder Programmier-
sprachen wie CSMP erleichtern die Aufgabe, gewöhnliche Differentialgleichungen oder verwandte Darstellungen des mathematischen Modells
in einem betriebsfähigen Programmsystem abzubilden. Die rasche Entwicklung und breite Verfügbarkeit universeller digitaler Datenverarbeitungsanlagen haben bewirkt, daß diese Methoden der digitalen
Informationsverarbeitung die Simulation mittels Analogrechnern in
großem Umfang verdrängt haben.

Aufgrund der skizzierten Merkmale der konventionellen digitalen Simulation sind hier z.B. den Möglichkeiten einer Echtzeitsimulation enge
Grenzen gesetzt. Gegenstand der folgenden Ausführungen ist die Entwicklung eines digitalen Rechensystems, das die Vorteile der analogen
und der digitalen Informationsverarbeitung verbindet. Hierbei wurden
die durch die moderne Mikroelektronik gegebenen Möglichkeiten genutzt.

3. Digitale Differential-Analysatoren und das strukturierte Multiprozessor-System

Bereits vor längerer Zeit hat man Geräte entwickelt, mit deren Hilfe man gewöhnliche Differentialgleichungen an sich mit digitalen Berechnungsverfahren lösen, die notwendigen Berechnungen, so die Integration, ähnlich wie beim Analogrechner zum Beispiel im wesentlichen parallel ablaufen lassen konnte. Es gab solche Geräte in mechanischer und in elektrisch betriebener Ausführung, die man "digitale Differential-Analysatoren" (DDA) nannte (JO 63, S. 4; JA 60, Abschn. 14.5 und 14.6). Bei den digitalen Differential-Analysatoren unterschied man ferner zwischen dem parallelen und dem seriellen Typ - beides spezielle Digitalrechner - und dem hybriden Typ, bei dem zur Verringerung des gerätetechnischen Aufwandes teilweise auch analoge Rechenelemente verwendet wurden (BE 71, Abschn. 1.2).

Die Arbeitsweise eines seriellen und eines parallelen DDA beschreibt Jackson in Form von zwei Versionen eines digitalen Schaltwerks, JA 60, S. 582 ff. Jeder Integrator wird durch einen Satz von drei Registern dargestellt (Funktionswert, Integral, Übertrag). In zwei weiteren Registern jedes Registersatzes ist jeweils jedem Integrator eine Binärstelle zugeordnet. Die arithmetischen Schaltungen sind beim seriellen DDA nur einfach vorhanden; beim parallelen DDA verfügt jeder Integrator über seine eigenen arithmetischen Schaltungen.

Da ein Mikrorechner, also ein Rechner mit Mikroprozessor und anderen hochintegrierten Bausteinen, eine besondere Ausführungsform eines digitalen Schaltwerks darstellt, deren Funktionsweise teilweise durch die Rechnerprogramme festgelegt wird, kann man einen DDA heute auch als Mikrorechner realisieren, einen parallelen DDA also durch ein System parallel arbeitender Mikrorechner.

Aus der Literatur sind unterschiedliche Strukturen von Rechnersystemen bekannt, in denen zur Erzielung von Parallelarbeit eine Reihe von von-Neumann-Rechnern gekoppelt wurden (FE 81). Von diesen Entwürfen ähnelt das SMS - das Strukturierte Multiprozessor-System (FE 81, KO 78, HO 83) - in seiner Struktur dem unten näher erläuterten modularen Multirechnersystem für die Simulation dynamischer Prozesse. Die SMS-Struktur (Bild 1) verbindet eine Reihe autonom arbeitsfähiger Rechner

R über jeweils einen Kommunikationsspeicher KSp und
ein Verbindungswerk. Im
Laufe des Betriebs dieses
Systems lassen sich drei
unterschiedliche Betriebsphasen unterscheiden:
- die Steuerphase, in
  der der Kommunikations-
  rechner die autonome Phase startet,

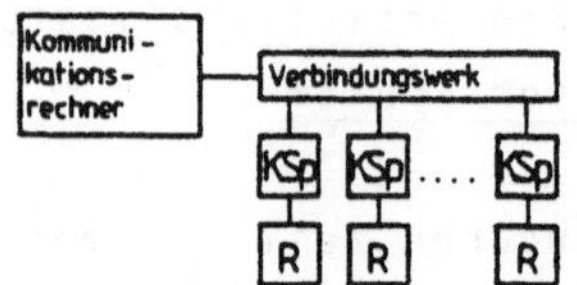

Bild 1. Systemstruktur des SMS.
KSp Kommunikationsspeicher
R Von-Neumann-Rechner mit privatem
Zentralspeicher

- die autonome Phase, in der die Rechner R unabhängig voneinander
  arbeiten,
- die Datenübertragungsphase, in der "die Ergebnisse eines (Modul-)
  Rechners R allen anderen (Modul-) Rechnern R mitgeteilt werden"
  (HO 83).

Die SMS-Architektur wurde von Siemens unter Verwendung von Mikroprozessoren 8080 in zwei Ausführungsformen, dem SMS 101 und dem SMS 201,
realisiert. Die Multirechnersysteme - wie man genauer sagen könnte -
dieser Ausführungsformen sind als universelle Rechnersysteme konzi-
piert. Der Kommunikationsrechner ist mit einer "Grundsoftware" ausge-
stattet. Um auf einem solchen universellen Rechensystem eine spezielle Aufgabe zu lösen, muß aus der Aufgabenstellung ein geeigneter
"Parallelalgorithmus" entwickelt werden, z.B. HO 83.

4. Ein paralleler DDA mit SMS-Struktur

Wie bereits gesagt, stellte der parallele DDA auch schon vor längerer
Zeit eine - damals allerdings sehr kostspielige - Alternative zum
Analogrechner dar. Um zu untersuchen, ob im Zuge der Entwicklung der
Mikroelektronik ein neuartiger paralleler DDA technisch sinnvoll ist,
wurde die folgende allgemeine Aufgabe gestellt:

Unter Ausnutzung der durch die moderne Mikroelektronik gegebenen Möglichkeiten ist ein digitales Multirechnersystem zu entwickeln:
- Das Rechnersystem ist als modular aufgebautes, erweiterungsfähiges
  System von an sich autonom betriebfähigen, aber mit speziellen Pro-
  grammen ausgestatteten Mikrorechnern mit der durch den jeweils verwendeten Mikroprozessor vorgegeben internen Struktur dieser Mikro-

rechner oder alternativ durch geeignete, aufgabenspezifisch entwickelte digitale Schaltwerke aufzubauen.

- Aus der Sicht des Benutzers soll dieses digitale System als Analogrechner erscheinen und dementsprechend betriebsfähig sein.

- Das Rechnersystem soll Mikrorechner und spezielle digitale Schaltwerke enthalten, von denen jeder oder jedes eine zweckmäßig ge-
wählte Gruppe der üblichen Analogrechnerfunktionen realisiert. Ein
bestimmter Typ dieser Mikrorechner sollte also einen oder mehrere
Integrierer und Summierer und die zugehörigen Rechenpotentiometer
nachbilden, andere zum Beispiel Totzeitglieder oder Funktionsgene-
ratoren oder spezielle nichtlineare Rechenelemente.

- Die verschiedenen Mikrorechner oder digitalen Schaltwerke des Systems sollen grundsätzlich in ähnlicher Weise wie die Rechenelemente eines aktiven Analogrechners parallel arbeiten. Daneben sind jedoch die erforderlichen Datenübertragungen zwischen den Mikrorechnern oder Schaltwerken zweckmäßig zu organisieren. Auch müssen die
Mikrorechner oder Schaltwerke in unterschiedlicher Weise so miteinander gekoppelt werden können, als wenn es sich um die Rechenelemente eines Analogrechners handeln würde. Es müssen also Nachbil-
dungen der analogen Eingänge und Ausgänge analoger Rechenelemente
definiert werden, die der Benutzer nach seiner Wahl so miteinander
verbinden kann, als wenn es sich um die Rechenelemente eines Analogrechners handeln würde. Das kann natürlich nicht durch steckbare
Einzelkabel geschehen, wie bei konventionellen Analogrechnern erforderlich oder üblich, sondern auf der Grundlage der vorgegebenen
gerätetechnischen Struktur durch ein Programm, das auch den notwendigen Bedienungskomfort gewährleistet.

Eine Lösung der so umrissenen Aufgabe wurden im Rahmen von zwei mit-
éinander gekoppelten Diplomarbeiten entwickelt /AB 83/. Im Rahmen
der verfügbaren Zeit erwies es sich als zweckmäßig, die einzelnen
Funktionseinheiten des Systems, die bestimmten Gruppen von Rechenele-
menten eines Analogrechners entsprechen, als Mikrorechner auszuführen.
Insgesamt ergab sich, ohne daß dies von vornherein beabsichtigt ge-
wesen wäre, eine SMS-Struktur. Das System wurde hierbei für die Aus-
stattung mit bis zu 24 autonomen Funktionseinheiten FE (Mikrorechner,

digitales Schaltwerk, DAU) ausgelegt (Bild 2), die auf 24 Steckplätzen
nach Belieben eingesteckt werden können, auch wenn sie intern teilweise unterschiedlich ausgeführt sind.

Das modulare Rechnersystem
wurde nach den heute gängigen Methoden des Entwurfs
digitaler Systeme und Mi-
krorechner (z.B. SC 84)
unter Verwendung von Mi-
kroprozessoren INTEL 8085
aufgebaut. Der Kommunika-
tionsrechner verbindet
vor Ausführung einer
Simulation die vorhande-
nen Funktionseinheiten

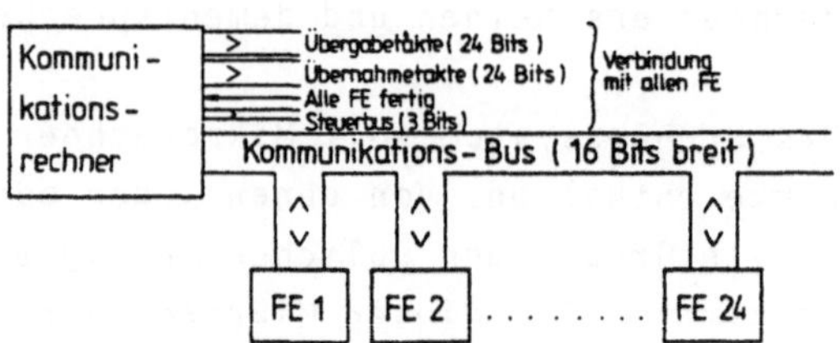

Bild 2. Systemstruktur des realisierten
parallelen DDA.
FE Funktionseinheiten (Mikrorechner, digitale
Schaltwerke, DAU)

FE entsprechend den Angaben des Benutzers, der hierbei vom vorgegebenen Aufbau der Differentialgleichungen ausgehen kann, jeweils zur erforderlichen Rechenschaltung. Dieser Schaltungsaufbau erfolgt im Dia-
log Rechensystem-Benutzer, so daß der Anwender beim Aufbau der Rechen-
schaltungen durch das Rechner-System angeleitet wird und die Übersicht
behält, wie die Rechenschaltung inzwischen aufgebaut wurde. Der Benutzer kann die gesamte vorge-
sehene Rechenzeit, die Schritt-
weiten der einzelnen Rechen-
schritte und die Betriebsart
wählen und vorgeben. Der Ablauf der Betriebsphasen des
Rechensystems ist im Bild 3
beschrieben.

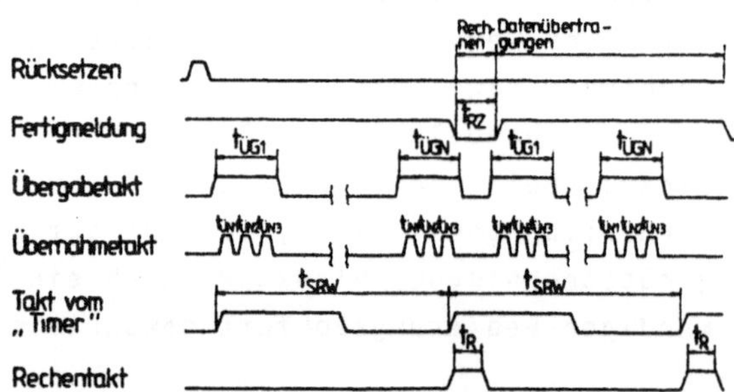

Bild 3. Signal-Zeit-Diagramm zur Beschreibung der
Betriebsphasen des realisierten parallelen DDA.

5. Ergebnisse

Die Arbeitsgeschwindigkeit des Systems übersteigt bei einfacheren Aufgaben bei weitem die mögliche Ausgabegeschwindigkeit üblicher X-Y-

Schreiber. Die Rechenschrittweiten können hierbei so gewählt werden, daß der Betrachter der ausgegebenen Lösungskurven die Diskretisierung nicht oder kaum bemerkt. Das Rechensystem ist also auch für die weitaus meisten Aufgaben der Echtzeitsimulation durchaus geeignet.

Im Gegensatz zu einem universellen Multirechnersystem mit SMS-Struktur verlangt das realisierte System vom Benutzer keine speziellen aufgabenspezifischen Programmierarbeiten. Wegen der Verwendung von 8-Bit-Mikroprozessoren erschien es aus Gründen der Arbeitsgeschwindigkeit zweckmäßig, einen einfachen Integrationsalgorithmus anzuwenden. Bei den gelösten Testaufgaben zeigte der Vergleich mit einer Simulation mit einem der üblichen CSMP-Programme numerisch keine Unterschiede. Durch Verwendung anderer Mikroprozessoren lassen sich Arbeitsgeschwindigkeit und Genauigkeit eines derartigen Rechensystems, soweit dies erforderlich sein sollte, noch erhöhen.

Literaturverzeichnis

AB 83 Abel, S., W. Wölker: Digitaler Differential-Analysator. Diplomarbeiten FH Bielefeld, 1983.

BE 71 Bekey, C.A., u. W.J. Karplus: Hybrid-Systeme. (Ins Deutsche übersetzt). Verlag Berliner Union u. Verlag W. Kohlhammer, Stuttgart, Berlin, Köln, Mainz 1971.

FE 81 Fessler, G., A. Paepcke u. N. Schröter: Parallelrechner: Probleme und Strukturen. Elektronische Rechenanlagen 23, 211-220 (1981).

HO 83 Horneber, E.-H.: Symbolische Lösung linearer Gleichungssysteme mit einem linearen Multiprozessorsystem. Elektronische Rechenanlagen 25, 20-27 (1983).

JA 60 Jackson, A.S.: Analog Computation. Mc Graw Hill Book Comp., New York, Toronto, London 1960.

JO 63 Johnson, Cl. L.: Analog Computer Techniques. 2. Ed. Mc Graw Hill Book Comp., New York, San Francisco, Toronto, London 1963.

KO 78 Kober, R., u. Ch. Kuznia: SMS - A Multiprocessor Architecture for High Speed Numerical Calculations. Proc. Int. Conf. on Parallel Processing, Bellaire, 18-24 (1978).

PA 68 Paschkis, V., u. F.L. Ryder: Direct Analog Computers. Interscience Publishers, New York, London, Sydney 1968. Kap. 1.4.

SC 74 Schöne, A. (Hrgb.): Simulation technischer Systeme. Bd. 1. Carl Hanser Verlag, München, Wien 1974.

SC 84 Schöne, A.: Digitaltechnik und Mikrorechner. Vieweg, Braunschweig, Wiesbaden 1984.

POPULATIONSBIOLOGISCHE PROZESSE

Die Gewinnung sowohl qualitativer wie auch quantitativer Aussagen über Veränderungen
der Zusammensetzung in einer Population, z.B. in einem bestimmten geographischen Le-
bensraum, als Folge äußerer Einwirkungen, ist Gegenstand der populationsbiologischen
Modellbildung. Von Bedeutung ist dabei die Berücksichtigung von Faktoren, die einen
dominanten Einfluß auf die Struktur der Population haben. Diese sind, der Zuordnung
von Nöbauer und Timischl folgend: Migration, Mutation, Selektion, Altersstruktur,
Paarungsverhalten und Populationsgröße. Epidemiologische Modellierungen ordnen wir
deshalb den populationsbiologischen Prozessen zu.

Die Beiträge populationsbiologischen Inhaltes des 1.Ebernburger Gespräches sind
nachfolgend zusammengefaßt.

H.Kaiser, H.-J.Poethke
Analyse und Simulation eines Paarungssystems von Libellen. I.Beobachtungsdaten
und Simulationsmodell

H.-J.Poethke, H.Kaiser
Analyse und Simulation eines Paarungssystems von Libellen: II. Evolution
stabiler Strategien

B.Thomas
Evolutionär stabile Strategien: Modellbildung und Theorie von Evolution
von Verhalten

H.Astheimer, W.Wosniok
Individual- und Populationswachstum des antarktischen Krills (Euphausia Superba)

K.Dietz
Ein Simulationsmodell für die Kontrolle von Wurmerkrankungen durch Chemotherapie

ANALYSE UND SIMULATION EINES PAARUNGSSYSTEMS VON LIBELLEN
I. BEOBACHTUNGSDATEN UND SIMULATIONSMODELL

Heinrich Kaiser und Hans-Joachim Poethke, Aachen

Zusammenfassung. Libellenmännchen der Art Aeschna cyanea wechseln einander am Paarungsplatz fortlaufend ab. Ihre Dichte am Paarungsplatz wird über die Verkürzung ihrer Besuchsdauer als Reaktion auf Kämpfe geregelt. Diese Regelung kann mit einem Systemansatz quantitativ beschrieben werden. Mit dem Individuenansatz, bei dem das Verhalten der einzelnen Libellenindividuen in einem Simulationsmodell beschrieben wird, läßt sich die Systemeigenschaft "Dichteregelung" von den Eigenschaften der einzelnen Libellen ableiten. Simulationsmodelle dieser Art sind geeignete Werkzeuge, um den Evolutionsprozeß zu untersuchen.

Summary. Dragonfly males of the species Aeschna cyanea pay short visits to the mating place continuously relieving each other. The density of males at the mating place is controlled by a negative feed back involving fights and early termination of visits. Simulations using a description model in SIMULA of individual dragonfly behaviour allow to derive the density control of the whole dragonfly group from the behaviour of individual animals. Models of this kind are ideal tools for the study of the evolution of mating strategies.

1. Verhalten der Libellen

Erwachsene Großlibellen verbringen die meiste Zeit auf Insektenjagd abseits von Gewässern. Sie suchen die Entwicklungsgewässer der Larven nur zur Paarung und zur Eiablage auf, diese dienen also gleichzeitig als Paarungsplätze. Die Paarungschancen eines Libellenmännchens, das am Gewässer auf Weibchen wartet, werden einerseits davon bestimmt, wann und an welchen Stellen paarungsbereite Weibchen das Gewässer besuchen, andererseits aber auch davon, wie die anderen Männchen - also die unmittelbaren Konkurrenten - sich verhalten (siehe Teil II).

Bei der Blaugrünen Mosaikjungfer (Aeschna cyanea) kommen paarungsbereite Weibchen selten und zu zufälligen Zeitpunkten an geeignete Weiher. Die Männchen dagegen besuchen das Gewässer mehrmals am Tag und fliegen dann auf der Suche nach Weibchen am Ufer hin und her. Sobald ein Männchen eine andere Libelle sieht, fliegt es auf diese zu; ein Weibchen versucht es zu ergreifen und mit ihm zu kopulieren; treffen zwei Männchen aufeinander, dann kämpfen beide miteinander, und häufig verläßt ein Kampfpartner danach das Gewässer. Die einzige Sozialbeziehung zwischen den Libellenmännchen sind solche Kämpfe. Im Verlauf eines Besuches, der bis zu einer halben Stunde lang dauert, ändert sich das Verhalten eines am Gewässer patrouillierenden Männchens allmählich: es kämpft weniger heftig, orientiert sich nicht mehr exakt an der Uferlinie, der Schwirrfluganteil wird niedriger (Abb.1)

* Mit Unterstützung durch die Deutsche Forschungsgemeinschaft

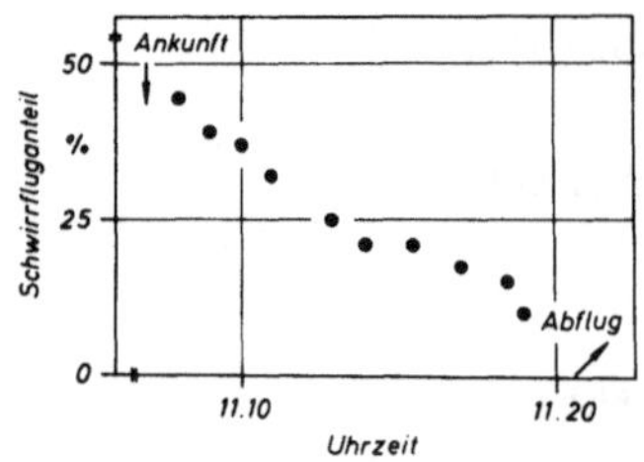

Abb. 1: Abnahme des Schwirrfluganteils im Verlauf des Besuches eines Libellenmännchens am Gewässer. Kurz nach Beginn des Besuches verharrte das Männchen fast 50% der Zeit im Schwirrflug an der Stelle, gegen das spontane Ende des Besuches hin sank der Schwirrfluganteil auf fast 0% ab.

und die Wahrscheinlichkeit, daß das Männchen nach einem Kampf den Besuch abbricht, steigt zunehmend an. Die Männchen wechseln einander im Lauf eines Tages fortlaufend am Paarungsplatz ab (Kaiser 1974a).

2. Dichteregelung als Systemeigenschaft der Gruppe (Systemansatz)

Es ist nun erstaunlich, daß die Anzahl der gleichzeitig am Weiher patrouillierenden Männchen trotz wechselnden Andrangs nahezu konstant bleibt und im Vergleich zur Gesamtzahl aller Männchen recht niedrig ist. Dieses Phänomen fällt schon unmittelbar bei der Beobachtung auf.

Die Beobachtungsdaten wurden mit einem Systemansatz analysiert, bei dem die Eigenschaften der offenen Gruppe der am Gewässer patrouillierenden Libellenmännchen durch Mittelwerte über ganze Stundenabschnitte charakterisiert werden, und zwar mit den Größen Ankunftsrate, mittlere Dichte, durchschnittlicher Besuchsdauer und Kampfrate; es sind dies "makroskopische" Größen, die die Eigenschaften der gesamten Gruppe der Libellenmännchen beschreiben. Die Auswertung der Beobachtungsdaten ergab, daß die mittlere Individuendichte der Libellenmännchen sich nicht zufällig ergibt, sondern eine geregelte Größe ist. Diese Regelung

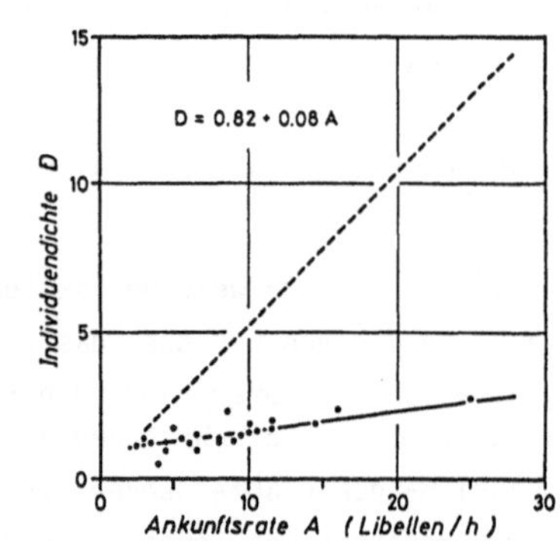

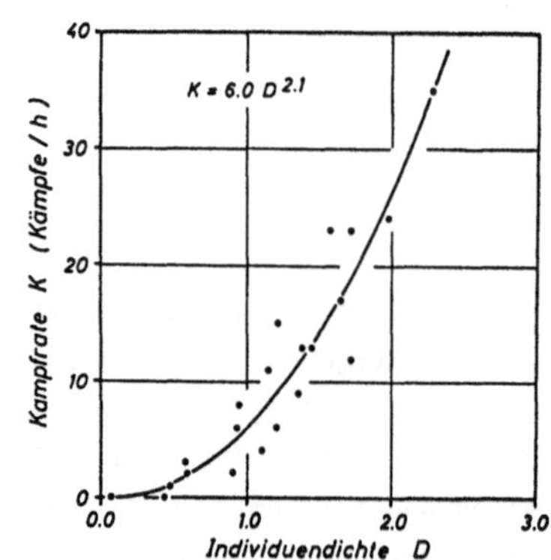

Abb. 2a: Beobachtete Abhängigkeit der mittleren Individuendichte der Libellenmännchen von der Ankunftsrate. Die gestrichelte Gerade zeigt, wie die Individuendichte ansteigen würde, wenn jedes Libellenmännchen eine Besuchsdauer von 31 min einhalten würde. Jeder Punkt repräsentiert die Beobachtungswerte von einem Stundenabschnitt, durchgezogen ist die dazu berechnete Näherungsgerade eingezeichnet.

Abb. 2b: Beobachtete Abhängigkeit der Kampfrate von der mittleren Individuendichte der Libellenmännchen. Durchgezogen eingezeichnet ist die berechnete Näherungsfunktion.

kommt dadurch zustande, daß bei nur geringfügig höherer Individuendichte die am Gewässer patrouillierenden Männchen häufiger aufeinander treffen und miteinander kämpfen (Abb. 2b) und in Reaktion auf häufigere Kämpfe ihre durchschnittliche Besuchsdauer verkürzen, so daß dadurch die Individuendichte auch bei höherer Ankunftsrate nur geringfügig höher ist (Abb. 2a, Kaiser 1974b).

Dieses Ergebnis bedeutet, daß die Gesamtheit der Libellenmännchen eine Systemeigenschaft besitzt, nämlich die Fähigkeit zur Dichteregelung, die offensichtlich erst durch die Interaktionen der einzelnen Individuen entsteht und deshalb durch Beobachtungen an einzelnen Individuen nicht greifbar ist. Für ein kausales Verständnis, insbesondere auch des evolutiven Anpassungswertes des Verhaltens der Libellen, ist es jedoch notwendig, die Systemeigenschaften von den Eigenschaften der einzelnen Individuen, also von "mikroskopischen" Größen, abzuleiten.

3. Beschreibung des Libellensystems auf der Ebene der Individuen (Individuenansatz)

Für die Regelung der Dichte und das Verständnis der Interaktionen ist einerseits die Treffer- und damit die Kampfhäufigkeit der Libellenmännchen von zentraler Bedeutung. Die Trefferhäufigkeit läßt sich aus dem quasi eindimensionalen Bewegungsmuster der einzelnen Libellenmännchen entlang der Uferlinie und der Sichtentfernung, auf die ein Männchen das andere entdeckt, ableiten. Die Regeln für das Flugverhalten der Männchen können aus empirischen Daten abgeleitet und als stochastischer Prozeß formuliert werden (Kaiser 1976).

Die andere für die Dichteregelung wichtige Verhaltenseigenschaft ist die sich mit der Besuchsdauer ändernde Wahrscheinlichkeit, mit der ein Männchen nach einem Kampf seinen Besuch abbricht und das Gewässer verläßt. Diese Wahrscheinlichkeit ist schwierig direkt aus den Freilandbeobachtungsdaten zu bestimmen, die Wahrscheinlichkeitsfunktion wurde deshalb analog zur Abnahme des Schwirrfluganteils (Abb. 1) angenommen.

Weitere relevante Verhaltensparameter der Libellenmännchen sind die Kampfdauer, die maximale Besuchsdauer ohne Kampfabbruch und die Abwesenheitsdauer bis zum nächsten Besuch; auch zu ihrer Quantifizierung liegen Beobachtungsdaten vor.

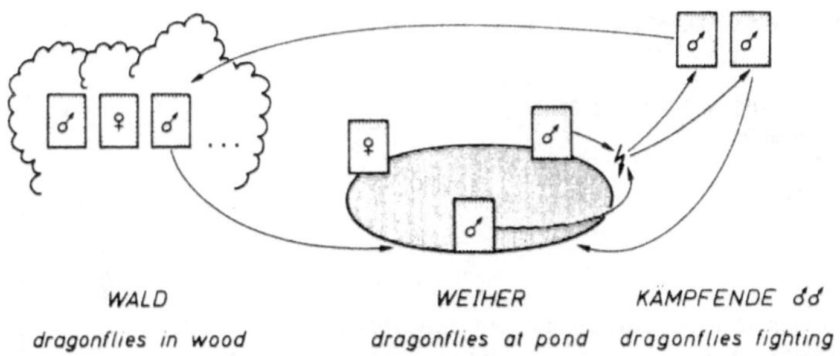

Abb. 3: Schema des beschriebenen Libellensystems. Jedes Libellenindividuum (♂ oder ♀) ist durch ein Kästchen dargestellt. Die Beschreibung der Eigenschaften eines Libellenmännchens ist in Abb. 4 aufgelistet.

Die Beschreibung des Libellensystems auf der Basis der einzelnen Libellenindividuen wurde in SIMULA formuliert. SIMULA ist eine für den Individuenansatz besonders geeignete höhere Programmiersprache (Dahl et al. 1968, Birtwistle et al. 1973) und kann auch als Formalismus zur eindeutigen Systembeschreibung dienen (Nygaard 1970). Einen schematischen Überblick über die Zusammensetzung des gesamten Libellensystems aus einzelnen Individuen gibt Abb. 3 .

```
PROCESS 'CLASS' DRAGONFLY MALE (NUMBER, FLIGHT STYLE);

   ...
   ...

ARRIVE AT POND:
   MAX LENGTH OF VISIT := CONST;

START AT SHORELINE:
   INTO (DRAGONFLIES AT POND);
   S := RANDINT (1, SMAX, U);
   DIRECTION := 'IF' DRAW (0.5, U) 'THEN' 1 'ELSE' -1;
   ...
   HOLD (1.5);

NEXT STEP:
   'IF' DRAW (PROB CHANGE OF DIRECTION [FLIGHT STYLE, NUMBER OF STEPS], U)
   'THEN' DIRECTION := -1 * DIRECTION;
   ABSOLUTE STEP LENGTH := HISTD (PROB DISTRIBUTION ABSOLUTE STEP LENGTH, U);
   S := S + DIRECTION * ABSOLUTE STEP LENGTH;
   ...
   LOOK FOR RIVAL ('THIS' DRAGONFLY);
   'IF' FIGHTING 'THEN' 'GOTO' FIGHT ONSET;
   LOOK FOR DRAGONFLY FEMALE ('THIS' DRAGONFLY);
   ...
   HOLD (1.5);
   'GOTO' NEXT STEP;

FIGHT ONSET:
   INTO (DRAGONFLIES FIGHTING);
   HOLD (LENGTH OF FIGHT);
   ...
   'GOTO' 'IF' DRAW (TIME ALREADY PRESENT / MAX LENGTH OF VISIT, U)
          'THEN' LEAVE POND
          'ELSE' START AT SHORELINE;

LEAVE POND:
   LENGTH OF ABSENCE := TIME ALREADY PRESENT * F;
   INTO (DRAGONFLIES IN WOOD);
   HOLD (LENGTH OF ABSENCE);
   'GOTO' ARRIVE AT POND:
   ...
```


Abb. 4: Ausschnitt aus der Beschreibung der Verhaltensregeln eines Libellenmännchens in SIMULA. Für stochastische Entscheidungen werden die Zufallsfunktionen RANDINT, DRAW und HISTD von SIMULA verwendet. Den Zeitverlauf steuert die Prozedur HOLD, die Zeiteinheit ist Sekunden.Mit INTO werden die Libellen einer Gruppe zugeordnet, die intern als Liste angelegt ist. Die Programmbeschreibung wird im Text erläutert.

Die allgemeine Beschreibung des Verhaltens eines Libellenmännchens mit dem Prozeß-Klassen-Konzept von SIMULA ist in Abb. 4 aufgelistet. Die Beschreibung beginnt mit der Ankunft am Weiher, bei der die maximale Dauer des Besuches festgelegt wird. Das Libellenmännchen wird nun Mitglied der Gruppe der Libellenmännchen am Weiher und beginnt seinen Patrouillenflug an einem zufällig ausgewählten Uferabschnitt und in zufällig gewählter Flugrichtung (Vorzeichen + oder -). Entsprechend der empirischen Flugbahnregistrierungen wird der Aufenthaltsort in 1 m langen Uferabschnitten angegeben und in Zeitschritten von 1,5 Sekunden verändert. Alle 1,5 Sekunden wird der neue Aufenthaltsort des Libellenmännchens bestimmt durch die beiden stochastischen Entscheidungen, die Flugrichtung umzukehren (in Abhängigkeit vom Flugstil und der Anzahl der bisher in eine Richtung geflogenen Zeittakte) und über die Anzahl der in 1,5 Sekunden weitergeflogenen Uferabschnitte. Danach hält das Libellenmännchen Ausschau nach anderen Libellen, indem es alle am Weiher anwesenden Individuen abfragt, ob sie sich in Sichtentfernung befinden. Ist dies der Fall und ist die andere Libelle ein Männchen, kommt es zum Kampf; beim Zusammentreffen mit einem Weibchen leitet das Männchen die Kopulation ein. Wenn keine andere Libelle in Sicht ist, dann trifft das Libellenmännchen nach 1,5 Sekunden die nächste Flugbahnentscheidung. Bei einem Kampf entfernt sich das Männchen (und auch sein Kampfpartner) für die Kampfdauer von der Uferlinie und trifft nach dem Kampf eine stochastische Entscheidung darüber, ob es seinen Besuch abbricht und das Gewässer verläßt oder wieder zum Ufer zurückkehrt und den Patrouillenflug fortsetzt; die Wahrscheinlichkeit, den Weiher zu verlassen, steigt im abgebildeten Beispiel linear mit der Anwesenheitsdauer. Nach Beendigung des Besuches wird die Abwesenheitsdauer bis zum nächsten Besuch proportional zur Anwesenheitsdauer festgelegt. Die Libelle gehört dann zur Gruppe der im Wald jagenden Libellen, deren Verhalten bis zum nächsten Besuch am Gewässer hier nicht näher beschrieben zu werden braucht.

4. Verifizierung des Beschreibungsmodells durch Simulationen

Die Frage ist nun, ob dieses Beschreibungsmodell auf der Ebene der Individuen die Eigenschaft "Regelung der Individuendichte" des beobachteten Gesamtsystems implizit beinhaltet, obwohl das Modell nur das Verhalten der einzelnen Libellenmännchen und die Interaktionen zwischen ihnen beschreibt. Zur Beantwortung wurde das Ergebnis von Simulationsläufen, bei denen die verwendeten Wahrscheinlichkeitsverteilungen direkt aus den Beobachtungsdaten abgeleitet wurden, mit dem Systemansatz in gleicher Weise wie die Beobachtungsdaten stundenabschnittsweise ausgewertet. In der Tat stimmen die sich in den Simulationen ergebenden Abhängigkeiten der Systemgrößen (Abb. 5) recht gut mit den beobachteten Abhängigkeiten überein (Abb. 2). Damit ist gezeigt, daß die Mikrobeschreibung die für die Regelung der Dichte wesentlichen Elemente des Verhaltens der einzelnen Libellenmännchen enthält und diese in dem Beschreibungsmodell richtig miteinander verknüpft werden. Die Dichteregelung des Systems "Libellen am Weiher" läßt sich so kausal auf die im Modell festgelegten Eigenschaften der einzelnen Libellenmännchen zurückführen.

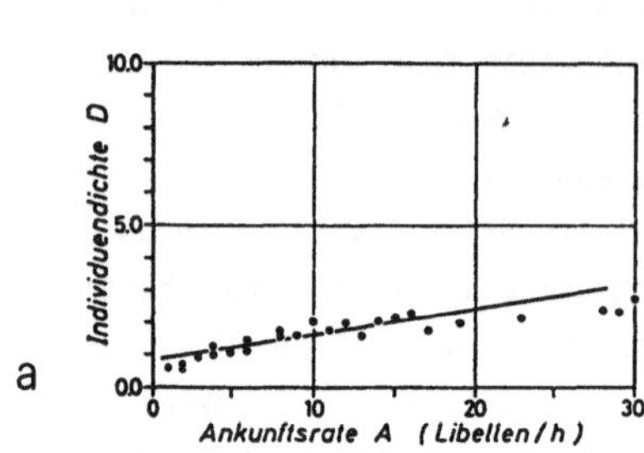
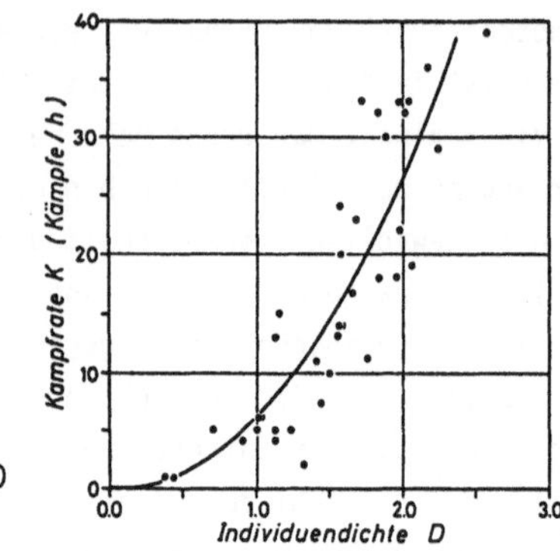

Abb. 5a: Simulierte Abhängigkeit der mittleren Individuendichte von der Ankunftsrate. Jeder Punkt entspricht dem simulierten Zeitabschnitt von einer Stunde. Die für die Beobachtungswerte berechnete Näherungsgerade (Abb. 2a) ist durchgezogen eingezeichnet.

Abb. 5b: Simulierte Abhängigkeit der Kampfrate von der Individuendichte. Die für die Beobachtungswerte (Abb. 2b) berechnete Näherungsfunktion ist durchgezogen eingezeichnet.

5. Vorhersagen mit dem Individuenmodell und Modellierung von Evolutionsprozessen

Mit der Mikrobeschreibung können über Simulationen nun nicht nur Aussagen über tatsächlich beobachtete Situationen abgeleitet werden, sondern es werden auch Vorhersagen möglich für andere Umweltbedingungen und für andere Verhaltenseigenschaften der Libellenmännchen (Kaiser 1979). Es eröffnet sich damit die Möglichkeit, Fragen nach der Evolution des Verhaltens der Libellenmännchen zu beantworten. Da in der Simulation jedes Libellenmännchen eine andere individuelle Eigenschaft haben kann, z.B. verschiedene Flugstile oder verschiedene Wahrscheinlichkeiten für den Abbruch eines Besuches nach einem Kampf, kann mit entsprechend angenommenen individuellen Unterschieden einerseits geprüft werden, wie sich diese auf das Gesamtsystem auswirken, andererseits aber auch festgestellt werden, ob Libellenmännchen mit unterschiedlichen Verhaltensstrategien verschiedene Paarungserfolge haben, und so können schließlich Evolutionsprozesse nachvollzogen werden (siehe Teil II).

Literatur

Birtwistle, G.M., Dahl, O.-J., Myhrhaug, B., Nygaard, K. (1973): Simula begin. Studentlitteratur, Lund

Dahl, O.-J., Myhrhaug, B., Nygaard, K. (1968): Simula. Common base language. Norwegian Computing Centre, Oslo

Kaiser, H. (1974a): Verhaltensgefüge und Temporalverhalten der Libelle Aeschna cyanea (Odonata). Z. Tierpsychol. 34, 398-429

Kaiser, H. (1974b): Die Regelung der Individuendichte bei Libellenmännchen (Aeschna cyanea, Odonata). Oecologia 14, 53-74

Kaiser, H. (1976): Quantitative description and simulation of stochastic behaviour in dragonflies (Aeschna cyanea, Odonata). Acta Biotheoretica 25, 163-210

Kaiser, H. (1979): The dynamics of populations as result of the properties of individual animals. Fortschr. Zool. 25, 109-136

Nygaard, K. (1970): System description by Simula. Norwegian Computing Centre, Oslo

ANALYSE UND SIMULATION EINES PAARUNGSSYSTEMS
VON LIBELLEN
II. EVOLUTION STABILER STRATEGIEN

Hans-Joachim Poethke und Heinrich Kaiser, Aachen

Zusammenfassung. Mit dem in Teil I vorgestellten Simulationsmodell wird die Reaktion von
Libellenmännchen auf Kämpfe mit Konkurrenten untersucht. Die Wahrscheinlichkeit, mit der
eine Libelle nach einem Kampf den Paarungsplatz verläßt (Fluchtwahrscheinlichkeit), kann
als Strategie im Sinne der evolutionären Spieltheorie aufgefaßt werden. Der Einfluß dieser Strategie auf den Paarungserfolg wird durch Simulationsrechnungen nachgewiesen. Indem
die Dynamik der Evolution nachgebildet wird, läßt sich zeigen, daß die beobachtete Abhängigkeit der Fluchtwahrscheinlichkeit von der Anwesenheitsdauer am Paarungsplatz eine evolutionsstabile Strategie (ESS) darstellt.

Summary. The reaction of dragonfly males to fights with rivals is analysed by discrete event
simulation (see Part I). For each dragonfly the probability of leaving the mating place
after such a fight can be interpreted as a strategy in the sense of evolutionary game theory. The influence of this strategy on the mating success is established. By modelling the
evolutionary process it is demonstrated that the actually observed probability of leaving as a function of the time already spent at the mating place is in accordance with an
evolutionary stable strategy (ESS).

1. Einführung

Die paarungsbereiten Männchen der Mosaikjungfer (Aeschna cyanea) suchen zur Paarung Weiher auf (siehe Teil I). Ihre Paarungschancen sind dort umso größer, je weniger Konkurrenten sich gleichzeitig mit ihnen am Gewässer aufhalten. Eine mögliche Stratgie, ihre Fort-
pflanzungschancen (hier die Anzahl an Kopulationen pro Zeiteinheit) zu erhöhen, liegt für
ein einzelnes Männchen darin, die ihm neben dem Jagdflug (Nahrungsbeschaffung) zum Patrouillenflug am Teich (Suche nach paarungsbereiten Weibchen) übrigbleibende Zeit so auf-
zuteilen, daß es sich in Perioden geringster Männchendichte am Gewässer aufhält. Es sollte die Schwankungen der Männchendichte am Teich derart ausnutzen, daß es bei hohen Dichten seine Besuche abbricht, um zum Jagdflug überzugehen und bei niedrigen Dichten zurück-
kommt.

Da die Libellen nicht genügend weit sehen können, um das gesamte Gewässer zu überschauen,
können sie nur aus den zufälligen Begegnungen mit anderen Männchen eine Wahrscheinlich-
keitsaussage zur aktuellen Männchendichte am Paarungsort gewinnen. Ihre Reaktion auf solche Begegnungen (den Patrouillenflug fortsetzen oder zum Jagdflug übergehen) in Abhängigkeit von der Anwesenheitsdauer kann als Strategie im Sinne der evolutionären Spieltheorie
(Maynard Smith 1982) aufgefaßt werden. Im folgenden soll mit Hilfe des in Teil I entwik-
kelten Simulationsmodells gezeigt werden, daß diese Strategie Einfluß auf die Paarungschancen der Männchen hat und daß das beobachtete Temporialverhalten evolutionsstabil ist.

2. Der Einfluß der Strategie auf die Paarungschancen

Die Bereitschaft eines Libellenmännchens, nach der Begegnung mit einem Konkurrenten den Weiher zu verlassen, sei im folgenden als Fluchtwahrscheinlichkeit PF bezeichnet. Sie kann je nach der angenommenen Strategie des betrachteten Tieres irgendeine Funktion der bereits am Weiher verbrachten Zeit sein. Selbstverständlich können auch andere Faktoren wie die Lufttemperatur oder das Alter des Tieres die Fluchtwahrscheinlichkeit mit beeinflussen, worauf hier jedoch nicht eingegangen werden soll. Im Freiland wurde beobachtet, daß die Fluchtwahrscheinlichkeit - entsprechend dem in Abb. 1a gezeigten Verlauf - mit der Anwesenheitsdauer am Paarungsplatz zunimmt.

Hat die Bereitschaft der Libellenmännchen, als Reaktion auf einen Kampf den Weiher zu verlassen, Auswirkungen auf ihren Paarungserfolg? Zur Beantwortung dieser Frage stellen wir dem beobachteten Verhaltenstyp einen Typ entsprechend Abb. 1b gegenüber. Während bei der in Abb. 1a dargestellten Strategie die Individuen Begegnungen als Information zur Individuendichte nutzen und - als Reaktion auf diese Information - mit zunehmender Anwesenheitsdauer eher bereit sind, den Weiher zu verlassen, reagieren Individuen mit einem Abb. 1b entsprechenden Verhalten nicht auf diese Information. Sie bleiben - unabhängig von der Anzahl der absolvierten Kämpfe - bis zum Zeitpunkt τ = T am Paarungsplatz.

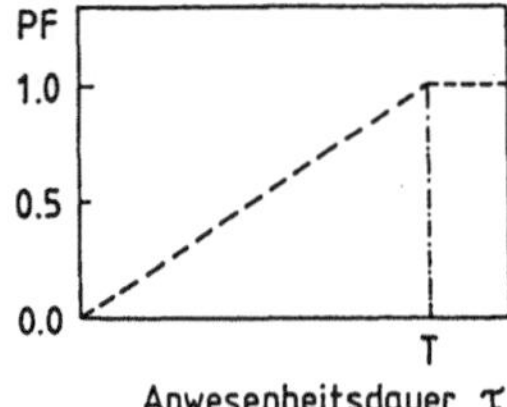

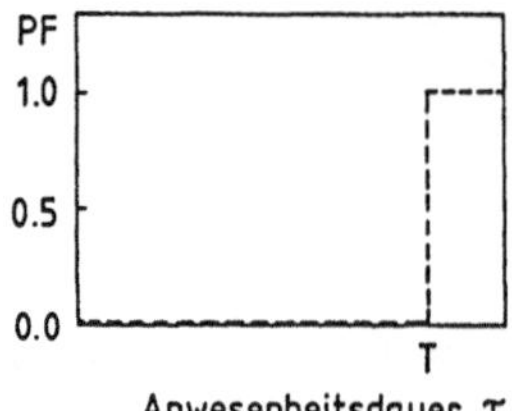

Abb. 1a: Linear mit der Anwesenheitsdauer ansteigende Fluchtwahrscheinlichkeit PF=τ/T.

Abb. 1b: Von der Anwesenheitsdauer unabhängige Fluchtwahrscheinlichkeit PF = 0

Für beide Verhaltenstypen wird angenommen, daß sie unabhängig von der Männchendichte spätestens zur Zeit T (T = 25 Min) nach ihrer Ankunft wieder vom Patrouillenflug zum Jagdflug wechseln. Damit wird berücksichtigt, daß auch bei sehr geringen Individuendichten die Besuchsdauer begrenzt ist.

Mit Hilfe des in Teil I entwickelten Simulationsmodells läßt sich nun das System "Libellen am Weiher" simulieren. Dabei sollen zwei Fragen geklärt werden: 1. Kann ein Männchen vom Verhaltenstyp entsprechend Abb. 1a (a-Stratege) mit häufigeren Kopulationen rechnen als ein Männchen mit einem Verhalten entsprechend Abb. 1b (b-Stratege)? 2. Hat ein solches Männchen zusätzliche evolutionäre Kosten zu tragen, die den Wert dieser Anpassungsleistung mindern?

In Abb. 2 ist für drei unterschiedliche mittlere Dichten (D = 0,75, 1,5, 3.0) der relative Paarungsvorteil v(a) der a-Strategen als Funktion ihres Anteils an der Population dargestellt. Dabei berechnet sich der relative Vorteil v aus der Anzahl von Kopulationen pro

Zeiteinheit (V) zu:

v(a) = (V(a) - V(b))/ V(b)

mit:

V(a) = Vorteil (Kopulationshäufigkeit) der a-Strategen
V(b) = Vorteil (Kopulationshäufigkeit) der b-Strategen.

Zusätzlich wurde aus den Simulationsergebnissen der relative Nachteil der b-Strategen durch Kämpfe k(b) als Funktion des Anteils der a-Strategen an der Population bestimmt (Abb. 2b):

k(b) = (K(b) - K(a))/K(a)

mit:

K(a) = Kampfhäufigkeit der a-Strategen
K(b) = Kampfhäufigkeit der b-Strategen.

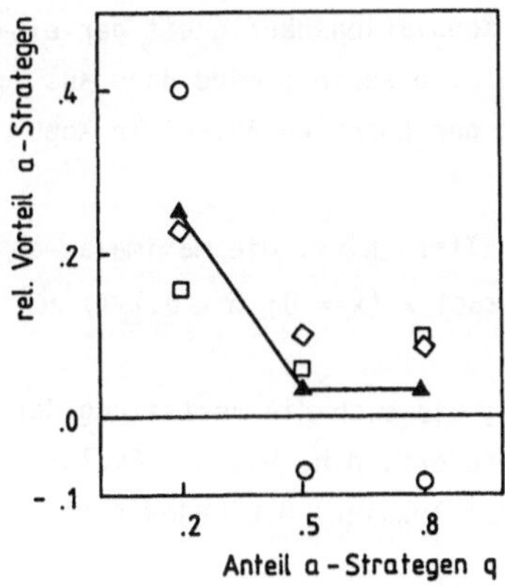

Abb. 2a: Relativer Vorteil v(a) der a-Strategen als Funktion ihres Anteils q an der Population (0: D = 0,75; ◇: D = 1,5; □: D = 3,0; ▲: Mittelwert).

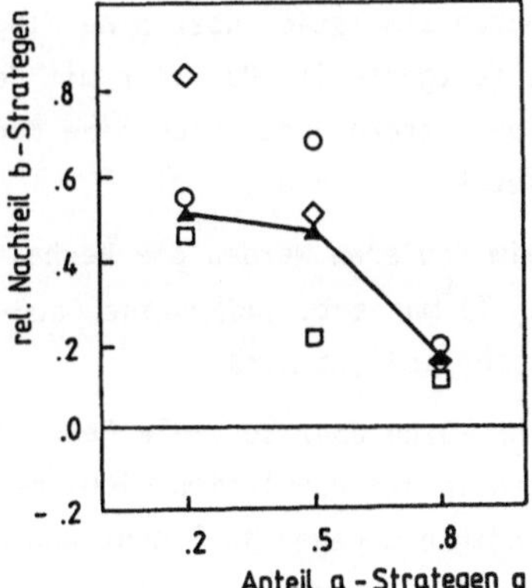

Abb. 2b: Relativer Nachteil durch Kämpfe k(b) der b-Strategen als Funktion des Anteils q von a-Strategen an der Population (0: D = 0,75; ◇: D = 1,5; □: D = 3,0; ▲: Mittelwert).

Es zeigt sich, daß zumindest für Dichten (D>1) die a-Strategen durch höhere Kopulationsraten bevorteilt, die b-Strategen dagegen in allen simulierten Beispielen durch deutlich höhere Kampfraten benachteiligt sind. Dabei ist der Unterschied zwischen a- und b-Strategen umso geringer, je größer der Anteil von a-Strategen an der Gesamtpopulation ist. Dies erklärt sich aus dem glättenden Einfluß, den die a-Strategen auf Fluktuationen der Männchendichte am Paarungsplatz haben: mit steigendem Anteil von a-Strategen an der Gesamtpopulation sinkt die Varianz der Männchendichteverteilung. Da der Vorteil der a-Strategen aber gerade darin liegt, die Dichtefluktuationen am Weiher ausnutzen zu können, sinkt ihr Vorteil, wenn die Fluktuationen gedämpft werden. Die resultierende "Auszahlung" der a-Strategen als Differenz zwischen Vorteil V(a) und Kosten K(a) ist zwar deutlich abhängig von ihrem Anteil q an der Population, bleibt jedoch zumindest für mittlere Dichten von mehr als einem Männchen stets größer als die der b-Strategen.

3. Simulation des Evolutionsprozesses

Mit solchen Simulationen können die "Auszahlungen" unterschiedlichster Paarungsstrategien miteinander verglichen werden. Kombiniert man dieses Verfahren mit dem Mutations-Selektions-Prinzip der Evolution (Rechenberg 1973), so erschließt sich die Möglichkeit, auch ohne analytische Formulierung der strategiespezifischen Auszahlung eine evolutionsstabile Strategie abzuleiten. Im folgenden soll dieses Verfahren eingesetzt werden, um den "besten" Wert für die Maximalanwesenheitsdauer T der Fluchtwahrscheinlichkeit PF entsprechend Abb. 1a zu berechnen. Dazu wird der Verlauf der Evolution simuliert, wobei die oben vorgestellten Simulationsrechnungen einer Generation im Laufe der Evolution entsprechen. Erreicht die Evolution einen Gleichgewichtszustand, so kann die erreichte Strategieverteilung als evolutionsstabile Strategie angesehen werden. In der Simulation wird der Evolutionsprozeß dementsprechend durch die folgenden drei Schritte abgebildet:

Initialisierung: Den Individuen einer Population werden willkürlich unterschiedliche Strategien (die Startbedingungen) zugeordnet.

Selektion: Durch Simulation über eine Flugperiode wird die Kopulationshäufigkeit der einzelnen Tiere festgestellt. Das Tier mit dem geringsten Kopulationserfolg wird dann aus der Population entfernt und durch eine Kopie des Tieres mit der höchsten Anzahl an Kopulationen ersetzt.

Mutation: Beim Kopieren werden die Verhaltensparameter des Elter (hier: die Maximalanwesenheitsdauer T) mutiert, indem eine Gauß-verteilte Zufallszahl x ($\bar{x} = 0$; $\sigma = 0{,}1 \cdot T$) zu diesem Parameter addiert wird.

Die Simulation wurde über so viele Generationen fortgesetzt, bis sich die Verteilung der Strategietypen in der Population nicht mehr nennenswert verändert, d.h. bis die Evolutionsgeschwindigkeit gegen Null geht und damit ein (zumindest lokaler) Gleichgewichtszustand der Evolution erreicht ist.

Um den Zeit- und Speicherplatzbedarf der Simulationsrechnungen zu verringern, wurde auf die detailgetreue Abbildung des Patrouillenfluges entlang des Gewässerrandes verzichtet. Für die Evolution des Verhaltens ist dieser Aspekt der Simulation insofern von Belang, als er Einfluß auf die Häufigkeit von Begegnungen zwischen den paarungsbereiten Männchen hat. Nimmt man an, daß die Libellen zufällig über die Uferlänge L verteilt sind und sich mit einer mittleren Geschwindigkeit V_R relativ zueinander bewegen, so ist die Häufigkeit von Begegnungen K eine Funktion der aktuellen Männchendichte N am Teich

$$K = (V_R \cdot (N-1)) / L.$$

In der Realität sind die Begegnungen etwas seltener, da der einfache Zufallsprozeß durch die Wechselwirkungen zwischen den Libellen (Kämpfe) verändert wird. Die Abweichung ist aber insgesamt vernachlässigbar klein. Wir können deshalb in jedem Simulationsschritt ($\Delta t = 0{,}2$ Min) die Begegnungen durch Zufallsziehungen mit der Wahrscheinlichkeit PK = $K \cdot \Delta t$ bestimmen (s. Abb. 3).

Weil in der vereinfachten Simulation die Bewegung der Libellen am Weiher nicht abgebildet

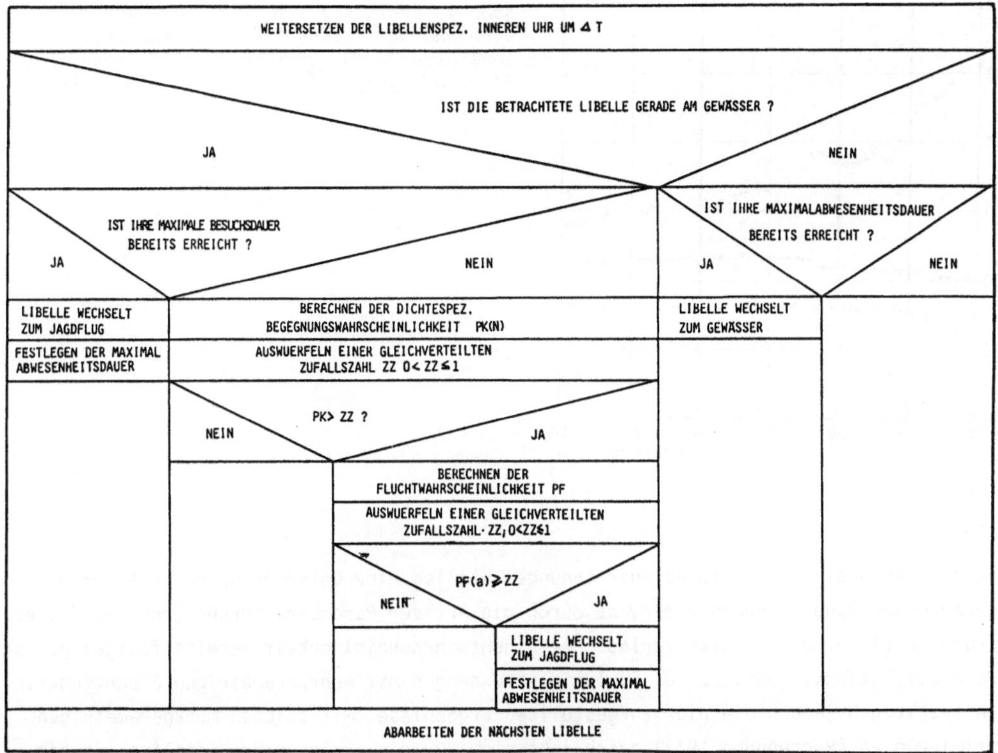

Abb. 3: Struktogramm zur vereinfachten Simulation; Verhalten einer einzelnen Libelle während eines Zeitschritts (Δt = 0.2 Min.).

wird, muß auch für das Zusammentreffen zwischen Männchen und paarungsbereiten Weibchen ein Näherungsansatz gefunden werden. Da die paarungsbereiten Weibchen - solange sich zumindest ein Männchen am Weiher aufhält - nahezu mit Sicherheit aufgefunden werden, gehen wir davon aus, daß die Kopulationsrate V eines Männchens umgekehrt proportional zur aktuellen Männchendichte am Weiher ist.

Es wurden drei Simulationsläufe mit der Strategie entsprechend Abb. 1a durchgeführt. Die Simulationsläufe unterscheiden sich durch die mittlere Maximalanwesenheitsdauer $\bar{T}$ der Individuen in der Anfangsgeneration ($\bar{T}(0)$ = 10, 20 und 60 Min). Bereits nach 60 Generationen hat die Evolution in allen simulierten Beispielen für die mittlere Maximalanwesenheitsdauer $\bar{T}$ der Individuen einen Wert zwischen 17 und 25 Min erreicht (s. Abb. 4). Diese maximale Besuchsdauer stimmt gut mit den beobachteten Werten (20 Min$< \bar{T} <$ 30 Min) überein (Kaiser 1974).

Während sich in der Simulation die mittleren Aufenthaltsdauern bei einer mittleren Dichte von D = 1,5 Libellenmännchen in den drei Simulationsläufen zwischen 8 und 12 Min einpendelten, lag dieser Mittelwert bei den beobachteten Libellen bei etwa 10 Min. Auch hier zeigt also das in den Evolutionsrechnungen gewonnene Verhalten gute Übereinstimmung mit den Beobachtungen.

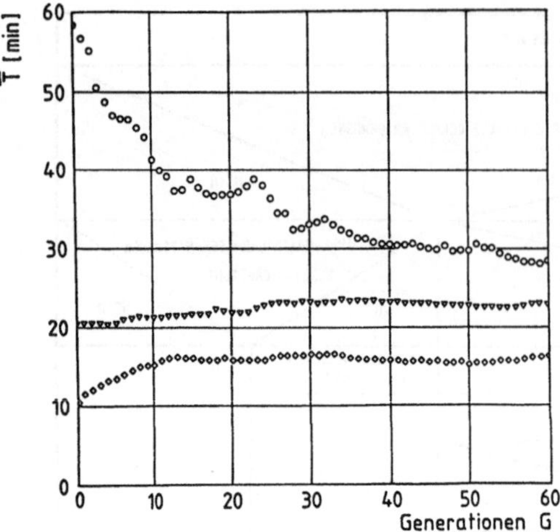

Abb. 4: Evolution der mittleren Maximal-Besuchsdauer $\bar{T}$ innerhalb von jeweils 60 Generationen für drei unterschiedliche Startbedingungen $\bar{T}(0)$ = 10, 20 und 60 Min.

4. Ausblick

Die hier vorgestellten Simulationsrechnungen stellen eine Optimierung unter stark einschränkenden Randbedingungen dar, da durch die Art der Parametrisierung (nur ein freier Parameter T) der qualitative Verlauf der Fluchtwahrscheinlichkeit bereits festgelegt ist. Erste Simulationsergebnisse aus Evolutionsrechnungen mit mehrparametrigen Fluchtfunktionen bestätigen jedoch die hier vorgestellten Ergebnisse. Mit solchen mehrparametrigen Optimierungen (Rechenberg 1973) erschließt sich für die evolutionäre Spieltheorie die Möglichkeit, auch solche Strategien zu analysieren, die sich nicht mathematisch-analytisch beschreiben lassen und die deshalb bisher nicht untersucht wurden.

Literatur

Kaiser, H. (1974): Verhaltensgefüge und Temporialverhalten der Libelle Aeschna cyanea (Odonata). Z. Tierpsychol. 34, 398-429

Maynard Smith, J. (1982): Evolution and the Theory of Games. Cambridge Univ. Press

Rechenberg, I. (1973): Evolutionsstrategie - Optimierung technischer Systeme nach Prinzipien der biologischen Evolution. Fromman-Holzboog, Stuttgart

* Mit Unterstützung durch die Deutsche Forschungsgemeinschaft

Evolutionär Stabile Strategien: Modellbildung und Theorie zur Evolution von Verhalten

Bernhard Thomas, Köln

1. Einleitung

Mit diesem Beitrag soll anhand des Konzepts der Evolutionär Stabilen Strategie (ESS)·
gezeigt werden, wie die Modellierung eines biologischen Langzeitprozesses, hier die
Evolution von Verhalten, vereinfacht werden kann durch einen Ansatz, der Modellbildung und theoretische Konzepte miteinander verknüpft.

Betrachtet man die beständigen Formen interaktiven Verhaltens zwischen Individuen
einer Art oder meherer Arten, so scheint insbesondere die Vielfalt an "freundlichen"
Verhaltenstypen (z.B. ritualisiertes Kämpfen, Kooperation, Altruismus u.ä.) auf den
ersten Blick dem einfachen Selektionsprinzip zu widersprechen, von dem man eher die
Evolution des selbstsüchtigen, absoluten Siegertyps erwarten würde.

MAYNARD SMITH und PRICE haben 1973 mit dem Konzept der ESS zu diesem Problem der
Evolutionstheorie einen einfachen Erklärungsansatz vorgeschlagen. Es zeigt sich, daß
damit zugleich auch eine gewisse Methodik verbunden werden kann, die Frage der Evolution beständiger Verhaltensformen in konkreten Fällen zu behandeln. Entsprechend den
unterschiedlichen Ebenen und Zeitskalen wird das Gesamtproblem zerlegt in (i) die
eigentliche Interaktionssituation (Individuen/Lebenszyklus) und (ii) die evolutionären Prozesse (Populationen/Generationsfolgen). Modelliert wird nun im wesentlichen
nur die Interaktionssituation mit der Möglichkeit, verschiedene Verhaltenstypen ein-
zubringen. Alles weitere, wie Reproduktion oder Neuerscheinen (z.B. durch Mutation)
von Verhaltensmerkmalen, kurz, die eigentlichen Evolutionsmechanismen, werden durch
ein relativ einfaches, theoretisches Konzept, der ESS, abgebildet und sind nicht
eigentlich Modellierungsgegenstand. Das "Material" für dieses theoretische Konzept
liefern die aus dem Modell bezogenen Bewertungen bzw. Bewertungsdifferenzen für die
interagierenden Verhaltenstypen.

2. Das Konzept der Evolutionären Stabilität

MAYNARD SMITH und PRICE (6) realisierten erstmals konsequent die Idee, Interaktions-situationen, speziell tierische Konflikte, als Spielmodelle zu beschreiben. Die spieltheoretischen Konzepte der Strategie und der Auszahlung $E(I,J)$ für eine Strate-gie I gegen eine Strategie J werden interpretiert als Verhaltenstyp bzw. als repro-duktiver Gewinn für einen Verhaltenstyp bei Interaktion mit dem eines Opponenten. Mit einer Evolutionär Stabilen Strategie wird die Vorstellung eines Verhaltenstyps ver-bunden, der, wenn er in einer Population vorherrscht, gegen Auftreten von mutanten Typen resistent ist (5). Formal wird eine ESS $\hat{I}$ durch folgende definierende Bedingun-gen unter anderen Strategien J ausgezeichnet:

$\hat{I}$ ist eine ESS, wenn

$$\text{(i)} \quad E(J,\hat{I}) \leqq E(\hat{I},\hat{I}) \quad \text{und zusätzlich} \tag{1}$$
$$\text{(ii)} \quad E(\hat{I},J) > E(J,J), \quad \text{falls für ein } J \neq \hat{I} \text{ in (i) Gleichheit gilt.}$$

Der ESS-Begriff besitzt selbst eine gewisse Ähnlichkeit mit den Lösungen nicht-kooperativer 2-Personen-Spiele. So besagt (i), daß gegen $\hat{I}$ keine alternative J besser ist als $\hat{I}$ selbst, d.h. $\hat{I}$ ist die Strategie eines symmetrischen Gleichgewichtspunktes (Gleichgewichtsstrategie, (9)). Der Grund für die Beschränkung auf symmetrische Gleichgewichtspunkte und für den in der Spieltheorie ungewöhnlichen "Stabilitätszu-satz" (ii) liegt darin, daß die Idee von 2 distinkten, rationalen Spielern nicht sinnvoll übertragen werden kann.

Es ist möglich und auch sinnvoll, daß ein Modell mehrere ESS besitzt; aber auch, daß keine der Strategien evolutionär stabil ist. In diesem Fall läßt sich mit einer anderen Interpretation des Strategie-Begriffs das ESS-Konzept generell populations-theoretisch verstehen, so daß damit auch stabile Koexistenz verschiedener Verhaltens-varianten beschrieben werden kann (8,11). Wir bezeichnen dabei die bezüglich eines Interaktionstyps möglichen individuellen Verhaltensformen als Individualstrategien, wobei wir uns hier auf Modelle mit einer endlichen Menge $S=\{I_1,\ldots,I_n\}$ von Indivi-dualstrategien beschränken. Verteilungen x über S bezeichnen wir als Populationsstra-tegien; sie repräsentieren die Häufigkeiten der individuellen Verhaltensformen in einer Population (Populationszustand) und sind typischerweise Mischstrategien. Der Erfolg eines Verhaltenstyps bei Interaktionen in einer Population werde durch Aus-zahlungsfunktionen $F_k(x)$ bewertet. $E(y,x)= \Sigma\, y_k F_k(x)$ bezeichnet dann den mittleren Erfolg einer y-Gruppe, d.h. einer "Stichprobe" mit der Strategie-Verteilung y, und $E(x,x)$ das Mittel in der Population x.

Eine Populationsstrategie $\hat{x}$ heißt evolutionär stabil, wenn

(i) $E(y,\hat{x}) \leq E(\hat{x},\hat{x})$ und

(ii) $E(y,\hat{x})=E(\hat{x},\hat{x}) \implies E(\hat{x},y)>E(y,y)$, y aus $U(\hat{x})-\{\hat{x}\}$

$$(2)$$

Diese Definition umfaßt sowohl ES Populationsstrategien als auch ES Individualstrategien, da $\hat{x}$ im Spezialfall auch ein Einheitsvektor sein kann. In Analogie zu Def. (1) bedeutet (i), daß keine y-Gruppe besser als das Populationsmittel ist, und (ii), daß für alle gleich guten y-Gruppen, deren y sich nur wenig von $\hat{x}$ unterscheidet, gilt, daß eine $\hat{x}$-Gruppe besser als das Mittel in einer y-Population ist. Die Beschränkung von (ii) auf eine Umgebung $U(\hat{x})$ von $\hat{x}$ wurde eingeführt, um das ESS-Konzept auch für nichtlineare Modelle, d.h. nichtlineare $F_k(x)$, sinnvoll zu erhalten (<u>lokale</u> ESS,(<u>8</u>)).

Gelegentlich führt es zu Mißverständnissen, daß gemischte Strategien, wie es die Populationsstrategien sind, auch Individuen zugeordnet werden können, so daß $\hat{x}$ auch eine gemischte ES Individualstrategie bedeuten könnte. Dies ist aber nur unter speziellen Zusatzannahmen so und im allgemeinen falsch (<u>11</u>).

3. <u>ESS-Modelle</u>

Die Modellbildung im Rahmen der ESS-Theorie läßt sich in 3 Schritte aufgliedern:
1. Entwurf eines biologischen Modells der Interaktionssituation.
2. Definition der Strategien und Repräsentation im Interaktionsmodell.
3. Bestimmung der Auszahlungsfuntkionen.

Der Entwurf des Interaktionsmodells erfordert in üblicher Weise Einsicht in die biologischen Details. Es besteht darüber hinaus die Möglichkeit zu einer gewissen Algorithmierung als Unterstützung in dieser Phase (Pohley, pers. Mitt.). Die Strategiebewertungen sind nach Möglichkeit explizit zu finden (Kosten/Nutzen-Analyse) oder nötigenfalls per Simulationsexperiment auszuspielen (wie z.B. in (<u>6</u>)).

Am Beispiel des schon klassischen "Falke/Taube"-Konflikts (<u>1</u>,<u>6</u>), eines einfachen Spielmodells, lassen sich diese 3 Stufen leicht illustieren:
1. Konflikte entstehen jeweils um Objekte vom Wert V und können durch "Kampf" oder durch "Los" entschieden werden, wobei jeder Opponent die gleiche Gewinnwahrscheinlichkeit hat. Der Sieger gewinnt V, der Unterlegene bezieht einen Verlust von 0 bzw. von -D im Falle eines Kampfes ("Verletzung").
2. Strategien (Beispiele):
   Aggressiv ("Falke"): Kämpfen; Aufgabe bei Verletzung.
   Friedlich ("Taube"): Nicht kämpfen; bei Angriff Flucht.

3. Die Auszahlungen lassen sich unmittelbar ableiten:

Für F: E(F,F)=0.5V-0.5D   E(F,T)=V   ,   damit $F_1(x)=0.5(V-D)x_1+Vx_2$

Für T: E(T,F)=0   E(T,T)=0.5V,   damit $F_2(x)=0.5Vx_2$

Obwohl in diesem Modell F in jedem Konfliktfall siegt, ist F nicht ESS, wenn D>V. Die ESS-Bedingungen liefern stattdessen stabile Koexistenz von F und T mit $\hat{x}_1$=V/D.

Dieses einfache Beispiel für ein typisch lineares ESS-Modell beschreibt den Konflikt nur sehr grob und mit Parametern, die verschiedenste Einflüsse subsummieren. Detaillierte Modelle mit Anwendung auf konkrete Beobachtungsdaten findet man bislang nicht allzu häufig (vgl. (5) für eine Übersicht). Ein neueres, detailliertes Modell (4), befaßt sich mit dem Verhalten beim Erwerb und Erhalt von Ressourcen allgemeiner Art, die zur Reproduktion oder zum Überleben notwendig sind (z.B. Revier, Paarungspartner, Wirt). Interaktionen resultieren aus der Konkurrenz um solche, nur beschränkt verfügbaren Ressourcen. Es interessierte speziell ein damit verbundenes Signalverhalten, und eine Frage war, ob das Setzen von Markierungen an spezifischen Orten evolutionär stabil ist. So findet man z.B. bei Käfern der Gattung Aleochara, die einige Stadien der Larvalentwicklung alleinparasitierend in Fliegenpuparien zubringen müssen, einige Arten, die bestimmte, enge Bereiche der Wirtsoberfläche zum Eindringen bevorzugen, während andere den Wirt variabel befallen. Dabei wirkt das Verschlußmaterial als Markierung, mit der i.a. Mehrfachbefall verhindert wird (7).

1. Die Grobstruktur des Modells gliedert sich in die 2 Phasen "Erwerben" und "Halten" der Ressource, die zum Erreichen der Reproduktionsphase erfolgreich durchlaufen werden müssen. Zur Illustration sei hier nur die Aufgliederung der Phase "Erwerben" kurz erläutert. Die Suche nach einer Ressource führt bei Erfolg zu einer freien oder schon belegten Ressource, andernfalls, bei Überschreiten eines Zeitlimits, zum Ausscheiden. Eine gefundene Ressource wird - strategieabhängig - auf Markierungen untersucht. Bei einer belegten Ressource kann eine solche gefunden werden, was u.a. auch vom Markierungsverhalten des aktuellen Halters abhängt. Eine Markierung kann respektiert werden, was die Rückkehr in die Suchphase bedeutet, oder mißachtet werden. Der Eindringversuch führt in diesem Fall zu einem Konflikt mit dem Halter und endet mit dem Ausscheiden oder der Übernahme der Ressource. Die Übernahme einer freien Ressource kann nur noch durch gleichzeitiges Eintreffen weiterer Konkurrenten gestört werden. Der erfolgreiche Abschluß der Erwerbsphase führt über in die Halter-Phase.

2. Die formale, vollständige Beschreibung der Feinstruktur beider Phasen liefert Graphen, in denen Situationen, mögliche Aktionen und Folgesituationen aufeinanderfolgen. Die Kantenwahrscheinlichkeiten resultieren z.T. aus "Umweltparametern" und z.T. aus Parametern, die die speziellen Strategien in diesem Modell definieren. Beispiele:

"Wahllos" - unbedingtes Eindringen in eine Ressource, keine Markierung; "Selektiv" - kurze, lokalisierte Markierungssuche, Respektieren einer Marke, Eindringen und Markieren an speziellem Ort (4). Aufgrund der detaillierten Struktur des Modells entsprechen seine Parameter prinzipiell direkten Beobachtungsgrößen.

3. Die Bewertungen der Strategien folgen einem einheitlichen Schema, sind aber recht komplex, so daß sie wie auch die Modell-Graphen hier aus Platzgründen nicht wiedergegeben werden können. Sie sind, zumindest für 2-Strategien-Modelle, noch handhabbar und liefern, rechnerunterützt, umfassende ESS-Aussagen in Abhängigkeit von Umweltbedingungen und alternativen Strategien. Die Nichtlinearität der Bewertungen verlangt allerdings grundsätzlich die Anwendung des "lokalen" ESS-Konzepts (2).

<u>4.</u> Vorzüge des ESS-Konzepts

In der Praxis führen die recht plausiblen ESS-Bedingungen zu mathematisch relativ einfachen Verfahren zur Bestimmung aller ESS in einem Modell (z.B.3,8). Insbesondere erspart man sich die Modellierung des Evolutionsprozesses und damit u.U. zeitraubende Simulationsläufe. Weiterhin erlaubt dies grundsätzlich eine vollständige Übersicht über alle ES Lösungen und die Rolle der Modellparameter. Man kann globale Darstellungen der Charakteristika für Modellfamilien geben und z.B. strukturell stabile und singuläre Fälle identifizieren, bzw. die "Robustheit" einer ESS beurteilen (13,14).

Ein erkenntnistheoretischer Vorzug des ESS-Konzepts liegt darin, daß es im Kern auf einem einfachen Grundprinzip beruht: dem Darwinschen "survival of the fittest". Allerdings ist dies nicht auf die interagierenden Individuen zu beziehen, sondern auf die Strategien, resp. Verhaltenstypen. Die "Fitness" ist über die Auszahlungsfunktionen typischerweise häufigkeitsabhängig, d.h. der Erfolg einer Strategie hängt vom Umfeld der Alternativen ab. Infolgedessen ist auch nicht zu fragen, wie <u>gut</u> eine Strategie eine bestimmte Aufgabe löst (Optimierung) - "Falke" z.B. siegt immer im F/T-Modell - sondern welche aus einer Menge von Alternativen evolutionär stabil ist.

Schließlich sei darauf hingewiesen, daß die Rolle des biologischen Modells hier nicht auf die bloße Abbildung einer Interaktionsstruktur beschränkt bleibt, sondern im Rahmen der ESS-Theorie auch die Erklärungskapazität eines Modells beurteilt werden kann.

<u>5.</u> Implizite Voraussetzungen des ESS-Konzepts

Obwohl oder gerade weil Evolutionsmechanismen nicht explizit abgebildet werden, sollte man fordern, daß das Konzept der ESS in Einklang zu bringen ist mit einer <u>dynamischen</u> Modellierung dieses Teils. Das Problem ist also: welche <u>ESS-adäduaten</u>

Dynamiken gibt es, d.h. welche haben ESS als Punkt-Attraktoren, und welche evolutionären Prozesse lassen sich damit beschreiben (8,13)?

Die bislang einzige, gut untersuchte Antwort darauf (8,10,14) greift zurück auf die Standardmodelle der Genselektion aus der Populationsgenetik:

$$\dot{x}_i = x_i(F_i(x) - E(x,x)) \qquad \text{als kontinuierliche, bzw.}$$
$$x_i' = x_i \, F_i(x)/E(x,x) \qquad \text{als diskrete Dynamik} \qquad (i = 1, \ldots, n)$$

Hier geht jedoch die implizite Voraussetzung ein, daß das Verhältnis von F_i zu E direkt die Veränderung der Häufigkeit von I_i bestimmt, also die Annahme einer treuen Weitergabe von Merkmalen, wie sie bei Haploidie, Parthenogenese oder geschlechtsgebundenen Merkmalen gerechtfertigt ist.

6. Genetische ESS-Modelle und allgemeine Anwendungen

Aus Konsistenzgründen muß also diese Annahme als fundamentale Voraussetzung des ESS-Konzepts akzeptiert werden. Diese ist für diploide, sexuell reproduzierende Organismen i.a. nicht gegeben, wo F_i nur den Strategieerfolg vor Reproduktion abbilden kann. Erfreulicherweise kann hier gerade die Modell/ESS-Methode selbst weiterhelfen.

Das ESS-Konzept ist, formal gesehen, interpretationsfrei. Was die Strategien sein sollen, für die Bewertungen bestimmt und verglichen werden, ist nicht notwendig auf den Bereich der Ethologie beschränkt. Wichtiger ist, daß ein Entwicklungsprozeß, dem sie unterliegen, beschrieben werden kann als treue Reproduktion entsprechend ihrem Erfolg. So gibt es z.B. Ansätze, Entwicklungen im sozio-kulturellen Bereich oder Ergebnisse von Lernprozessen mit Hilfe von ESS-Modellen zu beschreiben (1,2).

Ebenso läßt sich im genetischen Kontext das Strategie-Konzept z.B. durch Allele eines diploiden, sexuellen Systems interpretieren (8,12). Man ordnet Strategiepaarungen auf Genpoolebene (Genotypen) Individualstrategien (Phänotypen) zu und leitet aus deren Interaktionserfolg in der Population i.a. nichtlineare Auszahlungsfunktionen für die "Allel-Strategien" ab. Das ESS-Konzept liefert dann ES Genpools, die wiederum stabile Populationsstrategien determinieren. Für große, panmiktische Populationen läßt sich auf diese Weise sogar generell zeigen, daß die ESS eines phänotypischen Modells durch genetische ESS realisiert werden.

Es ist zu erwarten, daß sich mit der Aufgabe der Standardinterpretation des Strategiebegriffs und einer zu strengen spieltheoretischen Orientierung eine Reihe anderer Anwendungsbereiche eröffnen, in denen das ESS-Konzept fruchtbar werden kann.

Literatur

1. DAWKINS,R. (1976). The selfish gene. Oxford University Press.
2. DAWKINS,R. (1980). Good strategy or evolutionarily stable strategy. In Socio-biology: Beyond Nature/Nurture (eds. G.W.Barlow, J.Silverberg). Westview Press.
3. HAIGH,J. (1975). Game theory and evolution. Adv. Appl. Prob. 7, 8-11.
4. KURSAWE,H. (1984). Evolutionäre Stabilität von Markierungsverhalten beim Erwerb von Ressourcen. Diplomarbeit, Inst. f. Entw.-Physiol., Uni Köln.
5. MAYNARD SMITH,J. (1982). Evolution and the theory of games. Cambridge Univ. Press
6. MAYNARD SMITH,J., PRICE, G.R. (1973). The logic of animal conflicts. Nature 246.
7. PESCHKE,K., FULDNER,D. (1977). Übersicht und neue Untersuchungen zur Lebensweise der parasitoiden Aleocharinae (Coleoptera; Staphylinidae). Zool. Jb. Syst. 104.
8. POHLEY,H.J., THOMAS,B. (1983). Nonlinear ESS-models and frequency dependent selection. Biosystems 16, 87-100.
9. SELTEN,R. (1980). A note on evolutionarily stable strategies in asymmetric animal conflicts. J. theor. biol. 84, 93-102.
10. TAYLOR,P.D., JONKER,L.B. (1978). Evolutionarily stable strategies and game dynamics. Math. Biosci. 40, 145-156.
11. THOMAS,B. (1984). Evolutionary stability: states and strategies. Theor. pop. biol.
12. THOMAS,B. (eingereicht). Genetical ESS-models I. Concepts and basic model.
13. THOMAS,B., POHLEY,H.J. (1982). On a global representation of dynamical characteristics in ESS-models. Biosystems 15, 141-153.
14. ZEEMAN,C. (1981). Dynamics of the evolution of animal conflicts. J. theor. biol. 89, 249-271.

INDIVIDUAL- UND POPULATIONSWACHSTUM DES ANTARKTISCHEN KRILLS
(EUPHAUSIA SUPERBA)

H. Astheimer, Bremerhaven

W. Wosniok, Bremen

Zusammenfassung. Das Längenwachstum des Krills wird nach einem
deterministischen und einem stochastischen Ansatz behandelt. Ersterer
beschreibt den Einfluß des jahreszeitlichen Futterangebotes auf das
Individualwachstum. Daraus wird ein Populationsmodell entwickelt
unter Berücksichtigung von individueller Variabilität, Mortalität und
Reproduktion. Der stochastische Ansatz (Markov-Kette) eignet sich
besonders für die Analyse von Zeitserien gemessener Längenhäufigkeitsverteilungen, aus denen Übergangswahrscheinlichkeiten zwischen
den Längenklassen berechnet werden können.

Summary. Krill growth is modelled using a deterministic and a
stochastic approach. The former describes the influence of seasonal
food supply on individual growth. From there, a population model is
developped including individual variability, mortality and reproduc-
tion. The stochastic approach (Markov chain) is especially useful for
analysing time-series of measured length/frequency histograms, from
which transition probabilities between length classes can be compu-
ted.

1. Einführung

Wegen seiner interessanten Biologie und seiner möglicherweise
wirtschaftlichen Bedeutung ist der Krill Gegenstand weltweiter
intensiver Forschung. Dennoch sind wichtige Fragen, besonders
bezüglich seiner Wachstumsgeschwindigkeit, seiner Lebensdauer und der
Populationsdynamik noch ungeklärt. Freilanduntersuchungen liefern
zwar Längenhäufigkeitsverteilungen von Netzfängen und wichtige
Umweltfaktoren, sind aber schwer zu interpretieren und lassen sich
kaum über einen ausreichend langen Zeitraum hinweg durchführen.
Aufzuchtversuche im Labor umfassen bislang nur die Entwicklung vom Ei
bis zu frühen Larvenstadien. Die älteren Stadien sind schwer zu
hältern und wachsen kaum, ja sie können sogar schrumpfen. Für die

Konstruktion eines Wachstumsmodells stehen also recht wenig "harte"
Daten zur Verfügung und auch die Modellverifikation bereitet Schwierigkeiten.

2. Individualwachstum

Ein erster Ansatz beschreibt den Einfluß jahreszeitlich variabler
Futterzufuhr auf das Individualwachstum (ASTHEIMER et al., subm.).
Aus einer (z.T. hypothetischen) s-förmigen Wachstumskurve unter
optimalen Futterbedingungen (Länge L_{opt} als Funktion der Zeit t) wird
dabei eine Mehrfach-S-Kurve; die Endlänge wird - dem Futtermangel
entsprechend - später erreicht (Abb. 1).

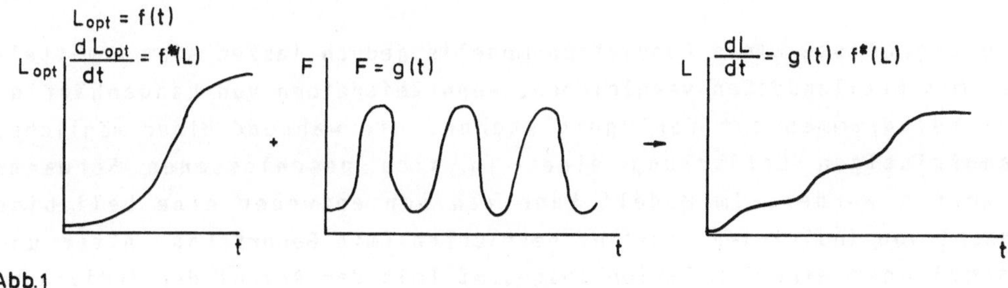

Abb.1

Die tatsächliche Wachstumsgeschwindigkeit dL/dt ergibt sich also aus
der optimalen Rate dL_{opt}/dt, gewichtet mit der normierten Futterfunktion g. Der Einfluß der Sommerlänge, bzw. der Dauer der jährlichen
Futterproduktion, ist in Abb. 2 dargestellt.

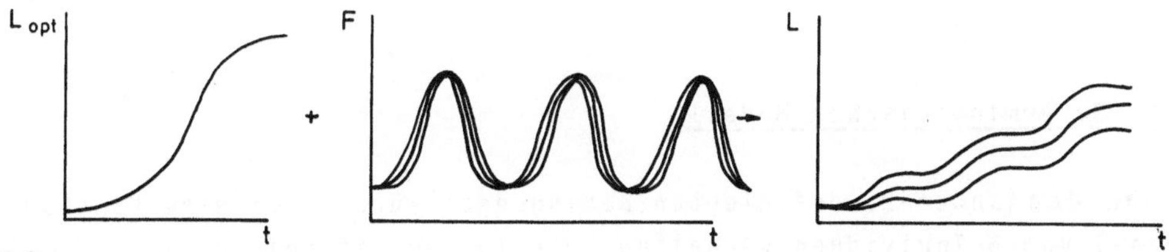

Abb.2

Ebenso wie die Wachstumskurve faßt auch die Futterfunktion eine
Unzahl einzelner Prozesse zusammen, die in Zukunft in dem Maße
individuell modelliert werden sollen, wie entsprechende experimentelle Daten verfügbar werden. Es ist z.B. zu erwarten, daß die

Futteraufnahmerate A eine Funktion des angebotenen Futters F ist
(Abb. 3, Michaelis-Menten-Kinetik).

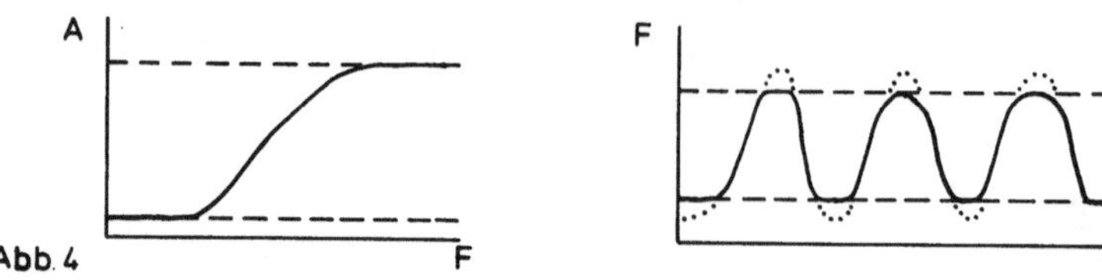

Das Modell läßt sich in diesem Stadium noch nicht anhand von Freilanddaten verifizieren, da man einen Krillkrebs nicht markieren und
mehrfach wieder fangen und vermessen kann. Im Labor ist dies zwar
möglich, es ist aber zweifelhaft, ob man dort für ein derart empfind-
liches Tier je natürliche Bedingungen herstellen kann.

3. Populationswachstum

Die Ergebnisse eines Populationsmodells jedoch lassen sich unmittelbar mit Freilanddaten vergleichen, wenn Zeitreihen von Längenhäufigkeitsdiagrammen zur Verfügung stehen, die während einer möglichst
langfristigen Befischung eines in sich geschlossenen Schwarms
gewonnen wurden. Im Modell kann man nun entweder eine beliebige
Anzahl von Individuen einzeln betrachten (mit Geburtstag, Alter und
Länge) oder eine Population insgesamt (mit der Anzahl der Individuen
je Längenklasse und der Zeit). Letzteres erscheint uns sinnvoller, da
das individuelle Alter in der Praxis nur schwer abzuschätzen ist, die
Wachstumsrate auch als Funktion der Länge gesehen werden kann und
vermutlich für ein produktionsbiologisches Modell die Altersstruktur
der Größenverteilung von untergeordneter Bedeutung ist - es sei denn,
die Reproduktions- und Mortalitätsraten wären altersabhängig.

3.1. Deterministisches Modell

Gemäß den unter 2. definierten Bedingungen würde sich eine konstante
Anzahl von N Individuen verhalten, wie in Abb. 4A gezeigt ist. Die in
der Natur zu beobachtenden Größenschwankungen könnten nun durch einen
Zufallsgenerator simuliert werden, der normalverteilte Abweichungen
von der mittleren Größenklasse bewirkt (Abb. 4B). Eine längenabhängi-
ge Mortalitätsrate würde in einem dritten Schritt zu linkssteilen
Längenverteilungen führen (Abb. 4C).

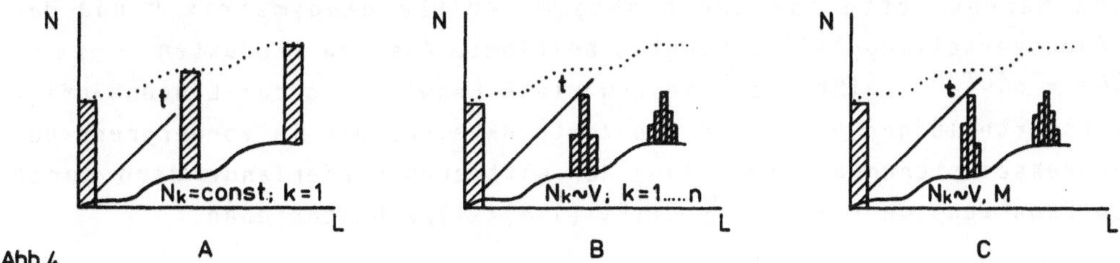

Innerhalb der natürlichen Laichperiode können die Modelltiere, die
eine gewisse Mindestgröße (d.h. Geschlechtsreife) erreicht haben,
Nachkommen erzeugen, so daß es nach einiger Zeit unterschiedlich
alte, z.T. überlappende Kohorten gibt. Es wird interessant sein zu
sehen, wie die Wahl der Parameter die Einstellung eines Gleichge-
wichtszustandes mit stabiler (konstanter oder oszillierender)
Individuenzahl beeinflußt.

Zukünftige Modellversionen könnten darüberhinaus z.B. die Schwarm-
dichteabhängigkeit und die räumliche Verteilung simulieren, u.U.
eingebettet in ein Modell antarktischer Meeresströmungen.

3.2. Stochastisches Modell

Parallel dazu laufen Bemühungen, Zeitreihen von Längenhäufigkeitsverteilungen aus dem Freiland mithilfe eines Markov-Kettenmodells zu
analysieren. Dadurch wird der erheblichen biologischen Variabilität
der Daten, der Datenstruktur und dem bisherigen Kenntnisstand über
das Wachstum des Krills (Annahme eines zeithomogenen Wachstums
während der Sommersaison) Rechnung getragen.

Das Modell wird mit den folgenden Bezeichnungen formuliert:

i Nummer eines Längenintervalls mit Grenzen (l_{i-1}, l_i), $i=1 \ldots I$

n Nummer eines Zeitpunkts t_n, äquidistant

$q^{(n)} = (q_1^{(n)}, q_2^{(n)}, \ldots, q_I^{(n)})$ Vektor mit relativen Häufigkeiten
der Größenklassen zur Zeit t_n

p_{ij} Übergangswahrscheinlichkeit, $= Pr$ (Tier ist zu t_n in Intervall
j / Tier ist zu t_{n-1} in Intervall i)

P Übergangsmatrix (p_{ij})

Eine Markov-Kette ist durch Angabe der Übergangsmatrix P und der Anfangsverteilung $q^{(0)}$ eindeutig bestimmt. Aus den Produkten $q^{(n)} = q^{(0)}P^n$ ergibt sich die erwartete Entwicklung der Längenhäufigkeitsverteilungen $q^{(n)}$ über die Zeitpunkte t_n. Die im Vordergrund des Interesses stehende Entwicklung der mittleren Körperlänge wird durch den Erwartungswert $1^{(n)} = \sum q_i^{(n)} \cdot (1_i + 1_{i-1})/2$ beschrieben.

Zur vollständigen Angabe des Modells müssen noch die bislang unbekannten Parameter $q^{(0)}$ und P geschätzt werden. Dazu stehen Folgen von Längenverteilungen zur Verfügung, die eine direkte Schätzung von $q^{(0)}$ liefern. Die Bestimmung von $\hat{P}$ kann durch geeignete Umformung der Beziehung $q^{(n)} = q^{(n-1)}P$ auf einen linearen Regressionsansatz zurückgeführt werden. Um jedoch die Einhaltung der (nicht-linearen) Randbedingung $0 \leq p_{ij} \leq 1$ und $\sum_j p_{ij} = 1$ sicherzustellen, wurde die folgende Logit-Transformation angewendet:

$$p_{ij} = \exp(z_{ij})/(1 + \sum_{l=1}^{I-1} \exp(z_{il})).$$ An diese Stelle kann das Modell durch

Einbeziehung von Kovariablen (Klima, Futterangebot, ...) erweitert werden, indem die zu schätzenden Parameter z_{ij} ihrerseits als von Kovariablen x_l abhängig betrachtet werden: $z_{ij} = \sum a_{ijl} x_l$. Zu schätzen sind dann die Koeffizienten a_{ijl}.

Bei der Formulierung des Modells für konkrete Daten ist zu bedenken, daß meistens nicht alle Komponenten der Matrix P sinnvollerweise Werte größer als Null annehmen können. So treten in kurzer Zeit sicher keine sehr großen Längenänderungen ein, ebenso ist ein Schrumpfen in der betrachteten Periode nicht. möglich. Die solche (unmöglichen) Ereignisse beschreibenden p_{ij} werden daher in der Modellgleichung konstant auf Null gesetzt.

Als Beispiel wurde eine Parameterschätzung mit I=5 an Daten von CLARKE und MORRIS (1983) durchgeführt. Es ergab sich die Übergangsmatrix

$$\begin{bmatrix} 0.841 & 0.159 & 0.0 & 0.0 & 0.0 \\ 0.0 & 0.919 & 0.081 & 0.0 & 0.0 \\ 0.0 & 0.0 & 0.954 & 0.046 & 0.0 \\ 0.0 & 0.0 & 0.0 & 0.950 & 0.050 \\ 0.0 & 0.0 & 0.0 & 0.0 & 1.000 \end{bmatrix}$$

mit der Anfangsverteilung $\hat{q}^{(0)} = (0.061, 0.475, 0.378, 0.069, 0.017)$.

4. Diskussion

Sofern die benötigten Funktionen bekannt sind, erlaubt das deterministische Modell eine plausible und übersichtliche Simulation des Krillwachstums. Das stochastische Modell kann gemessene Populationsdaten analysieren und die Bedeutung von Einflußgrößen testen. Die Ergebnisse lassen sich, u.U. modifiziert, zur Wachstumssimulation verwenden.

Unser Hauptziel besteht nun darin, während einer einwöchigen, intensiven Krillschwarmstudie (Antarktis, Dezember 1984) einen Datensatz zu bekommen, der eine möglichst geringe Stichprobenvarianz aufweist und die Bestimmung populationsdynamischer Parameter zuläßt. Neben der Messung zahlreicher Umweltparameter ist es dabei auch unerläßlich, die Altersstruktur des Schwarms zu bestimmen, da sich in den Längenhäufigkeitsdiagrammen höchstwahrscheinlich mehrere Kohorten überlagern. Die Befischung eines Schwarms über einen noch längeren Zeitraum ist aus logistischen Gründen vermutlich illusorisch.

Literatur

Astheimer H, Krause H, Rakusa-Suszczewski S (subm.) A simple krill growth model. Polar Biol

Clarke A, Morris DJ (1983) Towards an energy budget for krill: the physiology and biochemistry of _Euphausia_ _superba_ Dana. Polar Biol 2: 69-86

EIN SIMULATIONSMODELL FÜR DIE KONTROLLE VON WURMERKRANKUNGEN DURCH CHEMOTHERAPIE

Klaus Dietz, Tübingen

Zusammenfassung. Der Beitrag enthält die wichtigsten Annahmen eines epidemiologischen Modells zur Beschreibung der Übertragung und Kontrolle der Schistosomiasis (Bilharziose). Der Schwerpunkt der Untersuchung liegt auf der Evaluierung selektiver Chemotherapie. Die Ergebnisse sind an anderer Stelle ausführlich veröffentlicht.

Summary. The present contribution contains the most important assumptions of an epidemiological model for the description of transmission the control of schistosomiasis (bilharzia). The emphasis of the investigation is placed on the evaluation of selective chemotherapy. The results are published elsewhere in more detail.

Die Behandlung eines Patienten, der an einer Infektionskrankheit leidet, hat außer dem individuellen Effekt auch einen Nutzen für seine Umgebung, da das Infektionsrisiko für andere reduziert wird. Bei Wurmerkrankungen ist ein Individuum nach einer Behandlung wieder für eine neue Infektion empfänglich. Das vorliegende Simulationsmodell gestattet es, den Effekt von selektiver Chemotherapie zu studieren, wobei sich die Behandlungen auf Individuen mit hoher Wurmlast oder auf bestimmte Altersgruppen konzentrieren können. Die Therapie tötet einen gewissen Anteil der Parasiten sofort, so daß die Anzahl der überlebenden Parasiten durch eine Binomialverteilung beschrieben werden kann, die von der ursprünglichen Anzahl von Parasiten abhängt. Die Parasitenlast eines jeden Individuums wird im Modell laufend gespeichert. Die Wirtsbevölkerung wird durch einen Einwanderungs-Todes-Prozeß mit einer gammaverteilten Überlebensfunktion beschrieben.

Die Modellannahmen beziehen sich speziell auf die Übertragung und die Kontrolle der Schistosomiasis (Bilharzia), von der 200 Millionen Menschen in den Tropen befallen sind. Die Würmer brauchen zu ihrer Übertragung Süßwasserschnecken als Zwischenwirt. Die Übertragungsparameter (1. die Wahrscheinlichkeit, daß ein mit dem Urin bzw. Kot ausgeschiedenes Ei schlüpft und die resultierende Wimperlarve erfolgreich in eine Schnecke eindringt; 2. die Wahrscheinlichkeit, daß eine von einer Schnecke ausgeschüttete Schwanzlarve erfolgreich in die Haut eines menschlichen Wirtes eindringt) hängen stark vom Alter und Geschlecht eines Individuums ab, wobei auch zwischen den Individuen große Unterschiede beobachtet werden; die z.B.

vom Beruf oder der Nähe des Wohnortes vom Wasser abhängen. Das Modell trägt dieser Variabilität durch die Annahme eines exponentiell verteilten Übertragungsparameters Rechnung, der für jeweils ein Individuum im Laufe seines Lebens mit einer für alle Individuen gleichen altersabhängigen Funktion multipliziert wird. Besonders Kinder im Schulalter haben häufig eine deutlich höhere Kontaktrate als Vorschulkinder oder Erwachsene. Die Regulation der Vermehrung der Wurmpopulation beruht auf drei nichtlinearen Mechanismen: Die Wahrscheinlichkeit, daß sich eine Schwanzlarve zum Wurm entwickelt und die Zahl der pro Zeiteinheit pro Wurm ausgeschiedenen Eier nimmt mit der Zahl der in einem Individuum vorhandenen Würmer ab. Superinfektionen von Schnecken durch weitere Wimperlarven verändern nicht die Ausschüttungsrate von Schwanzlarven. Die Schneckenpopulation wird durch einen Einwanderungs-Todes-Prozeß beschrieben. Die Sterberaten hängen davon ab, ob eine Schnecke suszeptibel, d.h. noch nicht infiziert, latent infiziert, d.h. noch nicht infektiös, oder infektiös ist, wobei infektiöse Schnecken die höchste Sterberate haben. Im menschlichen Wirt berücksichtigen wir unreife und reife Würmer, wobei nur die letzteren Eier produzieren. Das Geschlecht und das Paarungsverhalten der Würmer wird im Modell der Einfachheit wegen nicht berücksichtigt. Die Rate, mit der neue unreife Würmer in ein Individuum eindringen, ist proportional zur Zahl der infektiösen Schnecken. Der Krankheitszustand ist mit einer Wurmzahl oberhalb einer frei wählbaren Schranke assoziiert. Die selektive Chemotherapie kann sich nach Alter, Übertragungsparameter, Krankheit oder Zahl bisheriger Behandlungen richten. Das in FORTRAN von Herrn Renner geschriebene Computerprogramm berechnet jeweils den Zeitpunkt des nächsten Ereignisses und bestimmt dann durch eine gleichverteilte Zufallszahl gemäß den relativen Wahrscheinlichkeiten, welcher Übergang ausgeführt wird. Wegen der angenommenen mittieren Größe der Bevölkerung von 500 Individuen beträgt die Zahl der möglichen Übergänge etwa 10 000. Die mittlere Verweilzeit in einem Zustand beläuft sich auf etwa 6 Stunden. Um ein Jahr zu simulieren, werden etwa 8 Sekunden auf einer UNIVAC 1100/80 benötigt.

Literatur

Dietz, K. and Renner, H. (1984) A simulation model for the control of helminth diseases by chemotherapy. Proceedings of an International Conference on Mathematics in Biology and Medicine. Bari. July 18-22, 1983. Lecture Notes in Biomathematics (in press)

ZELLPHYSIOLOGISCHE PROZESSE

Das Besondere der zellphysiologischen Prozesse ist das Wachstum und die Reproduktion.
Ihre Nachbildung in einem Modell kann durch lineare oder nichtlineare Differentialgleichungen erfolgen. Neben Kompartmentmodellen, welche die Ein- und Austrittsraten
einer Substanz sowie die Interaktionen mit weiteren Systemelementen beschreiben,
werden auch molekular begründete Modelle verwendet. Verschiedentlich werden zell-
physiologische Systeme als Spezialfall der allgemeinen Kompartmentsysteme angesehen.

Die Beiträge zellphysiologischen Charakters des 1.Ebernburger Gespräches sind nachfolgend zusammengefaßt.

W.Düchting, Th.Vogelsaenger
Systemanalyse des dreidimensionalen Tumorwachstums sowie verschiedene
Behandlungsstrategien

E.O.Voit
Zellzyklus und Wachstum. Das CCC-Modell

J.Vogt
Wachstumsdynamik von Fettzellen

J.R.Reichl, W.Reiser
Computersimulation von Stoffwechselprozessen im Gewebe

Ch.Giersch
Ein Modell zu Photosynthese-Oszillationen in Blättern höherer Pflanzen

B.A.Gottwald
Modellierung des Transport-Mechanismus von Auxin durch Plasma-Membranen

[illegible]

SYSTEMANALYSE DES DREIDIMENSIONALEN TUMORWACHSTUMS SOWIE VERSCHIEDENER BEHANDLUNGSSTRATEGIEN

Werner Düchting und Thomas Vogelsaenger, Siegen

Zusammenfassung. In dieser Arbeit wird der Versuch unternommen, das räumliche Wachstum und die Behandlung von Tumoren zu modellieren und im Computerexperiment zu simulieren. Als ausgewähltes Beispiel wird der Tumorangiogenesis-Effekt behandelt. Durch den vorgestellten Ansatz zeichnet sich die Möglichkeit ab, künftig vor einer klinischen Behandlung die optimale Methode und den günstigsten Behandlungszeitaugenblick im Simulationsexperiment zu ermitteln.

Summary. In this paper the attempt is made to simulate spatial tumor growth and treatment. Special interest is given to the modelling of the tumor-angiogenesis effect. In the future it seems possible to predict the optimal method and time of cancer treatment by simulation prior to clinical therapy.

1. Einführung

In den letzten Jahren sind große Anstrengungen unternommen worden, das Krebsproblem von unterschiedlichen Standpunkten aus zu studieren. So sind beispielsweise mathematische Ansätze (1,2) zur Beschreibung des komplexen Zellwachstumsprozesses gemacht worden. Leider werden diese hochmathematischen Arbeiten von den Klinikern in den meisten Fällen nicht vollständig verstanden. Bei dieser Sachlage bietet sich die Regelungstheorie als Bindeglied zwischen den divergierenden Bereichen Medizin - Mathematik an.

Aufbauend auf zellkinetischen Experimenten ist in den Arbeiten (3,4) ein erster Ansatz gemacht worden, ein Regelkreismodell zu entwickeln, das sowohl das normale als auch das maligne Zellwachstum beschreibt und darüber hinaus Tumorerkrankungen als strukturinstabil gewordene Regelkreise interpretiert. Die Simulationsergebnisse führen zu Kurven, die jeweils die Anzahl der Tumorzellen als Funktion der Zeit darstellen (4).

In Wirklichkeit erfordert die Krebstherapie (Chirurgie, Radiotherapie)
zusätzlich die genaue Kenntnis über die jeweilige räumliche Position
eines Tumors im Gewebe (5). Darüber hinaus hängt bei der Chemotherapie
die Empfindlichkeit der Tumorzellen von der jeweiligen Zellzyklusphase
ab, in der sich eine Tumorzelle im Augenblick der Behandlung befindet
(6). Neben den beschriebenen Spezifikationen muß das zu entwickelnde
Modell in der Lage sein, ebenfalls die zur Sauerstoff- und Nährstoff-
versorgung erforderlichen Blutgefäße nachzubilden.

2. Annahmen und Beschränkungen

Zu Beginn dieser schwierigen Aufgabe müssen folgende vereinfachende
Annahmen getroffen werden:
- Es steht nur ein begrenzter Zellraum von 40x40x40 Zellen zur Verfü-
  gung, der etwa 1mm^3 Gewebe bzw. ca. 60.000 Zellen entspricht.
- Die einzelne Zelle weist immer die gleiche kubische Form auf.
- Die Blutgefäße werden als statisch angesehen.
- Die einzelnen Zellzyklusphasendauern sind konstant.
- Der Einfluß von Metastasen, Nebenwirkungen, immunologischen
  Reaktionen und Resistenzen wird vernachlässigt.

3. Zellzyklusmodelle

Bei der Teilung (7) durchläuft eine Zelle folgende Zellzyklusphasen:
- G1: G1(Gap 1)-Phase, in welcher der die DNS-Synthese induzierende
      Enzymapparat entwickelt wird.
- S: S(DNS-Synthese)-Phase, in welcher der DNS-Gehalt des Zellkerns
      verdoppelt wird.
- G2: G2(Gap 2)-Phase, in der die für die Mitose (Zellteilung) notwen-
      digen Enzymsysteme synthetisiert werden.
- M: Mitose (Teilungs)-Phase.

Die nicht proliferierenden Zellen (G∅) und die differenzierten Endzel-
len (E) werden "ruhende" Zellen genannt.

Eine einzelne Zelle wird durch die charakteristischen Phasendauern
(T_{G1}, T_S, T_{G2}, T_M) und durch die ensprechende Zellzyklusdauer T_C (T_C =
$T_{G1}+T_S+T_{G2}+T_M$) beschrieben. Die in Tabelle 1 aufgelisteten Daten sind
der zellkinetischen Literatur entnommen worden (7).

TABELLE 1. Zellphasendauern in Stunden (σ: Standardabweichung). $T_C = T_{G1} + T_S + T_{G2} + T_M$

ZELLPHASENDAUER IN H	T_{G1}	σ_{G1}	T_S	σ_S	T_{G2}	σ_{G2}	T_M	σ_M	T_C	T_{G0}	σ_{G0}	T_E	σ_E
NORMALE ZELLE	10	2	8	1	4	1	1	0	23	24	8	16	2
TUMOR ZELLE	4	1	4	1	1	1	1	0	10	5	2	40	4

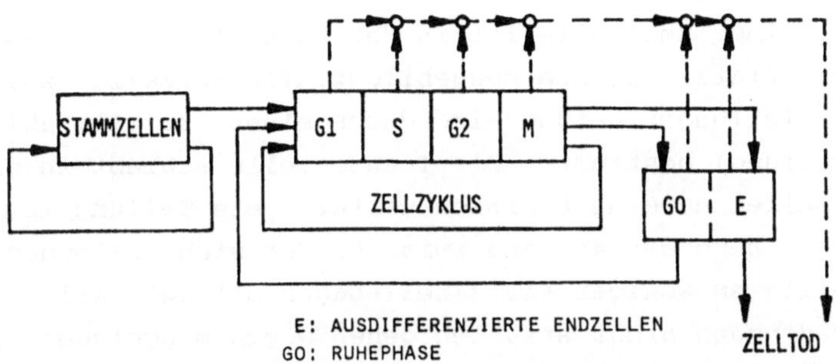

Bild 1. Prinzipskizze des Zellzyklusmodells einer normalen Zelle.

Sowohl für normale als auch für Tumor-Zellen sind spezifische Blockschaltbilder entwickelt worden, die den jeweiligen Zellzyklusprozess beschreiben. Wegen ihrer großen Ähnlichkeit ist jedoch die Prinzipskizze lediglich für eine normale Zelle angegeben (Bild 1). In diesem Modell geht die proliferierende normale Zelle nach 4 Teilungen in den Endzustand über, während eine Tumorzelle die Fähigkeit besitzt, sich theoretisch unendlich oft zu teilen.

4. Zell-Zell-Interaktionsregeln

Es ist sehr schwierig, ein umfassendes Blockschaltbild für die Interaktionen zwischen den einzelnen Zellen zu entwickeln. Aus diesem Grund wird auszugsweise eine Liste mit Zellvermehrungsregeln angegeben, welche die Regeneration der normalen Zellen und die Teilung der Tumorzellen steuert (8).

<u>Normale Zellen</u>: Bevor eine Zelle in die Mitosephase eintritt, wird geprüft, ob sich in der entsprechenden Zeile oder Spalte ein freier Zellplatz befindet. Ist das der Fall, dann findet die Teilung der Zelle statt und die neugebildete Tochterzelle schiebt alle Zellen um eine Stelle weiter in Richtung des am nächsten liegenden freien Zellplatzes. Liegt dagegen keine freie Zellposition vor, dann geht die Zelle in die Ruhephase G$\emptyset$ über.

<u>Tumorzellen:</u> Eine Tumorzelle ist in der Lage sich zu teilen, auch wenn kein freier Platz für die neugebildete Tochterzelle zur Verfügung steht. Die Teilungsrichtung wird durch einen Zufallszahlengenerator (Gleichverteilung) bestimmt. Die Tochterzelle schiebt in diese Richtung alle Zellen um eine Position weiter. Die Teilung ist jedoch nur dann möglich, wenn der Abstand zwischen der sich teilenden Tumorzelle und den Kapillaren weniger als 3 Zell-Lagen beträgt. Alle Tumorzellen, die diese Bedingung nicht erfüllen gehen wegen mangelnder Sauerstoff- und Nährstoffversorgung in den Ruhezustand G$\emptyset$ über.

6. Programmentwurf

Für die beschriebenen Modelle bzw. Bildungsregeln sind gemäß den einzelnen Bedingungen zahlreiche spezielle Unterprogramm-Pakete entwickelt worden (FORTRAN IV). Insbesondere die drei-dimensionale Darstellung der Struktur von wachsenden Zellsystemen erfordert einen großen Aufwand zur Erstellung und Anpassung der für diese spezielle Aufgabenstellung erforderlichen modular aufgebauten Software-Pakete.

7. Ausgewähltes Simulationsbeispiel

Im Zentrum eines Gewebesegmentes (Bild 2(a)) sind in die unmittelbare Nähe der Kapillaren 11 Tumorzellen zur Zeit T=0 angeordnet worden, die sich in dem mit normalen Zellen besetzten Gewebesegment rasch vermehren. Zum Zeitaugenblick T=200 hat der Tumor die in Bild 2(a) dargestellte Größe erreicht. Nach einer simulierten chirurgischen Entfernung der rechten Gewebesegmenthälfte zur Zeit T=201 (Bild 2(b)) vermehren sich die nicht entfernten Tumorzellen überwiegend in der linken Gewebesegmenthälfte, da in diesem Bereich das Kapillar-System voll erhalten geblieben ist (Bild 2(c)).

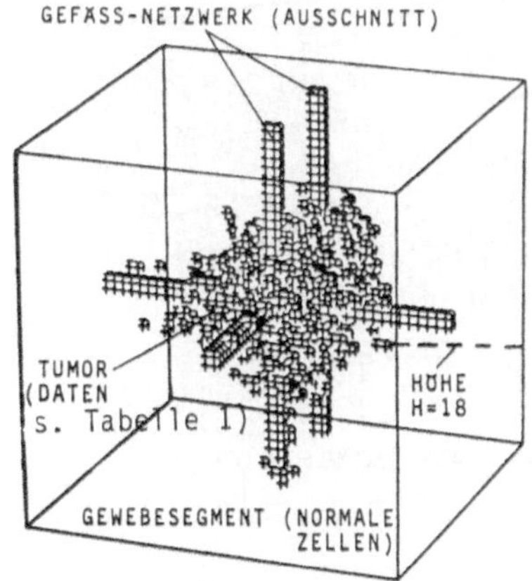

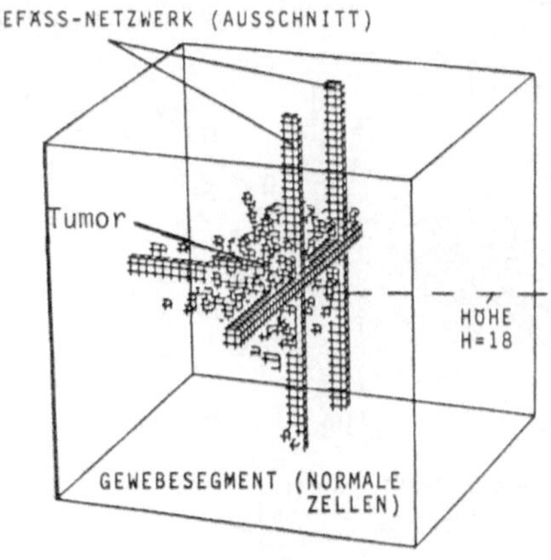

Bild 2 (a). Anfangskonfiguration des Tumors zur Zeit T=200 Zeiteinheiten.

Bild 2 (b). Chirurgische Entfernung der rechten Gewebesegmenthälfte zur Zeit T=201.

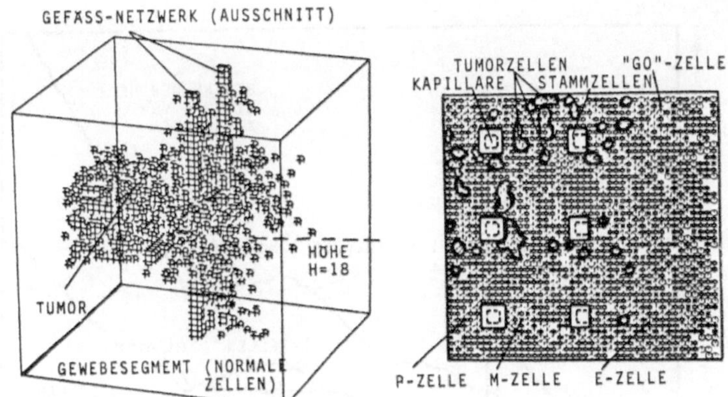

Bild 2 (c). Tumorkonfiguration zur Zeit T=500.

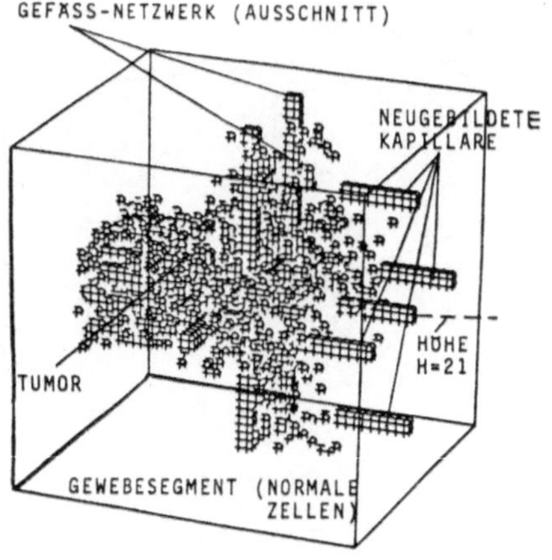

Bild 2(d). Beginn der Neubildung von Kapillaren zur Zeit T=501.

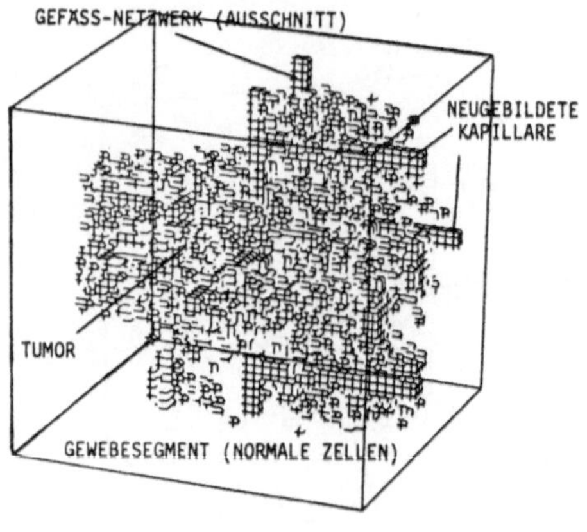

Bild 2(e). Tumorkonfiguration zur Zeit T=700.

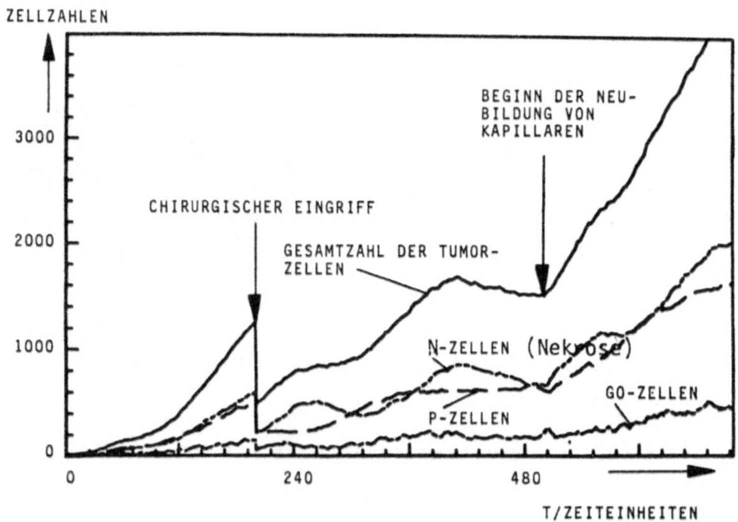

Bild 2(f). Zeitlicher Verlauf der Tumorzellzahlen.

Bild 2 (a)-(f). Simulation des Tumorangiogenesis-Effektes.

Nach Folkman & Haudenschild (9) würden sich infolge fehlender Sauer-
stoff- und Nährstoffzufuhr sowie Zellgiftabfuhr von einer Tumoran-
fangszelle ausgehend lediglich Tumoren mit einem Durchmesser von 1...2
mm bilden können. Ein weiteres Wachstum des Tumors ist nach (9,10) nur
möglich, weil die Tumorzellen einen Tumor-Angiogenesis-Faktor (TAF)
produzieren, der neue Kapillaren entstehen läßt, die auf den Tumor mit
einer Geschwindigkeit von ca. 0.8 mm/Tag zuwachsen und damit die
Sauer- und Nährstoffzufuhr des Tumors sicherstellen.

Ab T=501 Zeiteinheiten (Bild 2(d)) soll der TAF (Tumor-Angiogenesis-
Faktor) bewirken, daß neue Kapillaren gebildet werden, die von
rechtsaußen auf den Tumor zuwachsen und diesem die für das weitere
Wachstum erforderlichen Nährstoffe zuführen. Aus den Bildern 2(d)-(e)
geht anschaulich die Bildung der neuen Kapillaren hervor. Der starke
Einfluß der neugebildeten Butgefäße auf das weitere Tumorwachstum
spiegelt sich in dem in Bild 2(f) dargestellten Zeitverhalten der
Tumorzellen wieder. Einer Blockierung des Tumor-Angiogenesis-Faktors
(10) kommt somit eine entsprechende Bedeutung bei der Tumorbekämpfung
zu.

Weitere Simulationsergebnisse von unterschiedlichen Behandlungsmetho-
den (Chirurgie, Radiotherapie, Chemotherapie, blockierte Sauerstoff-
versorgung) können dem Schrifttum (8,11) entnommen werden.

8. Ausblick

Die meßtechnischen Fortschritte auf dem Gebiet der experimentellen
Medizin ermöglichen in Verbindung mit systemanalytischen Ansätzen der
Regelungstheorie und Informatik die Entwicklung dreidimensionaler
Modelle von Tumorwachstum und -behandlung. Dadurch eröffnet sich die
Möglichkeit einer gezielten Optimierung von Tumortherapien durch Com-
putersimulationen jeweils vor einer klinischen Behandlung.

9. Schrifttum

(1) Rittgen, W.: Controlled branching processes and their appli-
    cation to normal and malignant haematopoiesis. Bulletin of
    Mathematical Biology, Vol. 45, No. 4, 617-626 (1983).

(2) Piantadosi, St., Hazelrig, J.B., Turner, M.E.: A model of tumor
    growth based on cell cycle kinetics. Mathematical Bioscience, 66,
    283-306 (1983).

(3) Düchting, W.: Krebs, ein instabiler Regelkreis - Versuch einer
    Systemanalyse. Kybernetik, Band 5, Heft 2, 70-77, (1968).

(4) Düchting, W.: Computer simulation of abnormal erythropoiesis - an
    example of cell renewal regulating systems. Biomedizinische Tech-
    nik, Bd. 21, Heft 2, 34-43 (1976).

(5) Düchting, W., Dehl, G.: Spatial structure of tumor growth: A sim-
    ulation study. IEEE Transactions on Systems, Man and Cybernetics,
    SMC-10, No.6, 292-296 (1980).

(6) Düchting, W., Vogelsaenger, Th.: Three-dimensional pattern gene-
    ration applied to spheroidal tumor growth in a nutrient medium,
    Int. J. Bio-Medical Computing, 12, 377-392 (1981).

(7) Lloyd, D., Poole, R.K., Edwards, St. W.: The cell division cycle.
    Academic Press, London 1982.

(8) Düchting, W., Vogelsaenger, Th.: Aspects of modelling and simula-
    ting tumor growth and treatment, Journal of Cancer Research and
    Clinical Oncology, No. 105, 1-12, (1983).

(9) Folkman, J., Haudenschild, Ch.: Angiogenesis in vitro. nature,
    Vol. 288, 551-556 (1980).

(10) Folkman, J., Langer, R., Linhardt, R.J., Haudenschild, Ch.,
     Taylor, St.: Angiogenesis inhibition and tumor regression caused
     by heparin or a heparin fragment in the presence of cortisone.
     Science, Vol. 221, No. 4612, 719-725 (1983).

(11) Düchting, W., Vogelsaenger, Th.: Three-dimensional simulation of
     tumor growth. Simulation, Vol. 40, No. 5, 163-169, (1983).

ZELLZYKLUS UND WACHSTUM
DAS CCC-MODELL

Eberhard O. Voit, Köln

Zusammenfassung.   Ein Zellzyklus-Modell wird vorgestellt, in dem die
Zellen an einem Kontrollpunkt während der G1-Phase eine Bedingung erfüllen müssen, bevor sie im Zyklus fortfahren. Die Wartezeit am Kontrollpunkt ist individuell bestimmt und wächst mit dem Alter der Zellpopulation (CCC-Modell). Einfache Funktionen für die Zykluszeit-Verlängerung
führen zu bekannten Wachstumsgesetzen. Dieselben Funktionen sind Spezialfälle einer "S-System"-Differentialgleichung, die ein biochemisches
System mit vielen schnellen Reaktionen (Metabolismus) und einer lang-
samen (Alterung) beschreibt.

Summary.   A cell-cycle model is proposed in which cells have to satisfy a condition before they are allowed to pass a control point during
the G1 phase. The waiting time at the control point, and therefore the
cycle duration, is determined by a cell's individuality and by the age
of the cell population (CCC-model). Simple functions for the lengthen-
ing of the average cycle duration yield well-known growth laws. The
same functions are special cases of an "S-system" differential-equation
that represents a biochemical system with many fast reactions (metabolism) and one slow process (ageing).

1. Einführung

Wachstum gehört zu den biologischen Grundprozessen, die zur Charakterisierung des Lebens herangezogen werden. Da Wachstum allen Organismen
zueigen ist, führt seine Analyse auf fundamentale Mechanismen, die biochemische, genetische, entwicklungsbiologische und viele andere Gebiete
berühren. Die Vielfalt an Aspekten des Wachstums hat es mit sich gebracht, daß in verschiedenen Disziplinen "Wachstumsgesetze" aufgestellt
wurden, die konkrete Wachstumsdaten besonders gut beschreiben (Literatur
in Savageau, 1980).

Hier soll gezeigt werden, daß die Wachstumsgesetze aus einem einfachen
Zyklusmodell hervorgehen, in dem sich die Zyklusdauern der Zellen mit
zunehmendem Alter der Zellpopulation verlängern (CCC-Modell). Der Begriff "Zellpopulation" wird benutzt, um Verbände von Zellen in Organismen, Geweben und Kulturen und auch Populationen von Einzellern abzu-
decken.

2. Das CCC-Modell

Nach gängiger Lehrmeinung geht das Leben einer Zelle in Zyklen mit den
Phasen G1, S, G2 und M vonstatten. In der G1-Phase erfüllt die Zelle
funktionelle Aufgaben, die S-Phase dient der DNS-Replikation, in der
G2-Phase liegt der doppelte Chromosomensatz vor und die M-Phase schließlich umfaßt die Mitose bis hin zur Aufspaltung in die Tochterzellen. In
vielen Geweben sind die Phasenlängen von S, G2 und M relativ konstant,
während G1 stark variieren kann. Eine Möglichkeit, die Variabilität in
G1 zu erklären, ist die Annahme eines Kontrollpunktes, an dem die Zelle
eine Bedingung erfüllen muß, bevor sie den Zyklus fortsetzen darf. Diese
Bedingung kann zum Beispiel eine minimale Zellgröße sein, über die in
etwa die Kern-Plasma-Relation konstant gehalten wird (Literatur in Tyson,
1983), oder eine kritische Menge an irgendwelchen Proteinen wie zum Beispiel RNS-Polymerase (vgl. Pardee et al., 1982), oder könnte durch andere
zellinterne oder -externe Faktoren bestimmt sein. Nimmt man an, daß auf
Grund ihrer Individualität nicht alle Zellen gleich schnell die Bedingung zum Fortsetzen des Zyklus erfüllen, so erhält man für jede Zelle
eine individuelle Zyklusdauer und für die Zellpopulation eine Häufigkeitsverteilung von Zyklusdauern. Zellpopulationen, in denen die Zyklusdauern in beliebiger Häufigkeitsverteilung auftreten und in denen keine
Zellen verloren gehen, wachsen exponentiell mit einer Wachstumsrate, die
sich als eine Art Mittelwert aus der Verteilung der Zyklusdauern berechnet (Voit und Dick, 1983a). Um nicht-exponentielles Wachstum zu erreichen, wird nun die Annahme gemacht, daß sich die durchschnittliche
Wartezeit am Kontrollpunkt und damit auch die durchschnittliche Zyklusdauer verlängert, wenn die Zellpopulation älter wird. Dieses Modell des
Zellzyklus mit Kontrolle und Alterung bezeichne ich an anderer Stelle
als "CCC-Modell" (Cell Cycle with Control).

Über den Alterungsmechanismus wird auf biologischer Seite im CCC-Modell
nichts ausgesagt; auf mathematischer Seite stellen sich zwei Fragen:

1) Wie wirkt sich eine altersabhängige Verlängerung der durchschnittlichen Zyklusdauer auf das Populationswachstum aus? und

2) Wie ändert sich die durchschnittliche Zyklusdauer T mit dem Alter,
also mit der Zeit, das heißt, wie sieht die Funktion T(t) aus?

Zunächst zu der ersten Frage. Nehmen wir an, die durchschnittliche Zyk-
lusdauer sei über jeweils kurze Zeitabschnitte konstant. Dann wächst die
Zellpopulation innerhalb jedes Zeitabschnittes exponentiell gemäß der
Gleichung

$$N(t) = N(t-1) \cdot 2^{1/T} \tag{1}$$

(Voit und Dick, 1983a). Wählt man die Zeiteinheiten und die Länge der
Zeitabschnitte gleich, so lautet die rekursive Wachstumsgleichung mit
zeitabhängiger durchschnittlicher Zyklusdauer T(t)

$$N(t) = N(t-1) \cdot 2^{1/T(t-1)} \tag{2}$$

Wir die Rekursion auf N(t-1), N(t-2) usw. angewandt, resultiert schließlich als diskretes Wachstumsgesetz

$$N(t) = N(0) \cdot 2^{\sum_{i=0}^{t-1} 1/T(i)} \tag{3}$$

Ersetzt man in Gleichung (3) die Summe durch das entsprechende Integral,
so erhält man als kontinuierliches Analogon zu der Darstellung (3) das
Wachstumsgesetz

$$N(t) = N(0) \cdot 2^{\int_0^t \frac{dx}{T(x)}} \tag{4}$$

Es bleibt die Frage zu behandeln, wie die Funktion T(t) für die Zyklus-
dauer-Verlängerung aussieht. Da es kein allgemeines Verfahren gibt,
systematisch mathematische Funktionen zu suchen, liegt es nahe, zunächst
"einfache" Funktionen wie lineare oder exponentielle zu untersuchen.
Dabei stellt sich heraus, daß gerade diese Funktionen zu den bekannten
Wachstumsgesetzen führen (in Savageau, 1980). Beispiele sind in Tabelle
1 zusammengefaßt.

Alle Funktionen T(t) in Tabelle 1 sind Spezialfälle der sogenannten
"S-System"- oder "Power-Law"-Differentialgleichung

$$\dot{T} = \alpha \cdot T^g - \beta \cdot T^h \tag{5}$$

α und β sind nicht-negative, g und h reelle Parameter. Interessanter-
weise beschreibt gerade diese S-System-Gleichung (5) das Verhalten
biochemischer Systeme, in denen eine Reaktion langsam verläuft, alle
anderen aber vergleichsweise schnell (Savageau und Voit, 1982). Das
gibt einen deutlichen Hinweis auf eine mögliche Interpretation des CCC-
Modells, nämlich: Die Zyklusdauer einer Zelle wird von den vielfältigen
biochemischen Vorgängen des "grauen Alltags" bestimmt; auf das Leben
eines Organismus gesehen aber ist diesen ständigen schnellen Reaktionen
ein langsamer Mechanismus überlagert. Diesen Mechanismus kann man "Alterung" nennen. Es scheint nicht verwunderlich, daß in unterschiedlichen
Zellpopulationen die Alterung auf unterschiedliche Weise vonstatten
geht; das Prinzip der Alterung ist aber mathematisch durch die simple
Differentialgleichung (5) beschrieben, die biochemisch interpretierbar
ist und gleichzeitig implizit über das CCC-Modell die heuristisch ge-

fundenen Wachstumsgesetze enthält. Dadurch ist die Brücke zwischen drei biologischen Prozessen auf verschiedenen phänomenologischen Ebenen geschlagen, dem Zellzyklus, der Alterung und den verschiedenen Wachstumsgesetzen.

$T(t)$	$N(t) = N(0) \cdot$	Name
c	$2^{t/c}$	exponentiell
$b \cdot (t + a)$	$(t+a)^{\ln(2)/b}$	Power-Law
$\ln(2) \cdot (t+a)$	$(t+a)$	linear
$b \cdot (t+a)^{c}$	$\alpha \cdot \exp(-\beta(t+a)^{1-c})$	Weibull
$b/(t_m-t)$	$\alpha \cdot \exp(-\beta(t_m-t)^2)$	stochastisch
$a \cdot \exp(bt)$	$\alpha \cdot \exp(-\beta \cdot \exp(-bt))$	Gompertz
$a \cdot \exp(bt) - c$	$(\alpha - \beta \cdot \exp(-bt))^{\gamma}$	Bertalanffy
$\ln(2) \cdot \exp(bt)/(b \cdot d) - \ln(2)/b$	$(1-d \cdot \exp(-bt))/(1-d)$	monomolekular
$d \cdot \ln(2) \cdot \exp(bt)/b - \ln(2)/b$	$\dfrac{(1 + d) \; / \; d}{1 + \exp(-bt)/d}$	logistisch

Tabelle 1: Beispiele für Wachstumsgesetze, die aus Funktionen $T(t)$ gemäß Gleichung (4) resultieren. a, b, c, d sind positive Parameter, α, ß, γ sind Parameter, die sich aus a,b,c in $T(t)$ und $\ln(2)$ zusammensetzen. In allen Gesetzen ist $t \geqslant 0$, im stochastischen Wachstum $0 \leqslant t < t_m$. Literatur zu den Wachstumsgesetzen in Savageau (1980).

Das CCC-Modell hat keine Schwierigkeiten mit einigen Phänomenen, die oft als Ausnahmen in anderen Modellen gesondert betrachtet werden müssen; dazu einige Beispiele:

(1) Zellzyklus- und Wachstumsstudien zeigen oftmals, daß Korrelationen zwischen den Zykluslängen von Mutter- und Tochterzellen manchmal positiv, manchmal negativ und manchmal insignifikant sind (Literatur in Voit und Dick, 1983b). Daher scheint es problematisch, für die Verlangsamung der Zellproliferationsrate innerhalb eines Organismus einen Zell-zu-Zell-Vererbungsmechanismus verantwortlich zu machen. Im CCC-Modell braucht eine Zelle weder die Zellzykluszeit ihrer Mutter noch die der Zellen ihrer Generation zu kennen. Man könnte das CCC-Modell so interpretieren, daß die maximale Geschwindigkeit zum Durchlaufen des Zyklus unter optimalen Bedingungen genetisch bedingt ist, sich die optimalen Bedingungen aber auf Grund der Alterung (zum Beispiel durch Anhäufung von Mutationen oder fehlerhaften Proteinen, zunehmende Oxydation von Membranen usw. (vgl. Grant, 1978)) zunehmend verschlechtern, was dann längere Zyklusdauern bewirken könnte. Alternativ könnten auch das Alter oder externe Einflüsse die Bedingung am Kontrollpunkt beeinträchtigen.

(2) Viele Organismen wachsen periodisch im Jahreszyklus. Beschreibt man den exogenen Einfluß oder den circannualen inneren Zeitgeber zum Beispiel durch die Sinusfunktion $s(t) = \sin(\omega \cdot t)$ und entsprechend die jahresrhythmische durchschnittliche Zellzyklusdauer als $T(t) = a \cdot s(t) + b$, so kann Populationswachstum resultieren, bei dem Wachstumsphasen und Wachstumspausen periodisch abwechseln.

(3) Ähnlich strukturierte tagesrhythmische Funktionen können circadiane Schwankungen in Markierungs- und Mitoseindex erklären.

(4) In vielen Arbeiten über den Zellzyklus spielen "ruhende" Zellen eine Rolle, die nicht an der Proliferation teilnehmen. In der Sprache des CCC-Modells werden diese Zellen dadurch abgebildet, daß entweder die Bedingung am Kontrollpunkt schwer zu erfüllen ist oder daß die biochemischen Reaktionen sehr langsam ablaufen. Beide Möglichkeiten entsprechen einfachen Regulationsmechanismen.

(5) Die Entstehung von Tumoren entspricht im Modell einer plötzlichen Relaxation oder Aufhebung der Bedingung am Kontrollpunkt oder der Verbesserung der Lebensbedingungen für die Tumorzellen, zum Beispiel durch verstärkte Vaskularisierung, oder kann durch Mutationen erklärt werden, die die Produktion von Proteinen aus der Kontrolle geraten lassen und als konstitutiv bezeichnet werden. Ähnliche Regulationsmechanismen könnten auch Gewebe in einen quasi-embryonalen Zustand versetzen, wie er in Regenerationsblastemen eine wichtige Rolle spielt.

3. Diskussion

Das CCC-Modell versucht, einen Zusammenhang zwischen den biochemischen und regulatorischen Vorgängen während des Zellzyklus, dem Phänomen der Alterung und den bekannten Wachstumsgesetzen herzustellen. Dieser Zusammenhang ist mathematischer Natur und läßt noch einen recht weiten Spielraum für biologische Interpretation, der durch gezielte Experimente eingeengt werden muß.

Wichtige Fragen, die mit dem Modell nicht beantwortet werden können, sind:
(1) Ist das Alter der Zellpopulation die Hauptursache einer Verlangsamung der durchschnittlichen Zyklusdauer oder koinzidieren beide Vorgänge ohne direkten kausalen Zusammenhang?
(2) Wie kann man sich biologisch den Mechanismus am Kontrollpunkt vorstellen? Welche Regulationssysteme sind beteiligt? Wird unter Umständen die Verlangerung der G1-Phase durch einen anderen Kontrollmechanismus

erreicht, der nicht an einem Punkt in G1 angreift, sondern während der gesamten G1-Phase?

(3) Gibt es auch Kontrollmechanismen in anderen Phasen des Zellzyklus als G1?

(4) Wie interagieren Zellzyklusverlängerung und Differenzierung?

(5) Welche Bedeutung hat die räumliche Umgebung einer Zelle? Wie wirken sich Nachbarschaftsbeziehungen aus?

Fragen dieser Art können bisher in der Sprache des Modells nicht beantwortet, zum Teil nicht einmal formuliert werden. Weitere experimentelle Ergebnisse werden zeigen, ob und wie weit es sich lohnen wird, das einfache CCC-Modell zu erweitern oder zu revidieren.

4. Literatur

Grant, Ph.: Biology of Developing Systems, New York: Holt, Rinehart, Winston (1978).

Pardee, A.B.; Campisi, J.; Croy, R.G.: Differences in growth regulation of normal and tumor cells. in: Baserga, R. (ed): Cell Proliferation, Cancer, and Cancer Therapy, New York: Annals of the New York Academy of Sciences, Vol. 397, pp. 121-129 (1982).

Savageau, M.A.: Growth equations: A general equation and a survey of special cases. Math. Biosci. 48, 267-278 (1980).

Savageau, M.A.; Voit, E.O.: Power-Law approach to modeling biological systems, I. Theory. J. Ferment. Technol. 60 (3), 233-241 (1982).

Tyson, J.J.: Unstable activator models for size control of the cell cycle. J. Theor. Biol. 104 (4), 617 - 631 (1983).

Voit, E.O.; Dick, G.: Growth of cell populations with arbitrarily distributed cycle durations, I. Basic model. Math. Biosci. 66, 229 - 246 (1983 a).

Voit, E.O.; Dick, G.: Growth of cell populations with arbitrarily distributed cycle durations, II. Extended model for correlated cycle durations of mother and daughter cells. Math. Biosci. 66, 247 - 262 (1983 b).

WACHSTUMSDYNAMIK VON FETTZELLEN

Josef Vogt, Hohenheim

Zusammenfassung. Im Fettgewebe vom Schwein treten zwei verschiedene
Zellpopulationen auf: Präadipozyten (Vorläuferzellen) und Adipozyten
(Fettzellen). Es wird ein Modell vorgestellt, das die Differenzierung
von Präadipozyten zu Adipozyten beschreibt und das gleichzeitige Vorkommen der zwei Populationen erklärt.

Summary. In the adipose tissue of the pig there are two different cell
populations: preadipocytes and adipocytes. A model is introduced, which
describes the differentiation of preadipocytes to adipocytes and explains
why the two populations at the same time occur.

1. Modellbeschreibung

1.1. Volumenwachstum einer Fettzelle und Differenzierung

Eine Fettzelle nimmt Energie z.B. in Form von Glucose auf. Die Glucose wird in den
Fetzellen zu Fettsäuren umgewandelt, die als Triglyceride abgelagert werden. Mit der
Ablagerung nimmt das Zellvolumen zu. Nach HOOD (1983) zieht dieser Größenzuwachs eine
erleichterte Glucoseaufnahme nach sich, womit die Zelle dann vermehrt Fett produzieren kann. Damit entsteht ein sich selbst katalysierender Prozess, der über einen
parallel zur Synthese laufenden Abbau (Lipolyse) gedämpft wird. Ein Metabolit des
Stoffwechselweges Glucose - Fettsäure kann als Effektor bei der Regulation der Synthese bestimmter Zellproteine dienen. Die Effektorkonzentration erreicht ab einem bestimmten Zellvolumen einen Wert, bei dem allgemeine Zellproteine in ihrer Synthese
unterdrückt und Enzyme für die Fettsynthese vermehrt gebildet werden. Mit dem Volumenwachstum differenziert sich die Zelle von einer Vorläuferzelle zu einer eigentlichen
Fettzelle aus. Grob schematisch ist das Teilmodell für Volumenwachstum und Zelldiffe-
renzierung in Abb. 1 aufgezeichnet. Teilprozesse des Systems, Effektorbildung, Enzym-
induktion und Enzymabbau (Gleichungen 1-2) befinden sich im stationären Zustand. Daraus wird für die Enzymkonzentration Gleichung 3 hergeleitet.

Abb. 1

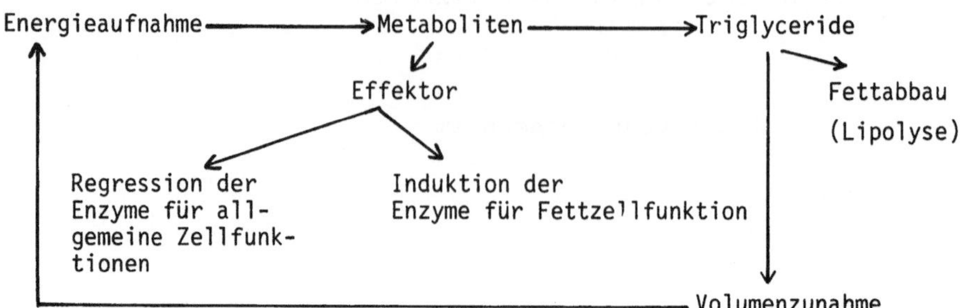

Gleichung 4 beschreibt die Volumenwachstumsfunktion. Sie ist zusammen mit den Enzym-
werten in Abb. 2 dargestellt.

Abb. 1

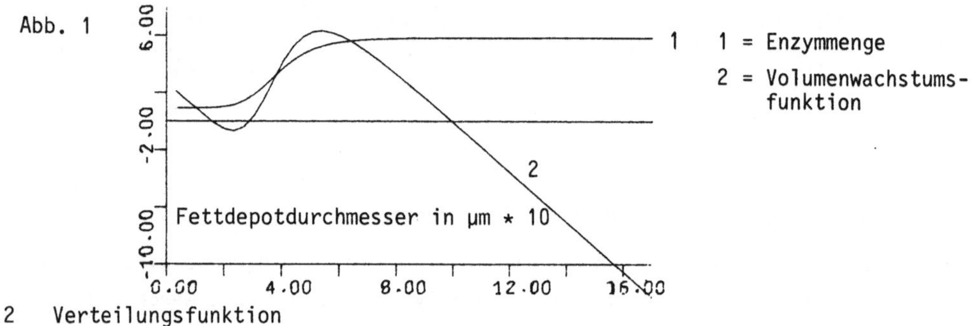

1.2 Verteilungsfunktion

Die Zusammensetzung eines Gewebes verändert sich, wenn einzelne Zellen größer werden,
oder wenn neue Zellen dazukommen. Die Veränderung im Laufe der Zeit wird mit Gleichung
5 erfaßt, einer partiellen parabolischen Differentialgleichung. Der Driftterm dieser
Gleichung entspricht dabei der Volumenwachstumsgleichung. Die Zellen unterliegen unabhängig von der Wachstumsfunktion gewissen Größenschwankungen. Die Energieversorgung
einer Zelle schwankt um einen Mittelwert, außerdem liegen die Zellen verschieden nahe
an den Versorgungskapillaren, wobei man weiter entfernt größere Zellen wesentlich
häufiger findet als kleinere Zellen. Der Diffusionsterm in Gleichung 5 ist deswegen
vom Zelldurchmesser abhängig. Das Volumenwachstum wird in Gleichung 4 über das Wachstum des Fettdepots in einer Zelle erfaßt. Deswegen erhält man als Lösung der Entwick-
lungsgleichung eine Verteilung der Fettzellen über ihren Fettdepotdurchmesser. Durch
Zellteilung neugebildete Zellen haben kein Fettdepot. Diese werden dem linken Rand
der Verteilung zugeführt.

1.3 Energieniveau

Der Energiepegel steuert über Gleichung 4 wesentlich die Gewebeentwicklung, weil das
Wachstum einer einzelnen Zelle mit dem Energiepegel steigt. Auf der anderen Seite
senkt das Gesamtwachstum den Energiepegel, weil dafür Energie verbraucht wird. Glei-

chung 8 beschreibt den Gesamtzuwachs des Fettgewebes, Gleichung 9 die Änderungsrate
der Energie pro Zeiteinheit.

1.4   Zellteilung

Zellen produzieren einen Hemmstoff, umso mehr, je mehr sie noch Merkmale von Präadipozyten tragen. Der Hemmstoff verteilt sich gleichmäßig übers Fettgewebe, wird dort
zum Teil abgebaut und erreicht einen stationären Konzentrationswert (Gleichung 6a und
6b). Ein energieabhängiger Impuls aktiviert die Zellteilung, die jedoch blockiert
wird, wenn der Hemmstoff eine gewisse Schwelle überschreitet.

2.   Simulation

Das Modell wird mit den Gleichungen 4 - 9 simuliert. Die parabolische Differentialgleichung wird über ein Differenzenschema (SINKOVIC 1975) durch ein System von 90 gewöhnlichen Differentialgleichungen approximiert, das zusammen mit Gleichung 9 mit
einem Integrator gelöst wird, der nach der Methode für steife Differentialgleichungssysteme von GEAR arbeitet (HALL 1976). Das Modell soll das typische Entwicklungsmuster
nachbilden, wie es in den Abbildungen 3b-5b (STURM) skizziert und bei BJÖRNTORP (1982)
allgemein beschrieben ist. Dafür werden die Parameter für Gleichung 4 und die Form der
Zellteilungsfunktion ermittelt. Die Wanderungsgeschwindigkeit des rechten Peaks in
den Abb. 3a-5a hängt von K4 ab. In Abb. 5a ist die Volumenwachstumsfunktion mit eingezeichnet. Man erkennt das Minimum der Verteilungskurve über dem Maximum der Wachstumsfunktion. Über dem ersten Peak der Verteilungskurve liegt die erste Nullstelle
der Wachstumsfunktion. Der zweite Peak liegt über der dritten Nullstelle. Deren Lage
wird durch die Parameter K1, K2, K3 bestimmt, die damit eindeutig festgelegt sind.

In Abb. 6 ist der zeitliche Verlauf der Hemmstoffkonzentration und der Energie für
ein System ohne Zellteilung aufgetragen. Zwischen T1 und T2 soll nach Datenmaterial
eine Zellteilungs-Phase liegen.

Dies erreicht man einfach, wenn man P1 und P2 als Schwellwerte annimmt. Ist die Hemmstoffkonzentration kleiner als P1 und gleichzeitig die Energiekonzentration größer
als P2, soll eine Zellteilung möglich sein. Dies ist in Gleichung 7 realisiert. Abb.7
zeigt die Zellteilungsrate für das System mit Zellteilung. Der Ansatz mit den Schwell-
werten verträgt sich ohne weiteres mit biologischen Modellen (TYSON 1978). Die Parameter für die Energiegleichung lassen sich theoretisch aus physiologischen Gesetzen
herleiten, so daß im wesentlichen K17 in Gleichung 4 und die Parameter der Zellteilungsfunktion nicht eindeutig bestimmbar sind. Ungeachtet dessen liefert das Modell
eine plausible Erklärung für das Entstehen zweiter Zellpopulationen.

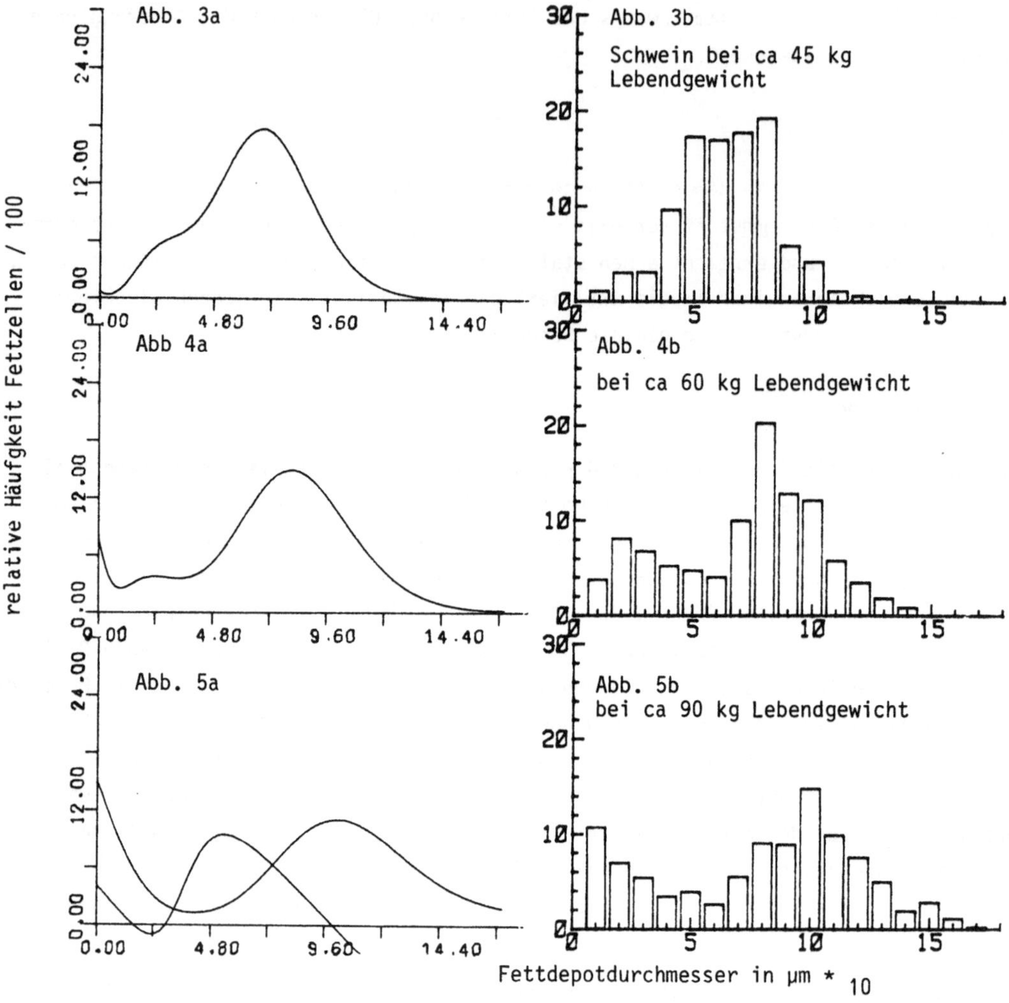

Abb. 3a
Abb 4a
Abb. 5a
relative Häufgkeit Fettzellen / 100
0.00
12.00
24.00
4.80
9.60
14.40
Abb. 3b
Schwein bei ca 45 kg
Lebendgewicht
Abb. 4b
bei ca 60 kg Lebendgewicht
Abb. 5b
bei ca 90 kg Lebendgewicht
0
5
10
15
20
30
Fettdepotdurchmesser in µm * 10

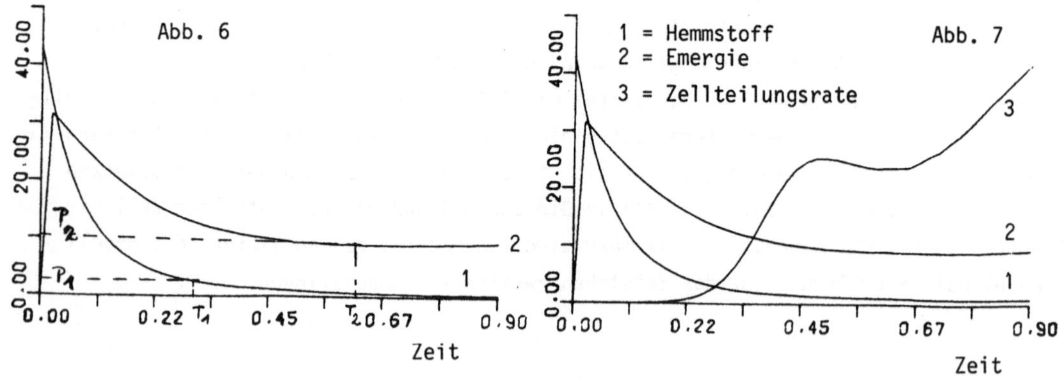

Abb. 6
0.00
20.00
40.00
P_2
P_1
0.22
T_1
0.45
T_2
0.67
0.90
2
1
Zeit

1 = Hemmstoff
2 = Emergie
3 = Zellteilungsrate
Abb. 7
0.00
20.00
40.00
0.22
0.45
0.67
0.90
3
2
1
Zeit

3.   Modellgleichungen

Gleichung 1

$$Eff_t = P1*VOL*EN - P2*Eff$$

Eff   = Effektorkonzentration
VOL = Fettzellvolumen
EN   = Energiekonzentration
t   = Zeit

Gleichung 2

$$PRT_t = \frac{1 + Eff^6*P4}{P3 + Eff^6*P4} *P5 - P6*PRT$$

PRT = Enzymmenge in der Zelle
PRT_t = Ableitung der Enzymmenge nach der Zeit

Gleichung 3

$$PRT = \frac{K1 + (EN*VOL)^6}{K2 + (EN*VOL)^6} *50.0$$

Gleichung 4

$$VOL_t = (PRT - X*FL) * K4$$

mit $FL = K3*EN +K17*(EN-1.0)$

X   = Fettdepotdurchmesser/10.0 (m)
FL   = Energieabhängiger Faktor für die Lipolyse

Gleichung 5

$$N_t = H_x$$

mit $H = (K5 + K6*X)*N_x - Vol_t*N$

Randbedingungen: $H (X=0) = ZT$
$H (X=17.0)= 0.0$

N   = Verteilung der Fettzellen über X
N_x = Ableitung von N nach X

Gleichung 6a

$$HKF(X) = \frac{K7}{K8 + X^4}$$

HKF = Vom Durchmesser des Fettdepots abhängige Hemmstoffproduktion

Gleichung 6b

$$HK = \int_0^{17} HKF(X,t)\, dX$$

HK = Hemmstoffkonzentration im Gewebe

Gleichung 7

$$ZT = \frac{K9}{K10 + HK^4} \frac{*K11*FEN^2}{K11+FEN^2}$$

$FEN=(EN-K13)*K12$ wenn $EN > K13$
$FEN=0.0$ wenn $EN < K13$

Gleichung 8

$$GESVOL = \int_0^{17} N *VOL(X) * D X$$

GESVOL=Gesamtvolumenzunahme pro Zeiteinheit

Gleichung 9

$$EN = K14 - K15 *GESVOL - K16 *EN$$

Parameter:

K1 = 510.8	K6 = 1.34	K10 = 1.41	K14 = 230.
K2 = 3291.47	K7 =192.0	K11 = 1.0	K15 = 5.0
K3 = 5.0	K8 = 81.0	K12 = 500.0	K16 = 240.0
K4 = 0.4	K9 = 7.2	K13 = 1.008	K17 = 200.0
K5 = 1.0			

4.   Literatur

BJÖRNTORP, P. et al. (1982): Expansion of Adipose Tissue Storage Capacity at Different Ages in Rats   Metabolism 31, 366-373

HALL, G. and WATT, J.M. eds.: Modern Numerical Methods for Ordinary Differential Equations. Clarendon Press, Oxford, 1976

HOOD, R.L. et al. (1982): Relationship between Adipcyte Size and Lipid Synthesis in the Zucker Rat.   Nutrition Report International 27 (4): 791-797

SINCOVIC, R.F. et al. (1975): Software for nonlinear Partial Differential Equations ACM Trans.Math.Software 1,3 232-263

STURM, G. In Vorbereitung

TYSON, J.J. and H.G.OTHMER (1978): The Dynamics of Feedback Control Circuits in Biochemical Pathsways   Progress in Theoretical Biology 5, 2-62

*)

*) Diese Arbeit wurde im Sonderforschungsbereich 142, B.4 durchgeführt

COMPUTERSIMULATION VON STOFFWECHSELPROZESSEN IM GEWEBE

J.R.Reichl und W.Reiser, Hohenheim

Zusammenfassung: Es wurde die Simulation des Citratcyklus in der Leber mit berechneten Geschwindigkeitskonstanten durchgeführt. Diese Berechnung hängt von folgenden Faktoren ab: Das System befindet sich in einem Fließgleichgewicht, die Netto-Richtung der einzelnen Reaktionen wurde bestimmt und die Geschwindigkeitskonstante für die Aufnahme vom Nährstoff in das System kann abgeschätzt werden. Die Ergebnisse wurden mit der entsprechenden Simulation von GARFINKEL (1971) verglichen.

Summary: Simulation of the citrate cycle in the liver was carried out with calculated rate constants. This calculation depends on the following factors: The System is in the steady-state, the net-direction of single reactions is determined and the rate constant for the uptake of a nutrient into the system can be specified. The results were compared with a corresponding simulation of GARFINKEL (1971).

GARFINKEL et al. (1966) war der Erste, der sich mit der Computersimulation von Stoffwechselprozessen beschäftigte. Im Jahre 1971 veröffentlichte er Arbeiten, in denen einzelne Stoffwechselwege simuliert wurden. 1979 berichtet seine Arbeitsgruppe (KOHN et al., 1979) von Simulationsmodellen, die den Stoffwechsel vom ganzen Organ Herz simulieren.

In unserer Arbeitsgruppe, die seit dem Jahr 1972 die Simulationstechnik von GARFINKEL anwendet, wird die Computersimulation des Gesamtstoffwechsels im tierischen Körper mit Hilfe eines Systems von verknüpfbaren Modellen (REICHL, 1982) durchgeführt. Dadurch ist es möglich, die Netto-Richtung der einzelnen Stoffwechselwege und die Geschwindigkeitskonstanten für die dynamische Simulation im voraus genau zu berechnen und die experimentell bestimmten Poolgrößen von Metaboliten nur zur Validation der Simulation zu verwenden.

1. Das Modell

Für diese Mitteilung wurde als Grundlage das Modell des Citratcyklus in der Rattenleber im Zustand der Gluconeogenese von GARFINKEL (1971) verwendet. Ziel der Arbeit war es, vergleichbare Ergebnisse, jedoch mit einfacheren Simulationsmitteln, wie bei GARFINKEL, zu erzielen. Folgende Vereinfachungen wurden am Modell von GARFINKEL durchgeführt:

1.1 Auf Grund der Annahme, daß in den lebenden Zellen die Stoffwechselprozesse sich nicht im Gleichgewicht befinden, sondern in Steady-state (KREBS u. VEECH, 1969), ist es möglich, die reversiblen Reaktionen nur als Netto-Reaktion zu betrachten. Die

Netto-Geschwindigkeitskonstante für die Hinreaktion entspricht der Gleichgewichts-
konstante, d.h. dem Verhältnis zwischen den Geschwindigkeitskonstanten der Hin- und
Rückreaktion.

1.1.1. In dem verwendeten Modell wurde nur die Reaktion von OAA $\rightleftharpoons$ MAL in beiden
Richtungen, jedoch nicht gleichzeitig, verwendet. Nach der Version von GARFINKEL, in
der die Gluconeogenese über MAL abläuft, wird OAA zu MAL umgesetzt, also in entgegen-
gesetzter Richtung zum restlichen Citratcyklus. Wenn die Gluconeogenese auf dem Wege
von OAA (über PEP), was der Realität entspricht, angenommen wird, wird MAL zu OAA,
also in der Richtung des Gesamtcyklus,umgesetzt.

1.1.2. Im Fettgewebe, wo nicht die Gluconeogenese, sondern die Fettsäureproduktion
unter Verbrauch von NADPH stattfindet, ist die Umwandlung von MAL zu PYR unter NADPH-
Bildung (Malic Enzyme) eine Notwendigkeit.

1.2.   In den lebenden Zellen reagieren alle an der Reaktion beteiligten Stoffe nicht
gleichzeitig miteinander, sondern in Schritten, entsprechend der strukturellen Anord-
nung der Membranen bzw. Makromoleküle nacheinander. Deswegen ist es nicht realistisch,
mehr als 2 Metaboliten (Reaktion 2. Grades) in einer Massenwirkungsgleichung zu formulieren.

1.2.1. In der einfachsten Version wurde nur eine Reaktion 2. Grades verwendet:
OAA + ACCO —> CIT, alle übrigen Reaktionen liefen als Reaktionen 1. Grades, d.h.
ohne Coenzyme, Enzyme, ATP usw.. Die Aufgabe dieser Untersuchung war es, zu prüfen,
ob die so simulierten Poolgrößen der Metaboliten den anderen Versionen entsprechen.

1.2.2. In einer weiteren Version wurden die Coenzyme NAD und NADH in die Massenwir-
kung einbezogen. Der Übergang von der ersten Version zu der zweiten geschah nur durch
Dividieren der entsprechenden Geschwindigkeitskonstante durch den NAD- bzw. NADH-Pool.
Auf die gleiche Weise können auch weitere Coenzyme (CoA), bzw. Enzyme in die Gleichungen eingebaut werden.

2.   Simulation

Die Fluxgleichungen F, deren Numerierung den Nummern der Reaktionen in der Abbildung
des Modells entsprechen, sind unter der Abbildung links aufgelistet worden. In der
ersten Version, ohne NAD, NADH, wurden diese Coenzyme aus den Fluxgleichungen weggelassen. Unter der Abbildung rechts sind die Differentialgleichungen aufgeführt. Die
Simulationszeit (t) war von 0 bis 1; der Integrationsschritt (dt) 0,001. Die Simulation wurde unter folgenden Bedingungen durchgeführt:

2.1   Zu Zeit t=0 wurde in das System die Menge von Lactat, die vollständig umgesetzt werden sollte, zugegeben. Um Steady-state zu erreichen, wurden mehrere Simula-
tionscyklen durchgeführt. Vor jedem neuen Cyklus wurde die gleiche Menge an Lactat

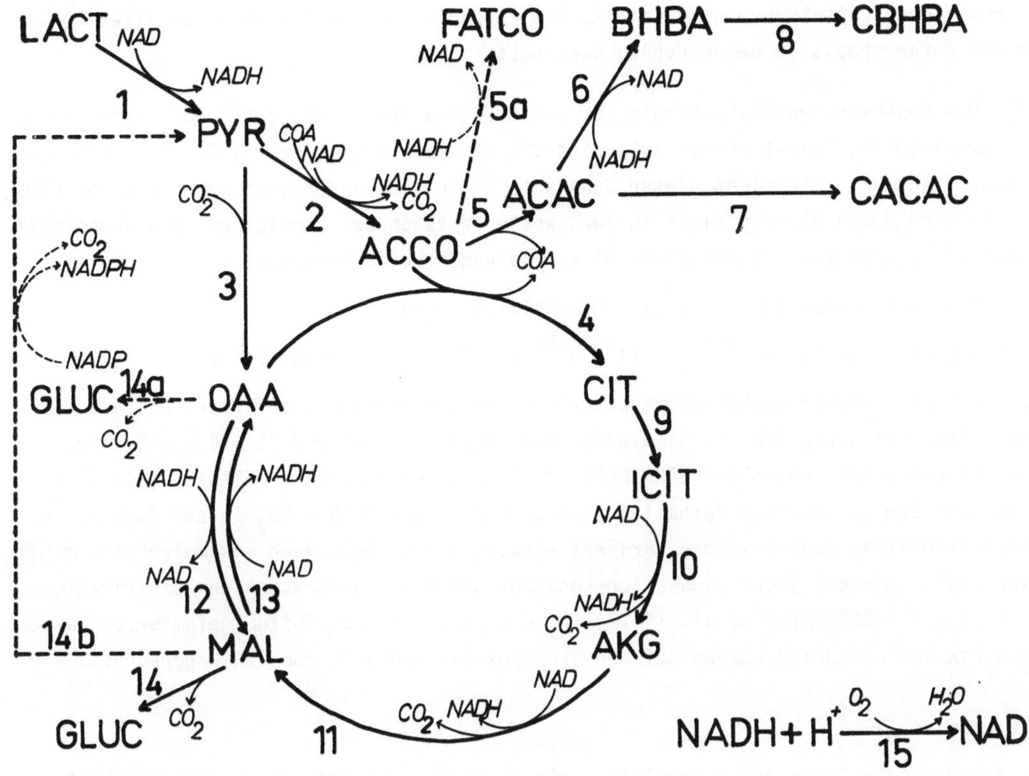

$F\ 1 = K\ 1\ .\ LACT\ .\ NAD$

$F\ 2 = K\ 2\ .\ PYR\ .\ NAD$

$F\ 3 = K\ 3\ .\ PYR$

$F\ 4 = K\ 4\ .\ ACCO\ .\ OAA$

$F\ 5 = K\ 5\ .\ ACCO$

$F\ 6 = K\ 6\ .\ ACAC\ .\ NADH$

$F\ 7 = K\ 7\ .\ ACAC$

$F\ 8 = K\ 8\ .\ BHBA$

$F\ 9 = K\ 9\ .\ CIT$

$F10 = K10\ .\ ICIT\ .\ NAD$

$F11 = K11\ .\ AKG\ .\ NAD$

$F12 = K12\ .\ OAA\ .\ NADH$

$F13 = K13\ .\ MAL\ .\ NAD$

$F14 = K14\ .\ MAL$

$F15 = K15\ .\ NADH$

$LACT = LACT + (-F1)dt$

$PYR = PYR + (F1-F2-F3)dt$

$ACCO = ACCO + (F2-F4-F5)dt$

$OAA = OAA + (F3-F4-F12+F13)dt$

$CIT = CIT + (F4-F9)dt$

$ICIT = ICIT + (F9-F10)dt$

$AKG = AKG + (F10-F11)dt$

$MAL = MAL + (F11+F12-F13-F14)dt$

$ACAC = ACAC + (F5-F6-F7)dt$

$BHBA = BHBA + (F6-F8)dt$

$NAD = NAD + (-F1-F2+F6-F10-F11+F12-F13+F15)dt$

$NADH = NADH + (F1+F2-F6+F10+F11-F12+F13-F15)dt$

$CACAC = CACAC + (F7)dt$

$CBHBA = CBHBA + (F8)dt$

$GLUC = GLUC + (0,5.F14)dt$

$CO2 = CO2 + (F2-F3+F10+F11+F14)dt$

$O2 = O2 + (0,5.F15)dt$

zur restlichen Lactatmenge dazuaddiert. Die Endpools der restlichen Metaboliten wurden als Anfangspools im neuen Cyklus verwendet.

2.2. Die Geschwindigkeitskonstante für die Aufnahme von Lactat durch das System (B1), die experimentell leicht meßbar ist, wird der Simulation vorgegeben. Die Geschwindigkeitskonstante K1 entspricht dieser Konstante B1 in der einfachsten Version (ohne NAD), oder B1 wird durch NAD dividiert in der zweiten Version der Simulation. Die Konstanten K2 bis K15 werden aus der Konstante B1 auf folgende Weise berechnet:

$$K_i = B2 \; / \; (\text{maximaler bzw. minimaler Metabolitenpool}_i)$$

$$T = \text{Endpool} \; / \; \text{Umsatz} = e^{-B1} \; / \; (1 - e^{-B1}); \quad B2 = B1 \cdot \text{Lactatfütterung} \cdot T$$

Die einzelnen Geschwindigkeitskonstanten sind in der Tabelle 1 definiert und als Beispiel sind ihre Werte für die Simulation mit 10 µMol Lactat und B1 = 1,1 neben den entsprechenden Konstanten von GARFINKEL (1971) angegeben. Das Verhältnis 0,667/0,333 entspricht dem gewünschten Verhältnis von GLUC / ACAC + BHBA + CO_2 in der Simulation. Dieses Verhältnis kann beliebig variiert werden. Die vorgegebenen maximalen bzw. minimalen Pools, die bei jeder Simulation konstant bleiben, entsprechen den experimentellen werten von BERGMEYER et al. (1974) für die Leber der ad libitum gefütterten Ratten. Die Werte von BERGMEYER wurden auf den Trockensubstanzgehalt von 15% umgerechnet.

3. Ergebnisse

Die Steady-state Pools der Metaboliten, die am Anfang und Ende der Simulationszeit gleich sind, sowie die Stoffwechselprodukte bei Simulationszeit t=1, sind in der Tabelle 2 angegeben. Aus diesen Angaben können folgende Aussagen abgeleitet werden:

3.1. Die simulierten Steady-state-Pools befinden sich innerhalb der realen Pools von BERGMEYER et al. (1974). Um die simulierten Pools von CIT, AKG und ACAC den hohen Werten von GARFINKEL anzunähern, wurden diese Pools als höher vorgegeben. In der mit der einfacheren Technik durchgeführten Simulation sind die Steady-state-Pools im gleichen Bereich wie die Pools in der komplizierteren Simulation von GARFINKEL. Bei GARFINKEL befinden sich diese Pools nicht im Steady-state (die Tendenzen sind mit den Pfeilen in der Tabelle 2 angezeigt).

3.2. Die Steady-state-Pools, sowie auch der Kurvenverlauf der Pools während der Simulationszeit sind bei der einfachsten Version (ohne NAD, NADH) wesentlich mit der zweiten Version (mit NAD, NADH) ähnlich. Eine größere Konstante B1 (1,51 im Vergleich zu 1,1) machte die Steady-state-Pools größer, eine erhöhte Lactatfütterung (20 im Vergleich zu 10 µMol) machte diese Pools kleiner:

3.3 Auf Grund der Regressionsanalyse der experimentellen Untersuchungen (REICHL u. JANSEN, 1979) wurden in der Leber von Schweinen die Pools von ACCO, MAL, AKG und BHBA bei zunehmender Energieaufnahme im Futter kleiner, die Pools von LACT, PYR, ACAC und CIT dagegen größer. Dieses Verhalten kann in der Simulation - ohne Steady-state zu stören - durch die Änderung der vorgegebenen Pools realisiert werden. Ein Beispiel hierfür ist in der Tabelle 2 aufgeführt.

4. Literatur

1. BERGMEYER, H.V. et al. (1974): Methoden der enzymatischen Analyse, 2. Band, 3. Aufl., Verlag Chemie - Weinheim

2. GARFINKEL, D. et al. (1966): Ann.N.Y.Acad.Sci. 128, 1054-1063

3. GARFINKEL, D. (1971): Comput.Biomed.Res. 4, 1-17

4. KOHN, M.C. et al. (1979): Am.J.Physiol., 237 R, 153-186

5. KREBS, H.A., VEECH, R.L. (1969): in Advances in Enzyme Regulation (ed. G.Weber), Vol.7, Pergamon Press - Oxford, 397-413

6. REICHL, J.R. (1982): in Simulationstechnik (ed. M.Goller), Springer Verlag - Berlin, 373-378

7. REICHL, J.R., JANSEN, R. (1979): Z.Tierphysiol. Tierernährung Futtermittelkde. 42, 251-262

*)

Tabelle 1

Berechnung der Geschwindigkeitskonstanten K_i $B2 = B1.Lactfut.T$ $T = e^{-B1}/(1 - e^{-B1})$	Beispiel: Lactfut = 10 B1 = 1,1 (mit NAD, NADH)	entsprechende Konstante bei GARFINKEL (1971)
K 1 = B1 / NAD	0,32	0,65
K 2 = (0,333.B2) / PYR / NAD	0,67	5,5 E-6
K 3 = (0,667.B2) / PYR	4,58	1,07 E-17
K 4 = (0,667.B2) / ACCO / OAA	338,97	125
K 5 = (0,333.B2) / ACCO	6,77	2,5 E-3
K 6 = (0,5 . B2) /ACAC / NADH	5,08	1,7 E-4
K 7 = (0,5 . B2) / ACAC	1,37	1,855 E-2
K 8 = B2 / BHBA	2,74	7,445 E-2
K 9 = B2 / CIT	1,83	3,8
K10 = B2 / ICIT / NAD	4,89	0,04
K11 = B2 / AKG / NAD	0,54	1,1
K12 = B2 / OAA / NADH	508,20	1,0
K13 = B2 / MAL / NAD	0	1 E-3
K14 = B2 / MAL	2,74	6,0
K15 = B2 / NADH	20,33	42,0

*) Diese Arbeit wurde im Sonderforschungsbereich 142, B.4 durchgeführt

Tabelle 2

Simul-Nr	1	2	3	4	5	GAR-FIN-KEL 1971	BERG-MEYER 1974 (Experi-mente)	Pools für d. K-Be-rech-nung
Version:	ohne NAD	NAD, NADH in den Fluxgleichungen						
B1	1,1	1,1	1,51	1,1	1,1	1971		
ΔLACT	10	10	10	20	20	8,4		

Anfangs- (t = 0) bzw. Endpools (t = 1) von Metaboliten; $\frac{\mu Mol}{g\ TS}$ *)

	1	2	3	4	5	GARFINKEL 1971	BERGMEYER 1974	Pools
$LACT_0$	15,0	15,6	13,5	31,2	31,2	15,0	3,3 - 20	
$LACT_1$	5,0	5,6	3,5	11,2	11,2	6,6		
PYR	0,95	1,03	1,26	0,95	2,06	1,25↑	0,9 - 1,7	0,8
ACCO	0,16	0,18	0,22	0,17	0,18	0,18↓	0,1 - 0,3	0,3
OAA	0,02	0,02	0,02	0,02	0,04	0,01↑	0,02-0,05	0,04
CIT	1,04	0,85	1,11	0,74	1,69	2,96↓	1,2 - 1,7	3,0
ICIT	0,12	0,10	0,13	0,09	0,10	0,12↓	1,1 - 0,3	0,3
AKG	1,16	0,95	1,25	0,92	0,94	2,30↑	0,3 - 0,9	3,0
MAL	2,26	2,29	3,00	2,07	2,15	0,67↑	2,0 - 3,3	2,0
ACAC	0,43	0,41	0,44	0,38	0,80	1,22	0,4 - 1,1	2,0
BHBA	0,23	0,34	0,44	0,30	0,31	0,80	0,9 - 1,9	2,0
NAD	3,26	3,30	3,25	3,31	3,31	3,40	3,4 - 5,6	3,4
NADH	0,41	0,37	0,43	0,36	0,36	0,27	0,3 - 0,9	0,3

Stoffwechselprodukte (μMol) bei Simulationszeit t = 1

	1	2	3	4	5	GARFINKEL 1971		
GLUC	3,33	3,42	3,46	6,84	6,83	3,33		
ACAC	0,62	0,55	0,45	1,09	1,09	0,01		
BHBA	0,62	1,01	1,03	2,02	2,01	0,04		
CO_2	7,52	6,39	6,28	12,8	12,8	7,83		
O_2	6,16	5,08	4,97	10,2	10,2	7,57		

*) In der Simulation Nr.5 wurden Pools für die K-Berechnung bei PYR, OAA, CIT und
ACAC doppelt so groß angegeben

EIN MODELL ZU PHOTOSYNTHESE-OSZILLATIONEN IN BLÄTTERN HÖHERER PFLANZEN

Christoph Giersch, Düsseldorf

Zusammenfassung: Es wird untersucht, ob Oszillationen der variablen Chlorophyllfluoreszenz und des CO_2/O_2-Gaswechsels, wie sie bei Blättern von Spinat oder Feldsalat beobachtet werden, auf eine Kompetition der PGK und der PRK um das gemeinsame Cosubstrat ATP zurückzuführen sind. Dazu wird ein mathematisches Modell entwickelt, Kriterien für das Auftreten von Oszillationen angegeben und für ein spezielles analytisch lösbares System explizite Formeln für Frequenz und Dämpfungskonstante abgeleitet. Die nach diesem Modell ermittelten Werte für die Schwingungsfrequenz liegen im Bereich der bei Blättern experimentell bestimmten, während errechnete Dämpfungskonstanten größer als die an Blättern beobachteten sind und eher auf Untersuchungen an isolierten Protoplasten zutreffen.

Summary: Oscillations in the yield of chlorophyll fluorescence, oxygen evolution and CO_2 uptake are suggested to be due to competition of the Calvin Cycle reactions PRK and PGK for the common co-substrate ATP. This idea is quantified in terms of a mathematical model that allows formulation of a condition for the occurrence of oscillations from consideration of the partial derivatives of the kinetic laws of the PGK and PRK reactions. For special conditions, the system can be solved analytically, and an explicit expression for the frequency and the dampening constant of the oscillations is given. Whereas oscillation periods observed with whole leaves are well within the region predicted by the model, theoretical values of the dampening constant correspond to observations made with isolated intact protoplasts.

Einleitung

Grüne Blätter höherer Pflanzen können auf plötzliche Änderungen von Umweltfaktoren mit gedämpften Oszillationen reagieren: wenn entweder die Zusammensetzung der Gasphase, besonders die Partialdrucke von CO_2 oder O_2, oder die Lichtintensität geändert werden, beobachtet man einen Zyklus gedämpfter Oszillationen. Derartige Oszillationen lassen sich am einfachsten mit Hilfe der variablen Chlorophyllfluoreszenz verfolgen, sind jedoch ebenso in den Raten der O_2-Entwicklung und der CO_2-Fixierung vorhanden (WALKER, D.A. et al., 1983, OGAWA, T., 1982). Die Schwingungsdauer beträgt je nach Objekt und Bedingungen 40 s - 5 min; in Spinatblättern, einem sehr gut untersuchten Objekt, liegt sie bei ca. 1 min. Halbwertszeiten liegen zwischen 1 und 3 min. Da der Austausch von CO_2 und O_2 in unmittelbarem Zusammenhang mit dem C-Flux durch den Calvinzyklus bzw. dem Elektronentransport an der Thylakoidmembran steht, ist es wahrscheinlich, daß auch die Calvinzyklus-Intermediate, die Pyridinnukleotide und die Adenylate periodische Konzentrationsänderungen zeigen. In diesem Beitrag wird untersucht, ob die gegenseitige Abhängigkeit von C-Flux durch den Calvinzyklus und Adenylatturnover die beobachteten Oszillationen hervorbringen kann. Es wird ein mathematisches Modell er-

---

Abkürzungen: GAPDH, Glycerinaldehydphosphat-Dehydrogenase; PGK, Phosphoglyceratkinase; PRK, Phosphoribulokinase; 3PGA, 3-Phosphoglycerat; Ru1,5BP, Ribulose-1,5-bisphosphat; Ru5P, Ribulose-5-phosphat.

stellt, das experimentell überprüfbare Aussagen liefert. Der Beitrag befaßt sich mit
Darstellung und Analyse des Modelles. Eine detaillierte Interpretation des Modelles
in pflanzenphysiologischer Hinsicht ist in Vorbereitung.

Der Calvin-Zyklus als oszillierendes System

Belichtete Blätter produzieren NADPH und ATP durch lichtgetriebenen Elektronentransport bzw. durch Photophosphorylierung. Diese Verbindungen dienen u.a. dazu, im Calvin-
Zyklus das erste stabile Fixierungsprodukt bei der Photosynthese, 3PGA, zur Zucker-
stufe zu reduzieren und den CO_2-Akzeptor RuBP zu regenerieren. Die Pyridinnukleotide
interagieren bei diesem Prozeß an einem Punkte (der GAPDH) mit dem Kohlenstoff-Flux
durch den Calvin-Zyklus, die Adenylate dagegen in zwei Reaktionen, den Kinasen PGK
und PRK. Offenbar erlauben die im stationären Zustand im Chloroplasten vorhandenen
Konzentrationen an Adenylaten und sonstigen in diesen Reaktionen umgesetzten oder sie
beeinflussenden Verbindungen einen hohen Durchsatz durch den Calvin-Zyklus, ohne daß
sich die Beteiligung zweier Reaktionen mit dem gemeinsamen Cofaktor als störend bemerkbar machte. Es ist leicht vorstellbar, daß plötzliche Änderungen der Lichtintensität oder in der Zusammensetzung der Atmosphäre zu Störungen führen, aufgrund derer
das System seinen Regelbereich verläßt und in Form von Schwingungen zu einem neuen
stationären Zustand übergeht. Nach dieser Vorstellung kommen die beobachteten Oszillationen durch die Verknüpfung von Adenylat- und Kohlenstoffpool im Calvin-Zyklus zustande: die Kompetition zweier Reaktionen eines Kreisprozesses um ein diesen Reaktionen
gemeinsames Substrat führt danach zu Oszillationen. Dieses Modell wird im folgenden
präzisiert und analysiert um zu klären, ob dieser Oszillàtor die beiden experimentell
ermittelten charakteristischen Zeiten der Oszillationen, Schwingungsdauer und -dämpfung,
korrekt beschreibt. Das untersuchte Gleichungssystem stellt eine relativ grobe Annäherung an die Physiologie der Photosynthese dar; so ist nicht berücksichtigt, daß der
ATP-Durchsatz an der PGK unter stationären Bedingungen doppelt so hoch ist wie der an
der PRK, daß während der Induktionsphase die Konzentrationen einiger Intermediate zunehmen, daß eine Reihe von Enzymen durch lichterzeugte Reduktionsäquivalente aktiviert
wird, und daß eine sich ändernde ATP/2e-Stöchiometrie den Durchsatz durch den Calvin-
Zyklus beeinflussen kann.

Mathematische Formulierung

Eine quantitative Formulierung des C-Fluxes durch den Calvin-Zyklus mit Hilfe von
lichterzeugten Adenylaten ist in Abb. 1 gegeben: ATP wird mit einer konstanten Rate
(V_o) erzeugt und an den Kinasen P und Q verbraucht. Die Calvinzyklus-Intermediate
werden an den Kinasen zum Glyceroylphosphat-3-phosphat bzw. zum Zuckerbisphosphat
phosphoryliert. Es wird angenommen, daß das ATP/2e Verhältnis in einem Bereich liegt,
der eine Limitation der Reaktionsrate an der GADPH durch NADPH ausschließt und daß der
Gesamtpool der Adenylate und der Calvinzyklus-Intermediate jeweils konstant ist
($X+X'=Xo$, $Y+Y'=Yo$); die Dynamik des in Abb.1 gezeigten Systems läßt sich dann durch

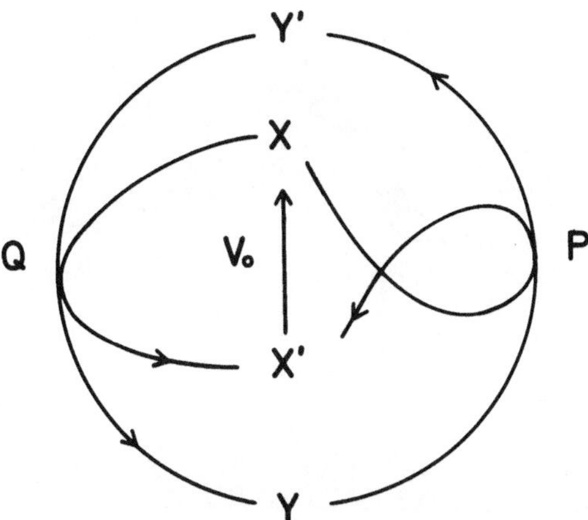

Abb. 1 Reaktionsschema für die gegenseitige Abhängigkeit des Umsatzes zweier Paare von Substanzen in einem Kreisprozess. X wird mit der Rate V_0 erzeugt und in den Reaktionen P und Q zu X´ umgesetzt. Es interessiert das zeitliche Verhalten der Komponenten nach einer Störung des stationären Zustandes. Das Schema läßt sich als Rumpfmodell des Calvinzyklus auffassen mit X = ATP, X´ = ADP, Y = (Ru1,5BP + 3PGA), Y´ = übrige Calvinzyklus-Intermediate, P = PGK, Q = PRK.

zwei gekoppelte Differentialgleichungen beschreiben:

$$\dot{X} = V_o - P(X,Y,c_p) - Q(X,Y,c_q) \tag{1}$$

$$\dot{Y} = Q(X,Y,c_q) - P(X,Y,c_p)$$

P und Q sind die Reaktionsraten der Kinasen; im einfachsten Fall sind das gebrochen rationale Funktionen in X und Y mit $P(0,0,c_p) = Q(0,0,c_q) = 0$ für alle Werte der Parameter c_p, c_q; für höhere Konzentrationen X,Y streben P und Q endlichen Grenzwerten zu.

Eine notwendige Voraussetzung dafür, daß in der Nähe eines singulären Punktes des Systems (1) Oszillationen auftreten können, ist nach den formalen Kriterien der Analyse zweidimensionaler Systeme, daß die Jacobi-Determinante an dem betrachteten Punkte größer als Null ist. Wegen der speziellen Form von (1) läßt sich dieses Kriterium direkt auf die partiellen Ableitungen von P und Q übertragen, und man erhält als notwendige Bedingung für das Auftreten von Oszillationen um den singulären Punkt (X_s,Y_s):

$$\left(\frac{\partial P}{\partial X} \frac{\partial Q}{\partial Y} - \frac{\partial Q}{\partial X} \frac{\partial P}{\partial Y} \right) \Bigg|_{(X_s,Y_s)} < 0 \tag{2}$$

Die Bedingung (2) gilt für jede Form von P und Q. Im folgenden werden jedoch die kinetischen Gesetze in bestimmten Gebieten der X-Y-Ebene linearisiert; auf diese linearisierte Darstellung wird (2) angewendet.

Für die Abhängigkeit einer Bisubstratreaktion von den Konzentrationen der Substrate X,Y lassen sich nun 4 charakteristische Gebiete in der X-Y-Ebene angeben (Abb.2), die

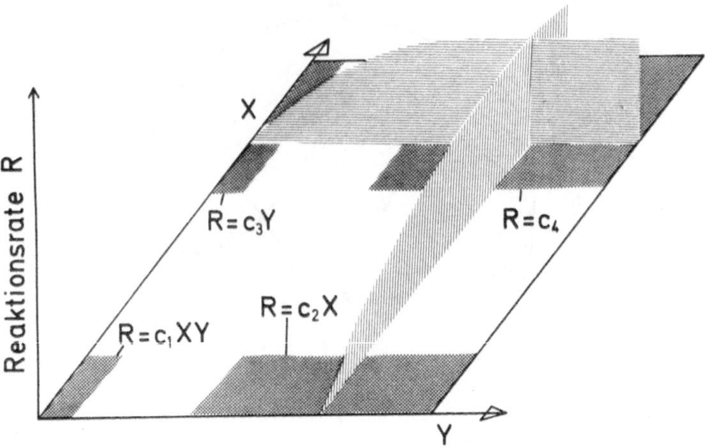

Abb. 2 Schematische Darstellung der gebietsweisen Linearisierung einer Bisubstratreaktion; zur Veranschaulichung ist die Abhängigkeit der Reaktionsrate R von der Konzentration eines Substrates bei Sättigung bezüglich des zweiten Substrates skizziert.

jeweils dem linearen Bereich bzw. dem Sättigungsbereich der Reaktionsrate bezüglich
einer oder beider Substrate entsprechen. Es ergeben sich daraus für P und Q jeweils
4 verschiedene Fälle, so daß es für die im System (1) vorhandene Kombination von P und
Q 16 Möglichkeiten gibt. Mit Hilfe des Kriteriums (2) sieht man, daß immer dann, wenn
mindestens eine der Reaktionsraten bezüglich beider Substrate in Sättigung ist, keine
Oszillationen auftreten können; von den verbleibenden 9 Möglichkeiten können fünf nach
dem gleichen Kriterium bzw. wegen Nichtauftretens komplex-konjugierter Eigenwerte aus-
geschlossen werden. Schließlich bleiben noch vier Fälle zu diskutieren, in denen Oszillationen auftreten können (Tabelle 1).

Tabelle 1: Linearisierung von P und Q im Differentialgleichungssystem (1).
           Dargestellt sind nur diejenigen Kombinationen von P und Q, bei denen
           Oszillationen auftreten können. Weitere Erklärungen im Text.

P	Q	
aY	bX	(3.1)
aX	$b(Y_0-Y)$	(3.2)
aY	$bX(Y_0-Y)$	(3.3)
aXY	$b(Y_0-Y)$	(3.4)

a und b sind reelle Koeffizienten; wie man sieht, lassen sich diese Gleichungen durch
gleichzeitige Substitution $a \leftrightarrow b$ und $X \leftrightarrow (Y_0-Y)$ auf nur zwei mathematisch unterschiedliche Typen zurückführen. Nach Größe der K_m-Werte der Kinasen für ATP und für die
Substrate 3PGA bzw. Ru5P entspricht der Fall (3.4) der unter physiologischen Bedingungen vorliegenden Situation. Bei ausreichend hoher Substratkonzentration kann aber auch
die Umsatzrate an der PGK von der 3PGA-Konzentration unabhängig werden. Diese Situation

wird durch (3.2) beschrieben. Im folgenden wird der Fall (3.2) untersucht.

Für das System (3.2) ergibt sich nach der Normierung von Konzentrationen und Zeit gemäß $x = X/X_0$, $y = Y/Y_0$ und $\tau = tV_0/X_0$ das Gleichungssystem

$$\frac{dx}{d\tau} = 1 - \tau_y(sx + b(1-y))$$

$$\frac{dy}{d\tau} = \tau_x(b(1-y) - sx)), \quad s = aX_0/Y_0 \tag{4}$$

$\tau_y = Y_0/V_0$ und $\tau_x = X_0/V_0$ sind die Umsatzzeiten für den Pool des Calvinzyklus-Intermediate bzw. für den Adenylatpool. Dieses System besitzt einen singulären Punkt $(\bar{x}, \bar{y})$ mit

$$\bar{x} = 1/2a\tau_x, \quad \bar{y} = (2\tau_y b - 1)/2\tau_y b = (2b\tau_x - X_0/Y_0)/2b\tau_x \tag{4a}$$

Mit Hilfe der Jacobi-Matrix für dieses System errechnet man, daß Oszillationen immer dann auftreten können, wenn

$$(s\tau_y + b\tau_x)^2 < 8sb\tau_x\tau_y \tag{5}$$

Für den Fall, daß die Bedingung (5) erfüllt ist, ist die Kreisfrequenz der Oszillationen gegeben durch

$$u^2 = \tau_x^2(2ab - (a + b)^2/4) \tag{6}$$

Der Realteil der Lösung dieses Systems ist stets kleiner als Null, das System ist also stabil, und die Dämpfungskonstante D ist gegeben durch

$$D = 0.5\ \tau_x(a + b) \tag{7}$$

Aus den experimentellen Daten für τ_x, $\bar{x}$ und X_0/Y_0 lassen sich nun nach (6) und (7) Frequenz und Dämpfung der Schwingungen des Modell-Oszillators ermitteln: die turnover-Zeit des Adenylatpools ist von der Größenordnung 1 sec; in belichteten Chloroplasten findet man ATP:ADP-Verhältnisse von ca. 3-5, also $\bar{x} \approx 0.8$ ($\hat{=}$ ATP/ADP = 4), und X_0/Y_0 ist etwa 0.12 - 0.16. Aus diesen experimentellen Daten ergibt sich

$$a \approx 0.6\ s^{-1}, \quad b \approx 0.12\ s^{-1} \tag{8}$$

Daraus erhält man nach (6) für die Kreisfrequenz (normiert) Werte in der Nähe von 0.1, was in guter Übereinstimmung mit der Schwingungsdauer von 60 s ist. Es läßt sich immer ein im physiologischen Bereich liegender Satz von Paramtern (τ_x,τ_y,a,b) finden, der Oszillationen der beobachteten Periode liefert. Die Kreisfrequenz sollte sich nach (6) bei Erhöhung der Umsatzzeit τ_x (z.B. durch Erniedrigung der Lichtintensität) erhöhen.

Nach (4a) ergibt sich aus $X < X_0$ (d.h. $\bar{x} < 1$) sofort $a\tau_x > 1/2$. Der Absolutwert der Dämpfungskonstante ist daher immer größer als 1/4, während man experimentell Halbwertszeiten von ca. 3 min findet, was einer Dämpfungskonstante in normierten Einheiten von 4×10^{-3} entspricht. Es läßt sich zeigen, daß Oszillationen des Systems (4) eine maxi-

male Güte Q von $\sqrt{3/4}$ aufweisen, während die Güte der experimentell beobachteten Oszillationen oft über 10 liegt.

Die Untersuchung des nichtlinearen Systems (3.4) ist etwas unübersichtlich und soll
hier nicht durchgeführt werden. Der Hauptunterschied zu dem oben analysierten System
ist, daß Oszillationen nur auftreten können, wenn $\bar{y} > 0.5$. Auch für diesen Fall liegt
die errechnete Periode im Bereich der experimentell beobachteten; allerdings ist auch
hier der Absolutwert der Dämpfungskonstante D (normiert) stets größer als 0.25.

Resümee

Die Analyse eines einfachen mathematischen Modelles des Calvinzyklus zeigt, daß Oszillationen des Adenylatpools und der Calvinzyklus-Intermediate durch Kompetition
zweier Kinasen um einen kleinen gemeinsamen Adenylatpool zustande kommen können. Die
vom Modell vorausgesagte Schwingungsdauer stimmt gut mit der beobachteten überein;
weitere Studien müssen zeigen, ob die Berücksichtigung der photosynthetischen Kontrolle und die Kopplung zwischen Elektronentransport, elektrochemischer Potential-
differenz des Protons über die Thylakoidmembran und der Photophosphorylierung zu einer geringeren Dämpfung führt. Diese im jetzigen Modell nicht berücksichtigten Elemente ermöglichen auch die Ankopplung der Oszillationen der Chlorophyll-Fluoreszenz
und der O_2-Entwicklung; so kann z.B. eine Erniedrigung der Konzentration des "Elek-
tronenakzeptors" Y (Abb.1) zu einer verlangsamten O_2-Produktion und, da die Elektro-
nentransportkette stärker reduziert ist, zu einer Erhöhung der Chlorophyll-Fluoreszenz führen. Ein erweitertes Modell kann klären, ob diese Vorstellungen auch einer
quantitativen Analyse standhalten.

Es ist nicht auszuschließen, daß weitere Faktoren die Oszillationen beeinflussen; so
wurden an intakten isolierten Chloroplasten (die über einen kompletten Calvinzyklus
verfügen) bisher keine Oszillationen beobachtet. Auch Protoplasten, die in vieler Hinsicht Zellen im intakten Gewebe entsprechen, zeigen nur wesentlich schwächere Oszillationen als ganze Blätter (QUICK, W.P. und HORTON, P., 1984). Das kann bedeuten, daß
eine in Blättern vorhandene Rückkopplung zwischen Elementen des oszillierenden Systems
in Protoplasten verlorengeht, weshalb die Oszillationen in isolierten Organellen stark
gedämpft sind.

Literatur

Ogawa, T., Biochim. Biophys. Acta 681, 103-109 (1982)
Quick, W.P. und Horton, P., Proc. R. Soc. Lond. B. 220, 361-370 (1984)
Walker, D.A., Sivak, M.N., Prinsley, R.T. und Cheesbrough, J.K., Plant Physiol. 73,
542-549 (1983)

MODELLIERUNG DES TRANSPORT-MECHANISMUS
VON AUXIN DURCH PLASMA-MEMBRANEN

Björn A. Gottwald, Freiburg

Summary. Molecular action and transport of the plant hormone auxin are of special interest with respect to investigations on phototropism and geotropism of plants. Based on the work of HERTEL [1] a molecular model for the auxin efflux is postulated and treated with the digital simulation system MISS of GOTTWALD [2]. This simulation explains the most characteristic features of the auxin system : the optimum stimulus-response-curves and the initially negative geotropic reaction.

Zusammenfassung. Die molekulare Wirkung und der Transport des Pflanzenhormons Auxin sind von besonderem Interesse im Hinblick auf Untersuchungen über den Phototropismus und Geotropismus von Pflanzen. HERTEL [1] hat sich daher in den letzten Jahren intensiv mit dieser Fragestellung beschäftigt und kürzlich über wesentliche Fortschritte berichtet : Es wird ein molekulares Modell für den Carrier-Zyklus beim Auxin-Efflux postuliert und im Hinblick auf die sich ergebenden Verlaufskurven mit Hilfe des digitalen Simulations-Systems MISS von GOTTWALD [2] untersucht. Hierbei können einige auffällige Charakteristika der Kinetik des Auxin-Transports wie beispielsweise Optimumkurven und das Auftreten negativer Anfangs-Reaktionen bei geotropischer Reizung qualitativ erklärt werden.

Die vorliegenden experimentellen Daten zur Wachstumskinetik verschiedener Auxine und Auxin-Analoga sollen erweitert werden durch gezielte Experimente zur Zeitabhängigkeit der Reaktion bei unterschiedlichen Konzentrationen der Wuchsstoffe, vor allem im Bereich sehr niedriger Konzentrationen. Anhand dieser Daten soll dann das vorliegende Modell quantitativ geprüft und entsprechend modifiziert werden.

Als nächsthöhere Systemstufe ist in diesem Zusammenhang von besonderem Interesse das Phänomen der Circumnutation, bei dem einzelne Teile der Pflanze während des Wachstums rotierende Bewegungen im Raum ausführen. Das zu erarbeitende molekulare Modell des Auxin-Transports sollte daher auch diese Oszillationen erklären können.

[1] R. Hertel : The Mechanism of Auxin Transport as a Model for Auxin Action
    Z. Pflanzenphysiol. 112 (1983) 53 - 67

[2] B. A. Gottwald : Modelling Biological Processes with Block-Oriented Simulation Systems
    Proc. 1st European Simulation Congress Aachen (1983) 574 - 579

PHYSIOLOGISCHE PROZESSE

Die Modellierung physiologischer Prozesse ist, nach der von B.Schneider und U.Ranft
angegebenen Zuordnung, gekennzeichnet durch Kompartmentmodelle, nach denen das Gesamtsystem in homogene Kompartments zerlegt wird und die Zustandsübergänge zwischen
den Kompartments durch lineare oder nichtlineare Differentialgleichungen - im einfachsten Fall durch lineare Gleichungen - dargestellt werden. Daneben werden auch
sogenannte Einfachsysteme zur Nachbildung physiologischer Prozesse eingesetzt.

Nachfolgend sind die Beiträge zur Thematik physiologischer Prozesse des 1.Ebernburger
Gespräches zusammengefaßt.

J.Werner
Biologische Regelung mit verteilten Parametern: Modellbildung und
Systemanalyse

G.Porenta
Ein Finite Elemente Modell von Blutfluß in normalen und stenosierten
Arterien

W.Blohm, D.Möller, V.Pohl
Reglersynthese im Zustandsraum für ein biologisches Einfachsystem

BIOLOGISCHE REGELUNG MIT VERTEILTEN PARAMETERN: MODELLBILDUNG UND SYSTEMANALYSE

J. Werner, Bochum

Zusammenfassung. 'Systeme mit verteilten Parametern' sind im biologischen Bereich außerordentlich häufig. Der Beitrag zeigt, daß die in der Regelungstechnik entwickelte Theorie der Regelung mit verteilten Parametern zur Analyse und Simulation derartiger biologischer Systeme herangezogen werden kann. Dies wird insbesondere am Beispiel des Wärmehaushalts verdeutlicht.

Summary. Many biological systems are 'systems with distributed parameters'. The contribution demonstrates that the theory of distributed parameters, originally developed in control theory, can be adapted very usefully for analysis and simulation of such biological systems. This is illustrated especially by the example of the human thermal system.

Örtlich ausgedehnte Regelstrecken, die sich durch Ortsabhängigkeit ihrer Parameter und Variablen auszeichnen, sind häufig nur durch ein Regelkonzept mit 'verteilten Parametern' beherrschbar. Für die Ausgestaltung eines solchen Regelungskonzepts stehen sehr viele Möglichkeiten offen. Im einfachsten Fall soll an einem ganz bestimmten Ort eine diskrete Regelgröße der örtlich verteilten Regelstrecke konstant gehalten werden. Einen der kompliziertesten Fälle stellt die Regelung vollständiger Ortsprofile dar.

Im allgemeinen werden sowohl die Regelstrecke als auch der Regler durch partielle Differentialgleichungen beschrieben. Charakterisiert man das dynamische Verhalten der Regelung im Frequenzbereich, tritt an die Stelle der bei Systemen mit konzentrierten Parametern bekannten Übertragungsfunktionen die sog. Green'sche Funktion.

Eine eindimensionale, einseitig abgeschlossene Regelstrecke mit der Ausgangsgröße T läßt sich durch die folgende Laplace-transformierte Differentialgleichung mit entsprechender Randbedingung beschreiben:

$$\frac{\partial^2 T}{\partial x^2} = v(x)\,\frac{\partial T}{\partial x} + q(x)\,T - f(x) - \Phi_Q(x) \tag{1}$$

f enthält dabei den Einfluß der Anfangsbedingungen und Φ_Q den der vorhandenen Quellen und Senken, v ist im allgemeinen eine modifizierte Strömungsgeschwindigkeit und q ein ortsabhängiger Koeffizient.

Die bekanntesten biomedizinischen Systeme mit 'verteilten Parametern', die von verschiedenen Arbeitsgruppen mit Hilfe mathematischer Methoden bearbeitet worden sind, sind das periphere Nervensystem, das Kreislaufsystem, die Atmung und der Wärmehaushalt. Für das Beispiel des eindimensional behandelten Wärmehaushalts identifiziert man unschwer die ersten beiden Terme der Gleichung (1) als Wärmeleitung und Wärmeströmung. Als Quellenfunktion Φ_Q kommt in Organismen vor allem die Wärmeproduktion durch Stoffwechsel in Betracht.

Die Lösung dieser Differentialgleichung erhält man auf einem Umweg, indem man zunächst die Green'sche Funktion $G(x, \xi)$ ermittelt. ξ kennzeichnet hierbei die laufende Koordinate, während x den Ort der Regelgröße charakterisiert. Nach relativ komplizierter Umformung ergibt sich unter Berücksichtigung der an der Stelle l_1 geltenden Randwertfunktion Φ_R für eine Cauchy'sche Randbedingung (Verknüpfung zwischen der Variablen und ihrer örtlichen Ableitung):

$$T(x) = \int_{l_1}^{x} f(x)\, G(x, \xi)\, d\xi + \int_{l_1}^{x} \Phi_Q(\xi)\, G(x, \xi)\, d\xi$$

$$+ \Phi_R(l_1)\, G(x, l_1) \tag{2}$$

Im Beispiel des menschlichen Wärmehaushalts wird die Randwertfunktion Φ_R durch den Wärmeübergang an der Körperoberfläche bestimmt. Die Green'sche Funktion G ist die Übertragungsfunktion von einer beliebigen Stelle ξ auf eine andere Stelle x. Sie vermittelt in Gl. (2) den Einfluß von Anfangsbedingungen f, Quellenfunktion Φ_Q (Bsp. Stoffwechsel), Randwertfunktionen Φ_R (Bsp. Wärmeübergang) als Eingangsgröße der Regelstrecke auf die Regelgröße T als Ausgangsgröße. Die Quellenfunktion könnte sich beispielsweise aus den k Stellgrößen Y_j durch Vermittlung von örtlichen Verteilungsfunktionen c_j ergeben.

$$\Phi_Q(\xi) = \sum_{j=1}^{k} c_j(\xi) \cdot Y_j \tag{3}$$

Dementsprechend ergibt sich die Randwertfunktion, falls, wie z.B. bei
der Thermoregulation, eine weitere Stellgröße Y_{k+1} (Evaporation) und
die Störgröße Z (Lufttemperatur) über die Berandung des Systems (Haut)
einwirken:

$$\Phi_R = c_{k+1} Y_{k+1} + c_{k+2} Z \tag{4}$$

Die Stellgrößen Y_j (vgl. Abb. 1) ergeben sich aus den Green'schen Funktionen des Reglers $R_j (x,\xi)$ mit ξ als Sensorkoordinate, die die Koordinate der Regelgröße x als Untermenge umfaßt:

$$Y_j = \int R_j (x,\zeta) \, T \, (\zeta) \, d\zeta \tag{5}$$

Aus diesen Beziehungen läßt sich eine allgemeine Gleichung des geschlossenen Regelkreises ermitteln.

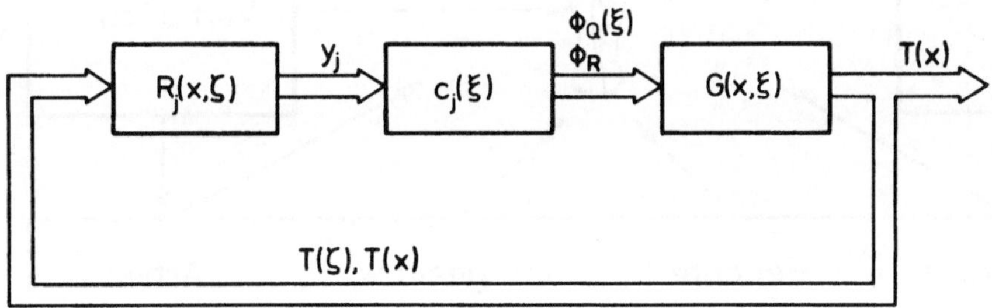

Abb. 1: Grundschema für die Regelung mit verteilten Parametern

Ein System mit örtlich verteilten Parametern kann gekennzeichnet sein
durch
1. Ortsverteilung der Meßfühler,
2. örtliche Verteilung der Informationsverarbeitung,
3. örtlich differenzierte Wirkung der Effektoren.
Alle diese Eigenschaften sind beispielsweise bei der Temperaturregulation des Menschen (Abb. 2) realisiert. Temperatursensitive Elemente
sind in der Haut und im Zentralnervensystem heterogen verteilt. Darüberhinaus sind Thermorezeptoren in anderen Bereichen des Körpers nachgewiesen worden, und vermutlich finden sich noch weitere an vielen
anderen Stellen des menschlichen Körpers. Das thermoafferente System
ist ebenfalls ein örtlich verteiltes System, und ebenso sicher ist,
daß die Effektoren örtlich differenziert innerhalb des Körpers wirken.
Die Ortsverteilung gilt auch für die Regelzentren selbst. Die frühere

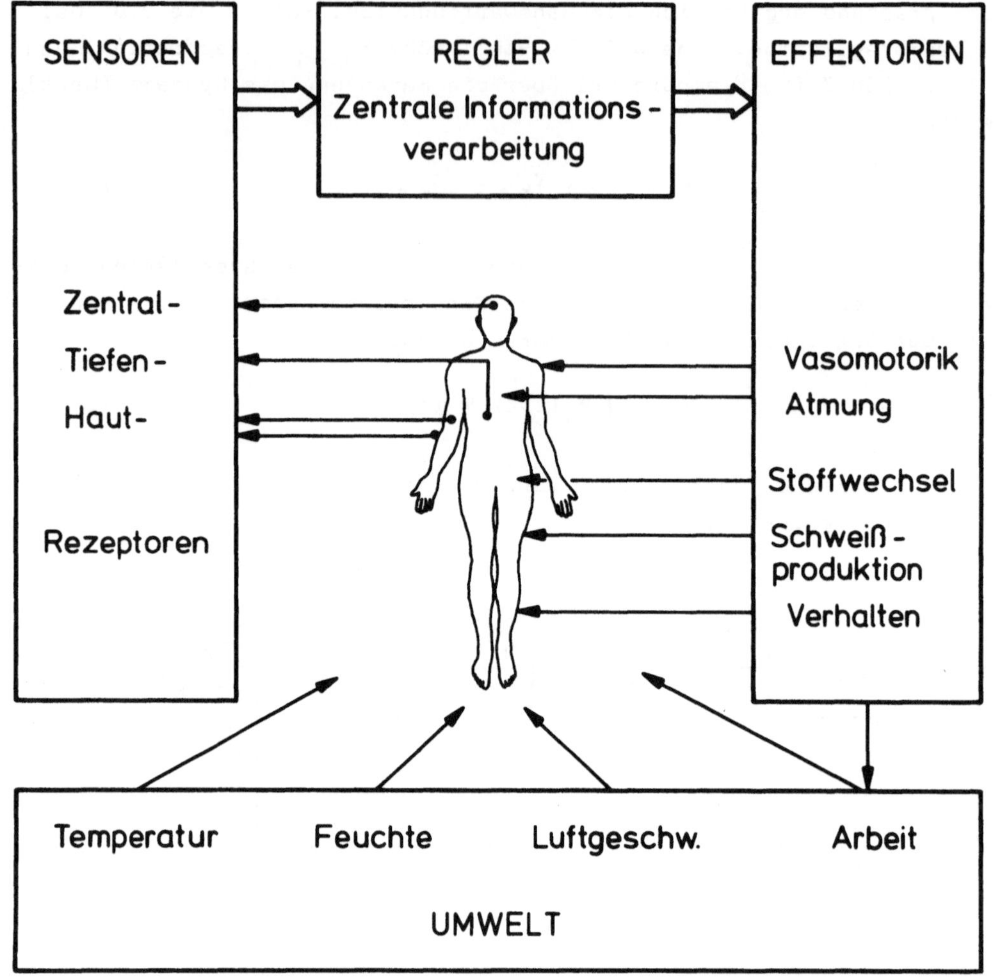

Abb. 2: Beispiel eines biologischen Systems mit verteilten Parametern:
        Der Wärmehaushalt des Menschen.

Annahme eines lokal begrenzten Reglers ist mittlerweile ersetzt worden durch die Hypothese eines quasi-kontinuierlich aufsteigenden in-
tegrierenden Systems.

Ein adäquates Systemkonzept sollte demnach lokale Verteilungen der
Messungen, der Informationsverarbeitung und der Effektormaßnahmen berücksichtigen.

Eine Anwendung der Theorie der Systeme mit verteilten Parametern auf
das System der Temperaturregulation ist ohne weiteres möglich. Dazu
kann man vereinfachend den Körper in n zylindrische, oben und unten
wärmeisolierte Elemente einteilen.

Zur Beschreibung das passiven Systems arbeiten wir mit dem folgenden
vereinfachten Kreislaufschema: Ein 'Herz-Lungen-Pool' versorgt die
einzelnen zylindrischen Elemente i mit arteriellem Blut der Temperatur T_a. Nach Durchströmen der Kapillaren und Versorgung des Gewebes
der Temperatur T_i wird das Blut wieder gesammelt und gelangt als ve-
nöses Blut mit der Temperatur T_{vi} zurück in den Herz-Lungen-Pool. Ein
Wärmegegenstromfaktor berücksichtigt näherungsweise den Wärmeverlust
zwischen benachbarten Arterien und Venen.

Wir vereinbaren die folgenden Bezeichnungen:

Variable:

t: Zeitkoordinate
r^*: Ortskoordinate (radial)
T_i: Temperatur des Gewebes im Zylinder i
U_i: Wärmeproduktion durch Stoffwechsel pro Volumeneinheit
Q_i: Durchblutung pro Volumeneinheit
T_a: Temperatur des arteriellen Blutes
T_A: Umgebungstemperatur
$-E_i$: Wärmeverlust durch Verdunstung
T_{vi}: Mittlere Temperatur des den Zylinder i verlassenden venösen Blutes
$-R_R$: Wärmeverlust durch die Atmung

Parameter:

ρ_i: Dichte des Gewebes im Zylinder i
c_i: Spezifische Wärme des Gewebes
λ_i: Wärmeleitfähigkeit des Gewebes
β_i: Wärmegegenstromfaktor
ρ_a: Dichte des zentralen Blutes (Herz, Lungen, große Gefäße)
c_a: Spezifische Wärme des zentralen Blutes
r^*_{si}: Außenradius des Zylinders i
h_i: Wärmeübergangskoeffizient
F_i: Oberfläche
m_a: Masse des zentralen Blutes

Der instationäre Wärmestrom hat innerhalb des passiven Systems drei
Ursachen: Stoffwechsel, Konduktion durch das Gewebe und Konvektion
durch den Blutstrom. Setzt man für das ungeregelte System innerhalb
eines Zylinders eine rein radiale Wärmeleitung voraus, ergibt sich
die folgende Ausgangsgleichung für jeden Bereich konstanter Wärmeleitfähigkeit der Zylinder (i = 1...n) der Regelstrecke:

$$\rho_i c_i \frac{\partial T_i}{\partial t} = U_i + \lambda_i \frac{\partial^2 T_i}{\partial r^{*2}} + \frac{1}{r^*}\frac{\partial T_i}{\partial r^*} + \beta_i Q_i \rho_a c_a (T_a - T_i) \qquad (6)$$

mit den Anfangsbedingungen:

$$T_i(r^*,0) = T_{io}(r^*) \tag{7}$$

und den Randbedingungen an der Stelle $r^* = r^*_{si}$:

$$\left(\lambda_i \frac{\partial T_i}{\partial r^*}\right)_{r^*_{si}} = h_i \left\{T_A - T_i(r^*_{si})\right\} - \frac{E_i}{F_i} . \tag{8}$$

Für die Mittelachse der Zylinder soll gelten:

$$T_i \text{ endlich für } r^* = 0. \tag{9}$$

Die Temperatur des zentralen Blutes T_a wird zwar als örtlich konstant, aber als zeitlich variabel betrachtet. Demzufolge ist für den Herz-Lungen-Pool eine weitere Bilanzgleichung anzusetzen:

$$m_a c_a \frac{\partial T_a}{\partial t} = \sum_{i=1}^{n} \{\beta_i \rho_a c_a Q_{ig} (T_{vi} - T_a)\} - R_R . \tag{10}$$

Q_{ig} ist die über das Volumen des Zylinders i mit der Länge L_i integrierte Durchblutung. Die aus jedem Zylinder mit dem venösen Blut in Herz und Lungen zurückströmende Wärme ergibt sich aus der insgesamt durch die Kapillaren und Venolen transportierten Wärme. Unter der Annahme, daß die Temperatur des die Venolen verlassenden Blutes gleich der Temperatur des benachbarten Gewebes ist, erhält man eine Bilanzgleichung für die Wärmeströmung und daraus eine Beziehung für die jeweilige venöse Bluttemperatur T_{vi}.

Das Gleichungssystem (1) - (10) wird linearisiert und einer zweimaligen Integraltransformation unterworfen. Zur Behandlung des geschlossenen Regelkreises führen wir die folgenden normierten radialen Ortskoordinanten ein:

η laufende Koordinate der Regelstrecke (Eingriffsstellen der Stellgrößen.)

ρ laufende Koordinate des Reglerabgriffs (Meßstellen)

r Ort der Regelgröße.

Wir gehen zunächst davon aus, daß die eigentliche Regelgröße für einen konstanten Wert von r existiert, wobei jedoch die Regelabweichungen in der gesamten Regelstrecke an den Stellen η = 0...1 gemessen werden und mit unterschiedlichem Gewicht in die Stellsignale eingehen, die ihrerseits ebenfalls wieder in die gesamte Regelstrecke von η = 0...1 eingreifen können. Als Stellgrößen wirken Vasomotorik, Schweißproduktion

(Verdunstung) und Stoffwechsel. Letzterer wirkt bei größerer Wärmeein-
wirkung mit verkehrter Polung als Störgröße. Als wesentliche äußere
Störgröße berücksichtigen wir zunächst nur die Umgebungstemperatur T_A.
Als rückgekoppelte Größe kann man auch die arterielle Bluttemperatur T_a
formal als Ausgangsgröße eines Teilreglers behandeln. Wir formulieren
die Gleichungen in der Laplace-transformierten Form (Laplace-Variable p).
Die Gleichung für die Regelstrecke wird durch Entwicklung in einer
Fourier-Reihe nach den Eigenfunktionen zurücktransformiert und erlaubt
die folgende Identifikation der Green'schen Funktionen G_i der Regelstrecke

$$G_i(r,\eta,p) = \sum_{\mu=1}^{\infty} \frac{1}{k_{i\mu}+p}\, \alpha_{i\mu} n\, C_0(\gamma_{i\mu}\eta)\, C_0(\gamma_{i\mu}r)\, \rho_i c_i \qquad (11)$$

Hierin bedeuten C_0 eine Linearkombination von Bessel- und Neumann-
Funktionen O-ter Ordnung, $k_{i\mu}$ die Eigenwerte und $\alpha_{i\mu}$ Normierungsfak-
toren. Zwischen den Argumentparametern $\gamma_{i\mu}$ und den Eigenwerten gilt:

$$\gamma_{i\mu}^2 \sim k_{i\mu} \qquad (12)$$

Das Übertragungsverhalten des Reglers wird durch die Green'schen Funktionen $R_{ji}(r,\rho,p)$ wiedergegeben. Da die Temperaturrezeptoren PD-Fühler
sind und zusätzliche Zeitverzögerungen auf neuronalem Wege hinzukommen,
kann in einem ersten Ansatz die Dynamik des Reglers durch die folgende
Green'sche Funktion beschrieben werden:

$$R_{ji}(r,\rho,p) = V_j(r,\rho)g_{ji}(r,\rho)\, \frac{1 + \tau_{1i}(r,\rho)p}{[1 + \tau_{2i}(r,\rho)p][1 + \tau_{3i}(r,\rho)p]} \qquad (13)$$

Hierbei sind V_j dieVerstärkungsfaktoren hinsichtlich der Umsetzung der
Reglerabweichungen in die Stellgrößen, $\tau_{1...3,i}$ die Zeitkonstanten der
Übertragung und g_{ji} Gewichtsfunktionen, die die örtliche Verteilung
bzw. die Bedeutung der Rezeptoren charakterisieren. Damit stehen für
die Systemanalyse und Modellbildung eines derartigen biologischen
'Systems mit verteilten Parametern' alle Instrumente, die die Regelungstechnik bereitstellt, ebenfalls zur Verfügung. Die Ergebnisse
praktisch durchgeführter Rechnungen sind in [3] zusammengestellt.

<u>Literatur:</u>

1. Gilles, E.D.: Systeme mit verteilten Parametern. München-Wien
   R. Oldenbourg, 1973
2. Werner, J.: Control aspects of human temperature regulation.
   Automatica 17, 351-362, 1981
3. Werner, J.: Die Regelung der menschlichen Körpertemperatur.
   Berlin, W. de Gruyter, im Druck

EIN FINITE ELEMENTE MODELL VON BLUTFLUß
IN NORMALEN UND STENOSIERTEN ARTERIEN

Gerold Porenta, Wien

Zusammenfassung. Ein mathematisches Modell von arteriellem Blutfluß in Form von nichtlinearen partiellen Differentialgleichungen wird für normale und stenosierte Arterien, die auch Abzweigungen enthalten können, vorgestellt. Als Lösungsmethode für den Digitalrechner wird die finite Elemente Methode nach Galerkin verwendet, und es werden Anwendungen von Simulationsstudien diskutiert.

Summary. A mathematical model of arterial blood flow is developed for three model situations: unobstructed arterial segment, arterial segment including a branch, and obstructed arterial segment. The finite-element method is used to solve the corresponding partial differential equations on a digital computer, and some applications of simulation studies are discussed.

1. Einführung

Die Modellierung der Hämodynamik im arteriellen Blutgefäßsystem ist seit langer Zeit Gegenstand vieler Forschungsarbeiten. (vgl. 1, 2, 3, 4). Besonders durch Einsatz von Digitalrechnern, die eine numerische Lösung der analytisch bis heute ungelösten Strömungsgleichungen ermöglichen, haben viele Simulationsstudien neue Einsichten in das Strömungsverhalten in Arterien gewinnen lassen. Blutflußmodelle unterscheiden sich durch die Feinheit der Modellierung (z.B. eindimensionaler oder zweidimensionaler Flußvektor) und die Annahmen, die in der Modellbildungsphase getroffen werden (z.B. Druck - Durchmesserbeziehung der Arterie, Anatomie des Arteriensystems, Randwertbedingungen).

Das Ziel der vorliegenden Arbeit ist eine Modellbildung von eindimensionalen Fluß und Druck in normalen und verengten Arterien, die Abzweigungen enthalten können, wobei das Modell des peripheren Widerstands sowohl resistive als auch kapazitative Elemente enthält.

2. Modellgleichungen

Das Verhalten von Blutdruck $p(x,t)$ und eindimensionalem Blutfluß $Q(x,t)$ in Arterien kann durch zwei nichtlineare partielle Differentialgleichungen beschrieben werden, wobei die Zeit t und eine arterielle Ortskoordinate x als unabhängige Veränderliche aufscheinen. Diese Gleichungen lassen sich aus den Navier-Stokes Gleichungen und dem Massenerhaltungsgesetz ableiten. Ein Paar von Differentialgleichungen wird nun für drei unterschiedliche Strömungssituationen vorgestellt: unverzweigtes Arterienstück, Arterienstück mit Abzweigung und stenosiertes Arterienstück. Entsprechend der zugrundeliegenden Geometrie des Arterienmodells kann das zugehörige mathematische Modell aus diesen drei Elementarsituationen aufgebaut werden.

Für ein unverzweigtes Arterienstück erhält man

$$\frac{\partial Q}{\partial t} + \frac{\partial}{\partial x}(Q^2/A) = -\frac{A}{\rho}\frac{\partial p}{\partial x} - \frac{8\pi\mu Q}{\rho A} \tag{1}$$

und

$$\frac{\partial Q}{\partial x} + \frac{\partial A}{\partial t} = 0 \tag{2}$$

als entsprechendes Gleichungssystem. Gleichung (2) enthält die Arterienquerschnittsfläche $A(x,t)$ als dritte unbekannte Größe. Um $A(x,t)$ zu eliminieren benötigt man eine weitere Gleichung, die den arteriellen Druck $p(x,t)$ mit $A(x,t)$ in funktionalen Zusammenhang setzt. Solche Gleichungen sind in der Literatur beschrieben (vgl. 2, 4, 5). Für den Zweck dieser Studie genügt ein Polynom zweiten Grades, dessen Koeffizienten sich aus anderen Gleichungen durch Taylorreihenentwicklung berechnen lassen

$$A(p,x) = A(p_0,x)[1 + C_0'(p-p_0) + C_1'(p-p_0)^2] \tag{3}$$

Substitution von Gleichung (3) in Gleichung (2) liefert

$$\frac{\partial Q}{\partial x} + A(p_0,x)(C_0\frac{\partial p}{\partial t} + C_1 p\frac{\partial p}{\partial t}) = 0 \tag{4}$$

Die Gleichungen (1) und (4) beschreiben nun die Strömungsverhältnisse in normalen, d.h. nicht stenosierten Arterien.

An einem Arterienstück, das eine Abzweigung vom Hauptstamm enthält, wird der Druckabfall vernachlässigt. Als erste Gleichung ergibt sich

$$\frac{\partial p}{\partial x} = 0 \tag{5}$$

Eine zweite Gleichung, die das Flußverhalten im Hauptast beschreibt, wird durch das Modell des peripheren Widerstands im Abzweigungsstück bestimmt. In manchen Studien wird eine rein resistive Impedanz, also eine lineare Funktion zwischen Fluß und Druck verwendet. Allerdings gibt es Arbeiten (vgl. 4), die zeigen, daß eine kapazitative Impedanzkomponente den Blutfluß nicht unwesentlich beeinflußt. Daher wird in dieser Arbeit ein Widerstandsmodell verwendet, das ein resistives Element R_1 in Serie mit der Parallelkombination eines kapazitativen Elements C und eines resistiven Elements R_2 enthält (vgl. 4). Als Gleichung für den Fluß durch die Abzweigung ergibt sich somit

$$C\frac{dp}{dt} - R_1 C\frac{dB}{dt} + p/R_2 - (1+R_1/R_2)B = 0 \tag{6}$$

Der Fluß B ist nach dem Massenerhaltungsgesetz gleich der Differenz der Flüsse vor und nach der Abzweigung.

Ein stenosiertes Arterienstück kann in guter Näherung als starres Rohr betrachtet werden, und man erhält als Flußgleichung

$$\frac{\partial Q}{\partial x} = 0 \tag{7}$$

Eine Gleichung für den Druckabfall an einer Stenose wurde von YOUNG und TSAI durch Flußstudien an starren Rohren mit verschieden geformten Lumeneinengungen ermittelt

$$A_0\frac{\Delta p}{\rho L} = (K_v)\frac{\mu}{DL\rho}Q + (K_t/2A_0L)[A_0/A_1-1]^2Q|Q| + (K_u)\frac{\partial Q}{\partial t} \tag{8}$$

wobei Δp Druckabfall, A_0, D und A_1, D_1 die Querschnittsflächen und Durchmesser der entsprechenden normalen und verengten Arterien sind. Für Stenosen in der Form zentral durchbohrter Zylinder nehmen K_t und K_u die Werte 1.5 und 1.2 an, und es gilt

$$K_v = 32[(0.83L + 1.64D_1)/D](A_0/A_1)^2$$

Eine Erläuterung dieser Formel und weitere hydrodynamische

Betrachtungen finden sich in einer Arbeit von YOUNG (vgl. 7).

3. Numerische Methode

Die oben angeführten drei nichtlinearen Differentialgleichungspaare können am Digitalrechner numerisch gelöst werden. Mehrere Verfahren stehen dafür zur Verfügung, wobei hier die Methode der finiten Elemente nach Galerkin zum Einsatz kommt, da unterschiedliche Randwertbedingungen und Modellgeometrien leicht berücksichtigt werden können.

Entsprechend den drei Modellsituationen werden auch drei verschiedene Elementtypen unterschieden mit Fluß- und Druckwerten als nodale Unbekannte.

Mit einem Polynomansatz zweiten Grades erhält man für ein rechteckiges Element

$$Q(x,t) = [N(x,t)]\{q\} \tag{9}$$

$$p(x,t) = [N(x,t)]\{p\} \tag{10}$$

wobei $\{p\}$ und $\{q\}$ die Vektoren der unbekannten Fluß- und Druckwerte sind und der Vektor N mit dimensionslosen Koordinaten r und s definiert ist durch

$$N_i = \tfrac{1}{4}(1+rr_i)(1+ss_i), \quad r_i = \pm 1, \quad s_i = \pm 1, \quad i = 1, 2, 3, 4$$

Substitution von Gleichungen (9) und (10) in die Gleichungen (1) und (4) führt entsprechend der Methode nach Galerkin zu

$$\iint [N]^T\left(\frac{\partial Q}{\partial t} + \frac{\partial}{\partial x}\left(\frac{Q^2}{A}\right) + \frac{A}{\rho}\frac{\partial p}{\partial x} + \frac{8\pi\mu Q}{\rho A}\right) \, dxdt = 0 \tag{11}$$

$$\iint [N]^T\left(\frac{\partial Q}{\partial x} + A(p_0,x)\left(C_0\frac{\partial p}{\partial t} + C_1 p\frac{\partial p}{\partial t}\right)\right) \, dxdt = 0 \tag{12}$$

Ausführen der Integration ergibt acht algebraische Gleichungen für die acht unbekannten Druck- und Flußwerte an den Elementeckpunkten. Analog erhält man Gleichungen für den Fall einer Abzweigung und einer Stenose (vgl. 8).

Die globale Gleichungsmatrix kann nun durch Einsetzen der Elementmatrizen unter Berücksichtigung der Modellgeometrie erstellt werden, wodurch folgendes Gleichungssystem entsteht

$$[A]\{\delta\} + [B(\{\delta\})]\{\delta\} = \{f\} \tag{13}$$

wobei $[A]$ den linearen und $[B(\{\delta\})]$ den nichtlinearen Teil des Systems darstellen. $\{f\}$ ergibt sich durch Einsetzen der Rand- und Anfangswerte.

Das nichtlineare System (13) kann mittels verschiedener Iterationsverfahren am Digitalrechner gelöst werden. Ein einfaches Iterationsschema ist etwa

$$[A]\{\delta\}_i^{t+\Delta t} + [B]_{i-1}\{\delta\}_i^{t+\Delta t} = \{f\} \tag{14}$$

wobei $[B]_{i-1}$ bedeutet, daß die Matrix $[B]$ an der Stelle $\{\delta\}_{i-1}$ ausgewertet wird. In einem Modell der Arteria femoralis (vgl. 8) konvergiert dieses Iterationsschema für eine Elementlänge von 2 cm und einen Zeitschritt von 0.005 s.

4. Anwendungen

Mit der oben angeführten Methode kann nun die Simulation für verschiedene Teilstücke des arteriellen Systems erfolgen, die Abzweigungen und stenosierte Abschnitte enthalten können, wobei auch distalwärts abnehmende Arteriendurchmesser berücksichtigt werden können.

An einem Modell der menschlichen Femoralarterie von der Bifurcatio iliaca bis zur Arteria poplitea kann untersucht werden, wie stark der Einfluß des nichtlinearen Systemteils in Gleichung (13) ist (vgl. 8). Dabei stellt sich heraus, daß die nichtlinearen Glieder das Strömungsverhalten vor allem in Phasen von raschen Änderungen der Blutströmung bestimmen. Auch bei der Simulation von Stenosen mittleren Schweregrades (50% - 90% Flächeneinschränkung) zeigt ein nichtlineares Modell im Vergleich zum linearen Modell ein anderes Verhalten.

Ein weiteres Einsatzgebiet von Modellen der arteriellen Blutströmung liegt in der Untersuchung des peripheren Widerstands. Nichtinvasive quantitative Messungen des Blutflußes - etwa mit Doppler Ultraschall Geräten - an zwei Stellen entlang der Arterie können als Randwertbedingungen für eine Simulation verwendet und die entsprechenden Druckkurven berechnet werden. Damit lassen sich Impedanzkurven für das periphere Gefäßsystem berechnen. Eine klinische Anwendung wäre die Beurteilung des intracerebralen Gefäßzustandes nach Doppler Messungen an der Karotisgabel.

Zur Zeit werden Computermodelle des arteriellen Blutflußes für Forschungs- und Lehrzwecke vielfach verwendet, ob sich allerdings Simulationsmethoden auch in der klinischen Praxis sinnvoll und nützlich verwenden lassen, bleibt abzuwarten.

Literatur:

1. Womersley, J. R. "An Elastic Tube Theory of Pulse Transmission and Oscillatory Flow in Mammalian Arteries," Wright Air Development Center Technical Report TR 56-614, 1957.
2. Streeter, V. L., Keitzer, W. F., und Bohr, D. F., "Pulsatile Pressure and Flow through Distensible Vessels," Circulation Research, Vol. 13, 1963, pp. 3-20.
3. Wemple, R. R., und Mockros, L. F., "Pressure and Flow in the Systemic Arterial Tree," Journal of Biomechanics, Vol. 5, 1972, pp. 629-641.
4. Raines, J. K., Jaffrin, M. Y., und Shapiro, A. H., "A Computer Simulation of Arterial Dynamics in the Human Leg," Journal of Biomechanics, Vol. 7, 1972, pp. 77-91.
5. Mozersky, D. J., Sumner, D. S., Hokanson, D. E., und Strandness, D. E., "Transcutaneous Measurement of the Elastic Properties of the Human Femoral Artery," Circulation, Vol. 46, 1972, pp. 948-955.
6. Young, D. F., und Tsai, F. Y., "Flow Characteristics in Models of Arterial Stenosis - II. Unsteady Flow," Journal of Biomechanics, Vol. 6, 1973, pp. 547-559.
7. Young, D. F., "Fluid Mechanics of Arterial Stenoses," ASME Journal of Biomechanical Engineering, Vol. 101, 1979, pp. 157-175.
8. Porenta, G., "A Computer Based Feasibility Analysis of Assessing Arterial Flow Using Pulsatility Indices," MS Thesis, Iowa State University, 1982.

REGLERSYNTHESE IM ZUSTANDSRAUM
FÜR EIN BIOLOGISCHES EINFACHSYSTEM

Werner Blohm, Bremen
Dietmar Möller, Mainz
Vaclav Pohl, Bremen

Zusammenfassung. Für die Applikation eines blutdruckbeeinflussenden Medikamentes wird das optimale Infusionsprofil bestimmt. Dazu wird das biologische System durch ein mathematisches Modell 5. Ordnung nachgebildet und ein Regler entworfen, der das Infusionsprofil liefert. Das Syntheseverfahren arbeitet im OFF-Line-Betrieb.

Summary. The optimal infusion rate for drug application to influence the arterial blood-pressure is evaluated. The biological System is imitated by a fifth order mathematical model. A controller is designed with respect to the boundary condition of an optimal infusion rate. The procedure of synthesis is done OFF-line.

1. Einführung

Der Organismus eines Lebewesens hält die für ihn relevanten Größen wie z.B. den Blutdruck innerhalb eines bestimmten Bereiches nahezu konstant. Wird dieser Bereich als Folge einer Erkrankung nicht eingehalten, versucht man durch Applikation geeigneter Medikamente den wünschenswerten Sollzustand wieder zu erreichen. Um z.B. den Blutdruck optimal vom aktuellen Zustand auf einen Sollzustand zu führen, ist es notwendig das diesbezügliche Medikament nach einem bestimmten Infusionsprofil zu applizieren. Dieses Infusionsprofil wird durch eine Infusionsregelung gewonnen, welche nach der modernen Methode der Reglersynthese im Zu - standsraum entworfen wurde. Sie bietet folgende Vorzüge:

- Betrachtung im Zeitbereich
- durch Eigenwertvorgabe ist jedes beliebige Übertragungsverhalten realisierbar
- das Verfahren ist auch auf Mehrfachsysteme übertragbar.

Ausgehend von den Ergebnissen in [1] u.[2] wurden folgende Forderungen, welche die Regelung zu erfüllen hat, definiert:

- Blutdruckverlauf ohne Überschwingen
- schnellstmögliches Erreichen des Blutdrucksollzustands
- kein negativer Wert für die Infusionsgeschwindigkeit.

2. Systemanalyse

Das Gefäßsystem als Teil des Herzkreislaufsystems soll in seinem dynamischen Verhalten durch ein mathematisches Modell nachgebildet werden.
Das Verhalten des Systems ist auf Grund tierexperimenteller Daten bekannt. Sie wurden an einem rechteckförmigen Infusionsprofil gewonnen,
was Bild 1 zeigt.

<u>Infusionsverlauf</u>   <u>Blutdruckverlauf</u>

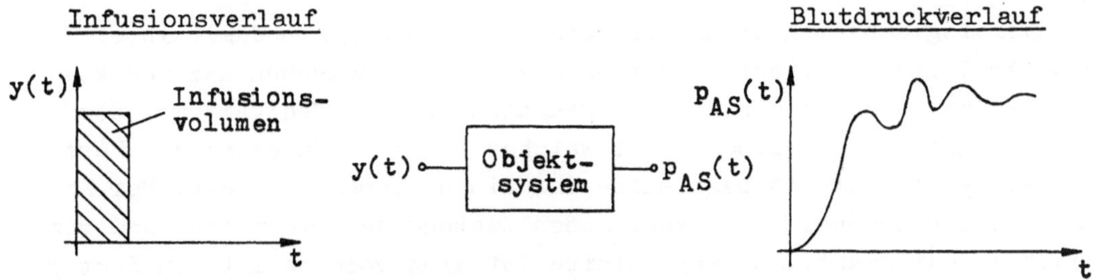

Bild 1   Dynamisches Verhalten des Objektsystems

Die Reaktion des Problemmodells auf die Infusion muß der Reaktion des
biologischen Systems entsprechen. Die experimentell ermittelten Blut-
druckdaten des zu analysierenden Systems weisen auf ein Schwingverhal-
ten hin, wobei auf zwei sich überlagernde Schwingungen geschlossen werden kann. Ein schwingfähiges System fordert konjugiert komplexe Eigenwerte bzw. Pole für das Problemmodell. Da ein integrales Verhalten aus
später noch darzulegenden Gründen notwendig ist, wurde die Ordnung des
Problemmodells mit n = 5 gewählt.

Kennzeichnend für die dynamischen Eigenschaften eines Systems sind die
Eigenwerte der Systemmatrix $\underline{A}$ bzw. die Pole der Übertragungsfunktion
G(s). Zur mathematischen Beschreibung des Problemmodells wurde die
Übertagungsfunktion im Laplace-Bereich gewählt, die später in die vor-
teilhafte Regelungsnormalform überführt wird.

$$G(s) = \frac{P_{AS}(s)}{Y(s)} = \frac{b_o}{s^5 + \underline{a}^T \underline{s}} \tag{1}$$

Wenn man zwei konjugiert komplexe Polpaare voraussetzt, ergibt sich
aus Gleichung (1):

$$G(s) = \frac{k\,\omega_1^2\,\omega_2^2}{s(s^2 + 2d_1\omega_1 s + \omega_1^2)(s^2 + 2d_2\omega_2 s + \omega_2^2)} \tag{2}$$

mit: $d_1,\ d_2$ = Dämpfungen der Schwingungen
      $\omega_1,\ \omega_2$ = Eigenfrequenzen der Schwingungen
      k = Verstärkungsfaktor.

Es sind somit 5 Parameter zu identifizieren, wobei die in [3] dargestellte Ausgangsfehlermethode angewandt wurde.

Die Simulation des Blutdruckverhaltens mit dem entwickelten Problemmodell unter Zugrundelegung der identifizierten Parameter ergab eine
gute Übereinstimmung zwischen den tierexperimentellen Blutdruckwerten
und der Ausgangsgröße des Problemmodells. Der relative Fehler betrug
2,7%.

Die physiologische Bedeutung der beiden Schwingungen - damit ihrer
Parameter d und ω - liegt in der Wechselwirkung zwischen dem Medikament (Aktion) und dem Organismus (Reaktion auf das Medikament). Der
Verstärkungsfaktor k gibt an, mit welcher Blutdruckänderung das Herz-
kreislaufsystem auf ein bestimmtes Infusionsvolumen reagiert. Der Parameter k ist abhängig vom dynamischen Zustand des Organismus und vom
gewählten Medikament. Das applizierte Infusionsvolumen ist dem Faktor
k umgekehrt proportional.

3. Reglersynthese

Die Reglersynthese im Zustandsraum ist nur anwendbar, wenn das zu re-
gelnde System steuerbar ist. Das in Abschnitt 2. entwickelte System erfüllt diese Voraussetzung.

Bekannt ist, daß der Nenner der Übertragungsfunktion (1) das dynamische
Verhalten des Problemmodells dominant bestimmt. Soll durch Zustandsregelung des Modells ein, durch folgende Funktion beschriebenes Übertragungsverhalten erzielt werden,

$$G_R(s) = \frac{b_o}{s^5 + \underline{\alpha}^T \underline{s}} = \frac{Z(s)}{N(s)} \tag{3}$$

dann muß man, um (1) in (3) überführen zu können, einen Vektor $\underline{r}_R$ ein-
führen für den gilt:

$$\underline{r}_R = \underline{\alpha} - \underline{a} . \tag{4}$$

Mit der Voraussetzung, daß der Blutdrucksollzustand ohne Überschwingen
erreicht werden soll, wird für $N(s)$ eine 5-fache reelle Nullstellte s_1
gewählt:

$$N(s) = (s - s_1)^5 \tag{5}$$

Aus Stabilitätsgründen muß gelten: $s_1 < 0$.
Aus (5) kann durch Koeffizientenvergleich mit (3) der Vektor $\underline{\alpha}$ bestimmt werden. Mit (4) kann der Vektor $\underline{r}_R$ dann berechnet werden.

Im Zustandsraum gelten folgende Beziehungen in Regelungsnormalform:

$$\dot{\underline{x}}_R(t) = \underline{A}_R\underline{x}_R(t) + \underline{b}_R\, y(t) \tag{6}$$

$$p_{AS}(t) = \underline{c}_R^{\,T}\, \underline{x}_R(t) \tag{7}$$

$$\underline{A}_R = \begin{bmatrix} \underline{0} & \underline{I}_{n-1} \\ \hline & -\underline{a}^T \end{bmatrix} \qquad \underline{b}_R^{\,T} = [0,0,0,0,1]$$

$$\underline{c}_R^{\,T} = [b_0,0,0,0,0]$$

Die Elemente des Vektors $\underline{x}_R(t)$ sind die inneren Zustandsgrößen des Problemmodells. Durch den Vektor $\underline{r}_R$ wird eine Rückführung dieser Zustände auf den Modelleingang vorgenommen, was Bild 2a zeigt.

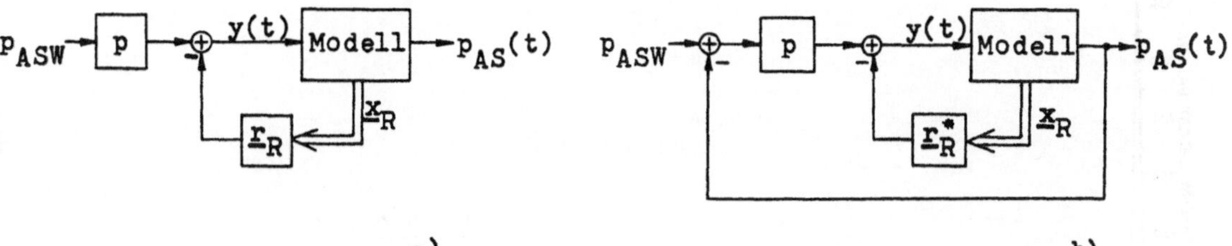

p : Korrekturfaktor $\qquad$ p_{ASW} : Blutdrucksollzustand

Bild 2   Allgemeine Struktur der Zustandsregelung für Systeme mit einer Eingangsgröße

Um Ein- und Ausgangsgröße miteinander zu vergleichen, ist es notwendig, eine Systemrückführung, wie in Bild 2b dargestellt, zu realisieren. Mit diesem Soll-Istzustands-Vergleich erhält man die realisierte Regelkreisausführung. Der Rückführungsvektor $\underline{r}_R$ hat sich durch die Rückkopplung um einen additiven Anteil verändert.

Das Übertragungsverhalten der Zustandsregelung nach Bild 2b wird durch folgende Übertragungsfunktion beschrieben:

$$G_R^*(s) = \frac{P_{AS}(s)}{P_{ASW}(s)} = p\,\frac{b_0}{s^5 + \underline{\alpha}^T\underline{s}} \tag{8}$$

Durch mathematisches Umformen kann aus (8) folgende Funktion gewonnen werden:

$$Y(s) = p\,\frac{s^5 + \underline{a}^T\underline{s}}{s^5 + \underline{\alpha}^T\underline{s}}\; \Delta P(s) \tag{9}$$

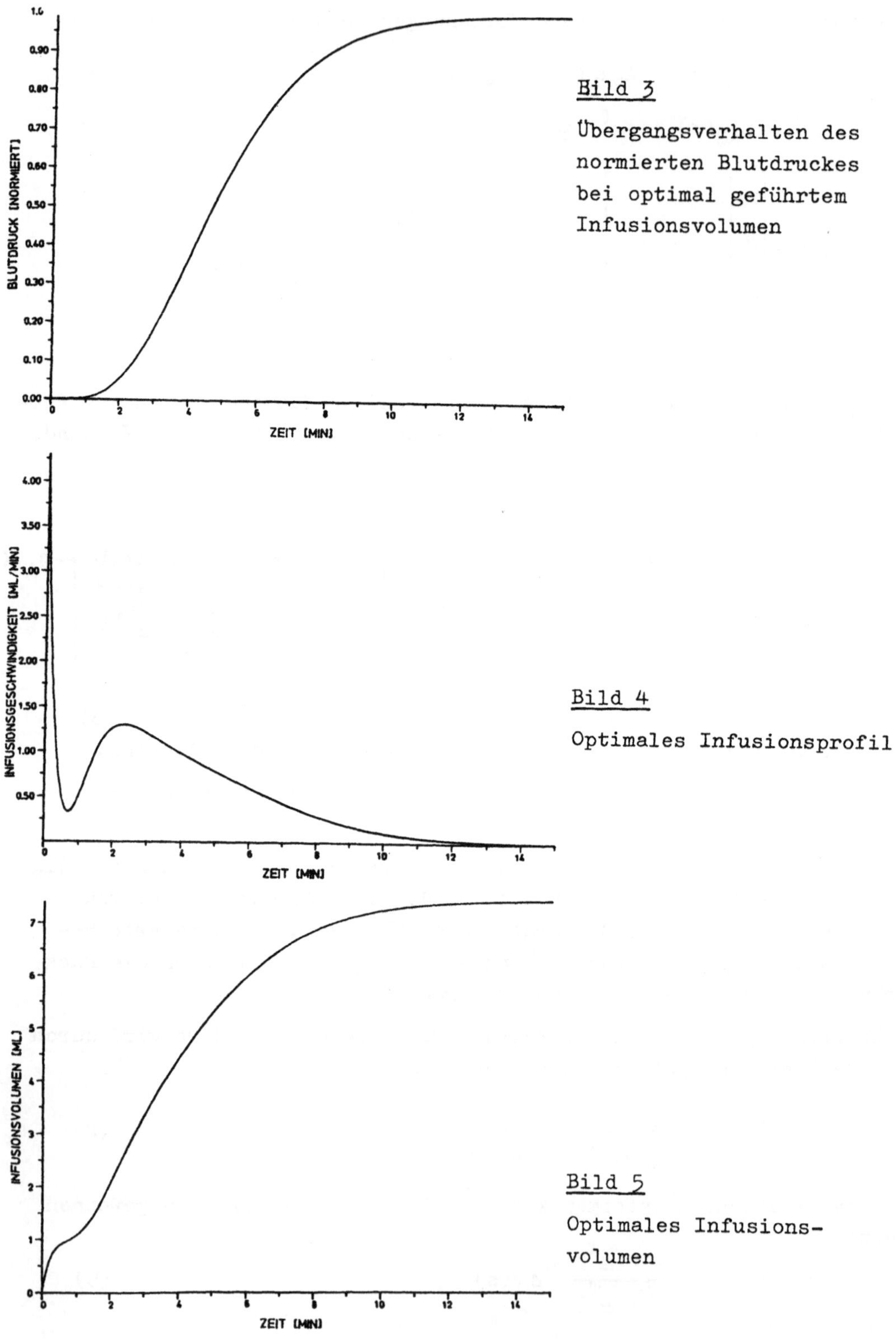

<u>Bild 3</u>

Übergangsverhalten des
normierten Blutdruckes
bei optimal geführtem
Infusionsvolumen

<u>Bild 4</u>

Optimales Infusionsprofil

<u>Bild 5</u>

Optimales Infusions-
volumen

$\varDelta P(s)$ ist die Laplace-Transformierte der Differenz zwischen Blutdruck-soll- und -anfangszustand. Wird der Grenzwertsatz der Laplace-Transformation [4] auf (9) angewandt, läßt sich nachweisen, daß das Infusions-volumen (Zeitintegral über y(t)) für Modelle mit integralem Verhalten dem Wert k umgekehrt proportional ist.

Die Zustandsregelung wurde mit einer gewählten Polstelle $s_1 = -1\,\frac{1}{min}$ simuliert. Im folgenden sind der Blutdruckverlauf (Bild 3), das Infu-sionsprofil (Bild 4) und der Verlauf des Infusionsvolumens (Bild 5) dargestellt. Es ist zu erkennen, daß die Regelung die Forderungen - kein Überschwingen des Blutdruckes und kein negativer Wert für die Infusionsgeschwindigkeit - erfüllt.

4. Abschließende Bemerkungen

Die mit der Regelung gewonnenen Infusionsprofile weisen technisch rea-lisierbare Werte für die Infusionsgeschwindigkeit und deren zeitliche Änderung auf. Die Regelung kann sowohl eine Blutdruckerhöhung als auch Blutdruckminderung bewirken.

Die Forderung nach schnellstmöglichem Einregeln des Blutdruckes vom An-fangs- auf den Sollzustand konnte nicht gelöst werden. Dazu ist eine Extremwertuntersuchung der komplexen Funktion $y(t,s_1)$ (gewonnen durch Rücktransformation von (9)) nötig, was Gegenstand weiterer Arbeit ist.

Nachteilig bei dem vorgestellten Verfahren sind die langwierige Be-stimmung sowohl des Problemmodells als auch dessen Kennwerte. Über-dies ist stets eine Testinfusion erforderlich.

5. Literatur

[1] H. Müller, M. Strauch: Eine blutdruckgesteuerte Infusionsmaschi-ne: Technischer Aufbau und tierexperimentelle Erfahrung. Zeit-schrift für Biologie, Bd. 116 (1969), 288-298

[2] R. Pilats: Entwurf einer adaptiven Regelung zur Steuerung des Blutdruckes mit Medikamenten. Studienarbeit TH Darmstadt, In-stitut für Regelungstechnik, 1976

[3] V. Pohl, D. Möller, W. Blohm: Kennwertermittlung eines biologi-schen Einfachsystems mittels Ausgangsfehlermethode. (Publiziert im vorliegenden Tagungsband), 1984

[4] Ö. Föllinger: Laplace-und Fourier-Transformation, Elitera Verlag, Berlin, 1977

[5] V. Pohl, W. Blohm, D. Möller: Entwurf einer adaptiven Regelung zur medikamentenabhängigen Steuerung des mittleren arteriellen Blutdruckes. Projektarbeit Universität Bremen, 1983, Fachbereich Elektrotechnik.

IDENTIFIKATION UND OPTIMIERUNG

Bei der Systemanalyse biologischer Prozesse ist die Anwendung von Parameterschätzverfahren, welche z.B. die Bestimmung der Messung in vivo nicht zugänglicher rele-
vanter Größen wie der Dehnbarkeit des Gefäßsystems mittels sogenannter Modellabgleichverfahren ermöglichen, von Bedeutung. Darüber hinaus ist auch eine Optimierung
des Funktionszustandes des realen biologischen Systems bei dessen Störung im Sinne
einer rechnerassistierten Therapie von Interesse.

Die Beiträge des Themenbereiches Identifikation und Optimierung des 1.Ebernburger
Gespräches sind nachfolgend zusammengefaßt.

G.Thiele, D.Möller, D.Popović
Probleme bei der Schätzung der Parameter eines nichtlinearen Modells des
physiologisch geschlossenen kardiovaskulären Systems

H.Pessenhofer, G.Schwaberger, N.Sauseng, T.Kenner
Identifikation eines einfachen Modells der Laktatproduktion und Laktatkinetik
bei körperlicher Arbeit

M.Neugebauer
Parameterschätzung bei nichtlinearen Differentialgleichungssystemen und
Anwendung auf ein Glucose-Insulin-Regulations-Modell

G.Pabst
Parameteroptimierung in CSMP

S.S.Hacisalihzade
Optimierung der Medikamenten-Dosierung mit Hilfe der Simulation am Beispiel
des Parkinsonismus

V.Pohl, D.Möller, W.Blohm
Kennwertermittlung eines biologischen Einfachsystems mittels Ausgangsfehlermethode

PROBLEME BEI DER SCHÄTZUNG DER PARAMETER EINES
NICHTLINEAREN MODELLS DES PHYSIOLOGISCH
GESCHLOSSENEN KARDIOVASCULÄREN SYSTEMS

G. Thiele, D. Möller, D. Popović, Bremen und Mainz

Zusammenfassung. Die Identifizierbarkeit der Compliance-Parameter in
einem nichtlinearen Modell des physiologisch geschlossenen Kardiovasculären Systems wird an Hand von Simulationsdaten des "wahren Modells"
und unter Verwendung der Methode der kleinsten Ausgangsfehler-Quadra-
te zur System-Identifikation untersucht. Die zu erwartende Varianz
der Parameter-Schätzwerte wird in Abhängigkeit von der Meßfehler-Varianz sowie von den Parameter-Empfindlichkeiten des Ausgangs des
Identifikations-Modells untersucht.

Summary. The identifiability of the compliance-parameters in a nonlinear model of the physiologically closed cardiovascular system will
be examined using "true-model" simulation data and the method of out-
put-error least-squares for system-identification. Furthermore, the
expected variance of the estimated parameters as a function of the
variance of the measurements and of the parameter-sensitivities of
the output of the identification-model will be examined.

1. Einführung

Die Anwendung der Methoden der System-Identifikation und Parameterschätzung auf Biomedizinische Systeme ist in den letzten Jahren auf
verstärktes Interesse gestoßen /BEKE78, VANS83/. Die System-Identifikation wird z.B. als Teilaufgabe im iterativen Prozeß der Modellbildung solcher Systeme benötigt, um unbekannte Modell-Parameter zu ermitteln bzw. zu validieren. Sie kann ein wichtiges diagnostisches
Hilfsmittel sein, wenn eine zuverlässige Schätzung in vivo nicht meß-
barer Parameter, wie z.B. die Dehnbarkeit der Aorta im Fall der Arte-
riosklerose /MÖLL82/, möglich ist. Ein Maß für die Genauigkeit der
Parameter-Schätzwerte ist, bei grundsätzlich gesicherter physiologischer Aussagefähigkeit der Modell-Parameter, die Varianz der Schätzwerte, u.a. in Abhängigkeit von der Meßfehler-Varianz /BARD74, GROV80/.

Nach kurzer Vorstellung des den Untersuchungen zugrunde liegenden
nichtlinearen Modells des physiologisch geschlossenen Kardiovaskulären System /MÖLL81/ und Diskussion der grundlegenden Eigenschaften
des verwendeten Identifikations-Verfahrens wird die Identifizierbarkeit der Compliance-Parameter sowie deren Schätzfehler-Varianz in Ab-

hängigkeit von der Anzahl der zu schätzenden Parameter und dem gewählten Abtast-Schema untersucht.

2. Mathematisches Modell

Das den Untersuchungen zugrunde liegende Modell kann mathematisch in Form eines Systems von nichtlinearen Zustands-Differentialgleichungen

$$\dot{\underline{x}} = \underline{f}(\underline{x},\underline{u},z,\underline{\theta} = \underline{\theta}_s) \tag{1a}$$

$$y = x_1 \tag{1b}$$

beschrieben werden /MÖLL81/. Körper- und Lungenkreislauf sind dabei jeweils durch die hydromechanische Reihenschaltung eines rein arteriell elastischen, eines rein resistiven und eines rein kapazitiv venösen Abschnittes nachgebildet. Die ersten 4 Komponenten des Zustandsvektors

$$\underline{x} := [PAS, PVS, PAP, PVP, \cdot] \tag{1c}$$

sind die mittleren Drücke in den arteriellen und venösen Abschnitten des Körper- und Lungenkreislaufs. Der Vektor

$$\underline{u} := [HF, RA]^T \tag{1d}$$

charakterisiert die Eingangsgrößen Herzfrequenz HF und peripherer Widerstand RA des vaskulären Systems , über die der mittlere arterielle Blutdruck x_1=PAS im Barorezeptor-Reflexbogen geregelt ist.
Zum Zwecke der Identifikation wird das System mit einer ergometrischen Last EW erregt, die in Gleichung (1a) als Stör-Eingangsgröße z=EW berücksichtigt ist.
In $\underline{\theta}$ sind im hieruntersuchten Fall die zu identifizierenden Compliance-Parameter CASN, KCVS, KCAP und KCVP in den nichtlinearen Druck-Volumen-Beziehungen zusammengefaßt /MÖLL82, MÖLL83/, deren "wahrer" Wert durch $\underline{\theta}_s$ repräsentiert wird.

In Bezug auf die imfolgenden Abschnitt erläuterte Identifikations-Aufgabe beschreibt das Modell (1a,b) ein Einfachsystem mit der Eingangsgröße z=EW und Ausgangsgröße y=PAS.

3. System-Identifikation

3.1 Identifikations-Aufgabe

Als grundlegende Identifikations-Voraussetzung wird nun angenommen,
daß die Struktur des im vorigen Abschnitt vorgestellten Modells für
den p-dimensionalen Parametervektor $\underline{\Theta}_s$ das reale System hinreichend
genau beschreibt. In diesem Sinne wird (1a,b) "wahres Modell" und
$\underline{\Theta}_s$ "wahrer Parametervektor" genannt. Das wahre Modell ist dabei dadurch charakterisiert, daß seine Ausgangsgröße y mit der, der Messung
nicht direkt zugänglichen, unverrauschten Ausgangsgröße des realen Systems übereinstimmt (Bild 1). Die meßbare System-Ausgangsgröße wird
zur leichteren begrifflicheren Unterscheidung mit $y_{Meß}$ bezeichnet.

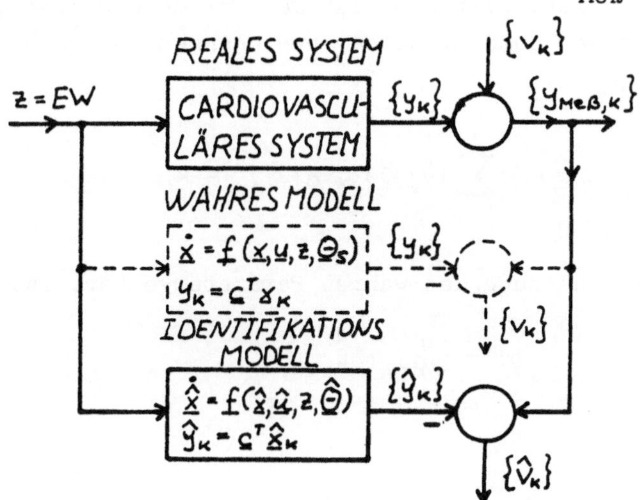

Bild 1 Zusammenhänge zwischen Realem System,
"Wahrem Modell" und Identifikations-Modell

Ein Grundprinzip der System-Identifikation ist es nun, das Ein/Aus-
gangsverhalten eines Identifikationsmodells, das die gleiche Struk-
tur wie das wahre Modell hat und dessen Parametervektor $\hat{\underline{\Theta}}$ einstell-
bar ist, durch geeignetes Verstellen von $\hat{\underline{\Theta}}$ mit dem Ein/Ausgangsver-
halten des wahren Modells in Übereinstimmung zu bringen. Die Über-
prüfung der Übereinstimmung ist allerdings nur durch Vergleich des
Ausgangs $\hat{y}(\hat{\underline{\Theta}})$ des Identifikationsmodells mit dem durch den Meßfehler v verfälschten Ausgang des realen Systems $y_{Meß}=y+v$ möglich, und
zwar bei Einsatz eines Prozeßrechners auch nur zu diskreten Abtast-
zeitpunkten. Es ist also nur der Vergleich der Folgen $\{\hat{y}_k(\hat{\underline{\Theta}})\}$ und
$\{y_{Meß,k}\}$ möglich. Die Differenz (Bild 1)

$$\hat{v}_k(\hat{\underline{\Theta}}) := y_{Meß,k} - \hat{y}_k(\hat{\underline{\Theta}}) \tag{2}$$

kann als eine Schätzung des tatsächlichen Ausgangsfehlers v_k in dem Sinne aufgefaßt werden, daß für $\hat{\underline{\theta}} = \underline{\theta}_s$ gilt:

$$\hat{v}_k(\hat{\underline{\theta}} = \underline{\theta}_s) = v_k \tag{3}$$

Die Übereinstimmung von $\{\hat{v}_k\}$ mit $\{v_k\}$ kann nicht überprüft werden, da $\{v_k\}$ unbekannt ist. Es kann also z.B. nur versucht werden, der Folge $\{\hat{v}_k\}$ gewisse bekannte statistische Kenngrößen von $\{v_k\}$ aufzuprägen /SCHN79/, für stationäres Meßrauschen etwa dessen Erwartungswert $\mathcal{E}\{v\}$ und dessen Varianz σ_v^2. Unter der Voraussetzung, daß $\{v_k\}$ stationär und weiß ist, gilt nun, daß der Parametervektor $\hat{\underline{\theta}} = \hat{\underline{\theta}}^N_{Min}$, für den die Summe der quadratischen Abweichungen von $\hat{v}_k(\hat{\underline{\theta}})$ von $\mathcal{E}\{v\}$ minimal ist, d.h.

$$J(\hat{\underline{\theta}}) = \sum_{k=1}^{N} (\hat{v}_k(\hat{\underline{\theta}}) - \mathcal{E}\{v\})^2 \to \text{Min}, \tag{4}$$

eine konsistente Schätzung des wahren Parametervektors ist, d.h.

$$\text{plim}_{N\to\infty} \hat{\underline{\theta}}^N_{Min} = \underline{\theta}_s \tag{5}$$

mit

$$\text{plim}_{N\to\infty} \frac{1}{N} J(\hat{\underline{\theta}}^N_{Min}) = \sigma_v^2 \quad . \tag{6}$$

Für den Fall $\mathcal{E}\{v\} = 0$ erhält man aus (4), unter Benutzung von (2), das Fehlerkriterium der kleinsten Ausgangsfehlerquadrate in der bekannteren Form

$$J(\hat{\underline{\theta}}) = \sum_{k=1}^{N} \hat{v}_k^2(\hat{\underline{\theta}}) = \sum_{k=1}^{N} (y_{Meß,k} - \hat{y}_k(\hat{\underline{\theta}}))^2 \to \text{Min} \quad . \tag{7}$$

3.2 Identifizierbarkeit

Ein Parameter $\underline{\theta}$ wird an der Stelle $\underline{\theta}_s$ lokal identifizierbar genannt, wenn $y(\underline{\theta}) \neq y(\underline{\theta}_s)$ für alle $\underline{\theta} \neq \underline{\theta}_s$, wenn also $y(\underline{\theta})$ von $y(\underline{\theta}_s)$ für $\underline{\theta} \neq \underline{\theta}_s$ unterscheidbar ist /GREW76/. Notwendig und hinreichend dafür, daß ein lineares bzw. linearisiertes wahres Modell an der Stelle $\underline{\theta} = \underline{\theta}_s$ identifizierbar ist, ist es, daß für die p-zeilige Jacobische Matrix der

Komponenten des Vektors der Markov-Parameter $\underline{\hat{G}}(\underline{\theta})$

$$\text{Rang}\left[\frac{\partial\,\underline{\hat{G}}(\underline{\theta}_s)}{\partial\,\underline{\theta}}\right] = p \tag{8}$$

gilt /GREW76/. Die Analyse von (8) ist, insbesondere bei linearisiertem mathematischem Modell,meist sehr aufwendig. Die Unterscheidbarkeit des Modellausgangs kann aber auch dadurch geprüft werden, daß untersucht wird, ob das Fehlerfunktional $J(\underline{\hat{\theta}})$ für $y_{Meß} = y$, also im unverrauschten Fall, an der Stelle $\underline{\theta}_s$ ein eindeutiges Minimum hat /BELL70, GREW76/. Zur Feststellung der Identifizierbarkeit kann man deshalb so vorgehen, daß unter Verwendung rauschfreier Simulationsdaten des wahren Modells anstelle der Meßdaten versucht wird, die Parameter zu identifizieren. Falls die Parameter identifizierbar sind, muß sich als Identifikationsergebnis der wahre Parametervektor ergeben. Die Identifikation muß allerdings u.U. mehrfach für verschiedene, ggf. im Abstand $\|\underline{\hat{\theta}}_o - \underline{\theta}_s\|$ verringerte, Anfangswerte $\underline{\hat{\theta}}_o$ wiederholt werden, um lokale Minima auszuschließen.

3.3 Varianz der Schätzwerte

Trotz guter Übereinstimmung der Ausgangsgrößen von System und Identifikationsmodell kann die Schätzfehler-Varianz der identifizierten Parameter zu groß sein, um, z.B. im Fall physiologisch signifikanter Größen wie den Dehnbarkeiten des Gefäßsystems, auf Grund der Schätzwerte relevante Aussagen machen zu können. Im folgenden wird gezeigt, wie ,wiederum mit Hilfe von Simulationsdaten, Aussagen über den Schätzfehler gemacht werden können /BARD74, GROV80/. Zu diesem Zweck wird die Änderung der Lage des Minimums des Fehlerfunktionals (7) für den Fall vorhandenen Meßrauschens gegenüber dem rauschfreien Fall untersucht, für den das Fehlerfunktional (7) den Wert

$$J(\underline{\hat{\theta}}=\underline{\theta}_s,\ \underline{y}_{Meß}=\underline{y}) = \underline{\hat{v}}^T(\underline{\theta}_s,\underline{y}) \cdot \underline{\hat{v}}(\underline{\theta}_s,\underline{y}) = 0 \tag{9}$$

annimmt. In (9) wurden $y_{Meß,k}$, y_k und $\hat{v}_k$, $k=1,N$, je zu entsprechenden Vektoren zusammengefaßt. Für Änderungen $\Delta\underline{\hat{\theta}}$ der Parameter und $\Delta\underline{y}_{Meß} = \underline{v}$ der Meßwerte ergibt sich für die geschätzten Ausgangsfehler $\underline{\hat{v}}$ nach (2)

$$\underline{v}(\underline{\hat{\theta}}=\underline{\theta}_s+\Delta\underline{\hat{\theta}},\underline{y}_{Meß} = \underline{y} + \underline{v}) = \underline{y}+\underline{v}-\underline{\hat{y}}(\underline{\theta}_s+\Delta\underline{\hat{\theta}}) \ . \tag{10}$$

Bei Annahme kleiner Änderungen $\Delta\hat{\underline{\theta}}$ und $\Delta\underline{y}_{Meß}$ kann man mit

$$\hat{\underline{y}}(\underline{\theta}_s+\Delta\hat{\underline{\theta}}) \approx \underline{y}(\underline{\theta}_s) +\left(\frac{\partial\hat{\underline{y}}^T(\underline{\theta}_s)}{\partial\hat{\underline{\theta}}}\right)^T\Delta\hat{\underline{\theta}} = \underline{y} +\left(\frac{\partial\hat{\underline{y}}^T(\underline{\theta}_s)}{\partial\hat{\underline{\theta}}}\right)^T\Delta\underline{\theta} : \tag{11}$$

anstelle von (10)

$$\hat{\underline{v}}(\underline{\theta}_s+\Delta\hat{\underline{\theta}},\underline{y}+\underline{v}) \approx \underline{v} -\left(\frac{\partial\hat{\underline{y}}^T(\underline{\theta}_s)}{\partial\hat{\underline{\theta}}}\right)^T\Delta\hat{\underline{\theta}} \tag{12}$$

verwenden. Für die Verschiebung $\Delta\hat{\underline{\theta}}^N_{Min}$ des Minimums, die,unter Verwendung von (12), durch die notwendige Bedingung

$$\underline{0}= \frac{\partial}{\partial\Delta\hat{\underline{\theta}}} \left\{ J(\underline{\theta}_s+\Delta\hat{\underline{\theta}},\underline{y}+\underline{v})\right\} = 2\cdot\left(- \frac{\partial\hat{\underline{y}}^T(\underline{\theta}_s)}{\partial\hat{\underline{\theta}}}\right)[\underline{v}-\left(\frac{\partial\hat{\underline{y}}^T(\underline{\theta}_s)}{\partial\hat{\underline{\theta}}}\right)^T\Delta\hat{\underline{\theta}}] \tag{13}$$

bestimmt ist, erhält man mit der Definition für die $(N \times p)$- Empfindlichkeitsmatrix

$$\underline{\underline{S}}_{\hat{\underline{\theta}}}^{\hat{\underline{y}}} := \left(\frac{\partial\hat{\underline{y}}^T}{\partial\hat{\underline{\theta}}}\right)^T=\left[\left(\frac{\partial\hat{y}_j}{\partial\hat{\theta}_i}\right)_{ij}\right]^T , \tag{14}$$

den Erwartungswert

$$\mathcal{E}\{\Delta\hat{\underline{\theta}}^N_{Min}\} = \underline{0} \tag{15}$$

und, unter der Annahme $\mathrm{cov}(\underline{v}) = \sigma^2_v \cdot \underline{I}$, die Kovarianzmatrix

$$\mathrm{cov}(\Delta\hat{\underline{\theta}}^N_{Min}) \approx \left[\left(\underline{\underline{S}}_{\hat{\underline{\theta}}}^{\hat{\underline{y}}}(\underline{\theta}_s)\right)^T \underline{\underline{S}}_{\hat{\underline{\theta}}}^{\hat{\underline{y}}}(\underline{\theta}_s)\right]^{-1} \sigma^2_v . \tag{16}$$

<u>Bemerkung:</u> Falls die Determinante der zu invertierenden Matrix in (16) klein ist, d.h. falls die Vektoren der Empfindlichkeiten zweier Komponenten $\hat{y}_k$ und $\hat{y}_l$ bezüglich $\hat{\underline{\theta}}$ an der Stelle $\underline{\theta}_s$ "fast" linear abhängig sind, ist aufgrund von (16) zu erwarten, daß die Komponenten von $\underline{\theta}_s$ nur mit großer Varianz geschätzt werden können.

4. Identifikations-Ergebnisse

4.1 Minimisierungs-Verfahren

Es kann zweckmäßig sein, für die Minimisierung des Fehlerfunktionals
zunächst ein Verfahren zu verwenden, das bezüglich der Voraussetzungen zu seiner Anwendbarkeit möglichst wenigen Einschränkungen unterworfen ist. In diesem Fall sind die heuristischen bzw. direkten Suchverfahren den Gradientenverfahren vorzuziehen. Die Untersuchungen
werden deshalb hier mit den Verfahren nach Powell und nach Rosenbrock
/AOKI71/ durchgeführt. Das Powell-Verfahren, das die in der Nähe des
Minimums näherungsweise quadratische Form des Fehlerfunktionals durch
Suche in konjugierten Richtungen ausnutzt, erweist sich im Falle un-
verrauschter Daten, also z.B. im Falle der Identifizierbarkeits-Un-
tersuchungen, als geeignet. Falls keine Identifizierbarkeit festgestellt werden kann, empfiehlt sich die Überprüfung dieses Ergebnisses
durch zusätzliche Anwendung eines weiteren Verfahrens, z.B. des Ro-
senbrock-Verfahrens, in dem auch auf einfache Weise Parameterbe-
schränkungen berücksichtigt werden können und das sich im Falle verrauschter Daten oft als robuster erwiesen hat.

4.2 Identifizierbarkeit

Als Grundlage der numerischen Untersuchungen wurden unverrauschte Simulationsdaten des wahren Modells, d.h. im vorliegenden Fall auf 4
Dezimalen nach dem Komma gerundete PAS-Werte, für den Fall einer
sprungförmigen Belastung $z = EW = 100\,[W]$ über ein Identifikationsin-
tervall von $100\,[s]$ verwendet. An Hand zweier Datensätze von jeweils
$N = 21$ Abtastwerten des gleichen Simulationslaufs, jedoch mit unterschiedlichem Abtast-Schema (Sampling-Schedule) SS I bzw. SS II
(Bild 2), wurde die gemeinsame Identifikation der vier Compliance-
Parameter (CASN, KCVS, KCAP, KCVP) und die Identifikation von jeweils 3 dieser Parameter durchgeführt. Im Datensatz SS I wurden die
Abtastungen zu äquidistanten Zeitpunkten vorgenommen, im Datensatz
SS II wurde im Teilintervall Os - 25s von zusätzlich 5 Abtastwerten,
im Teilintervall 50s-100s dafür von 5 Abtastwerten weniger, jeweils
in Symmetrie zu den ursprünglichen Abtastzeitpunkten, ausgegangen.
Es zeigt sich, daß sich jeweils 3 Compliance-Parameter problemlos
identifizieren lassen (Tabelle 1a), wenn man hier von der Identifikationszeit absieht. Dies gilt prinzipiell für beide Datensätze, allerdings ist die Identifikationszeit bei Verwendung des Datensatzes
SS I i.a. deutlich größer. Die simultane Identifikation aller 4 Compliance-Parameter stößt auf erhebliche numerische Schwierigkeiten,
da das Fehlerfunktional in der Nähe des Minimums über dem Parameter-

raum sehr flach verläuft. Bei Beschränkung der Schrittwerte für die
lineare Suche nach unten zur Vermeidung von "Festiterieren" durch nu-
merische Fehler und bei wesentlich verringertem Abstand $\| \hat{\underline{\theta}}_o - \underline{\theta}_s \|$
ist es jedoch möglich, mit dem Powell-Verfahren, trotz"schleichender"
Annäherung an das Minimum, simultane Identifizierbarkeit aller 4
Compliance-Parameter nachzuweisen (Tabelle 1b). Mit dem Rosenbrock-
Verfahren kann das Minimum bei gleicher Anzahl der Simulationen
deutlich noch nicht erreicht werden.

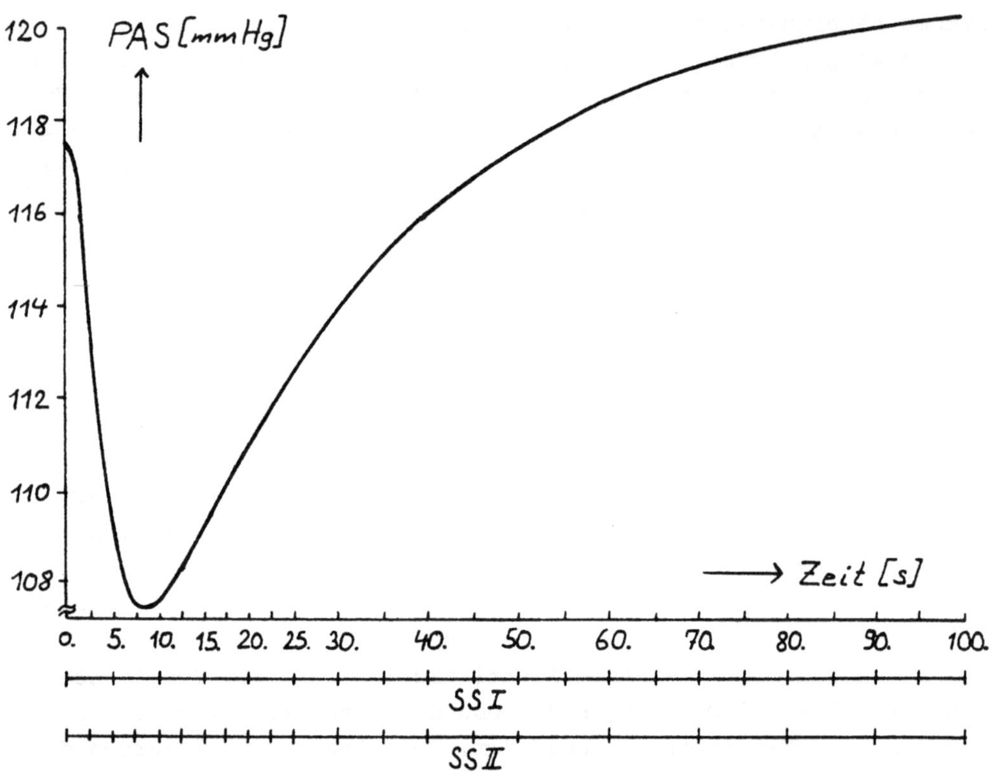

Bild 2   Sprungantwort von PAS für z = 100[W] und verwendete
Abtast-Schemata SSI (äquidistant) und SSII.

4.3 Varianz der Schätzwerte

Um einen ersten Überblick über den Einfluß der Meßfehler auf die Varianz der   Parameter-Schätzwerte zu bekommen, wurde die Identifikation mit den auf 1 Dezimale nach dem Komma gerundeten Simulations-
Daten (Tabelle 1c) wiederholt. Nimmt man für das "Meßrauschen" durch
Rundung Unkorreliertheit und Gleichverteilung zwischen -0,05 und

	Parameter	CASN	KCVS	KCAP	KCVP	$J(\hat{\underline{\theta}})$	Simulationen
	$\hat{\underline{\theta}}_s$	1.5	371.25	34.361	43.486	0.1064E-6	–
	$\hat{\underline{\theta}}_o$	5.	300.	20.	–	0.5279E1	
	$\hat{\underline{\theta}}^N_{Min}$	1.5	371.16	34.37	–	0.1395E-6	362
a)	$\hat{\underline{\theta}}_o$	0.5	300.	–	30.	0.8041E0	
	$\hat{\underline{\theta}}^N_{Min}$	1.5	371.24	–	43.48	0.1039E-6	677
	$\hat{\underline{\theta}}_o$	–	400.	20.	30.	0.2521E0	
	$\hat{\underline{\theta}}^N_{Min}$	–	371.36	34.38	43.50	0.1321E-6	390
b)	$\hat{\underline{\theta}}_o$	1.63	355.67	28.82	38.82	0.1460E-3	
	$\hat{\underline{\theta}}^N_{Min}$	1.50	371.21	34.36	43.48	0.9942E-7	1041
c)	$\hat{\underline{\theta}}_o$	5.	300.	20.	–	0.5360E1	
	$\hat{\underline{\theta}}^N_{Min}$	1.60	396.42	30.72	–	0.8589E-2	242

Tabelle 1 Identifikationsergebnisse: a) $\sigma_v^2 \approx 0$, p=3, SS II, Powell-Verfahren; b) $\sigma_v^2 \approx 0$, p=4, SS II, Powell-Verfahren, c) $\sigma_v^2 \approx 10^{-3}$, p=3, SS II modifiziert, Rosenbrock-Verfahren; CASN [ml/mm Hg], KCVS, KCAP, KCVP [ml]

+ 0,05 an, so ergibt sich für die Varianz der Meßfehler $\sigma_v^2 \approx 10^{-3}$. In Tabelle 2 sind die gemäß (16) berechneten Standardabweichungen der Komponenten von $\Delta\hat{\underline{\theta}}^N_{Min}$ für die modifizierten Datensätze SS I und SS II und für verschiedene Parameterkombinationen angegeben.

CASN	KCVS	KCAP	KCVP
0·10	–	–	–
0·10	2·90	–	–
0·10	2.99	1.34	–
0.25	11.16	6.13	5.31

a)

CASN	KCVS	KCAP	KCVP
0.062	–	–	–
0·083	9·17	–	–
0.094	12.80	1·76	–
0.176	24.85	5·75	5·60

b)

<u>Tabelle 2</u> Standard-Abweichungen der Compliance-Parameter gemäß(16) für $\sigma_v^2 = 10^{-3}$ und die Datensätze SS I(a) und SS II(b); CASN [ml/mmHg] ,KCVS, KCAP, KCVP [ml].

Die Abweichungen $\Delta\hat{\underline{\theta}}_{Min}^N$ von $\underline{\theta}_S$ in Tabelle 1c) liegen in der Größenordnung der doppelten geschätzten Standard-Abweichungen (Tabelle 2b). Die günstigeren Ergebnisse für den Datensatz SS I (Tabelle 1a) ließen sich nicht bestätigen. Tatsächlich kann man von (16) auch nur eine größenordnungsmäßige Orientierung erwarten, da vorausgesetzt war, daß kleine Meßfehler zu kleinen Schätzfehlern führen.

Wenn, wie im realen Fall, $\underline{\theta}_S$ nicht bekannt ist, sondern nur ein Bereich für den wahren Parameter angenommen werden kann, so muß die obige Analyse u.U. über ein Gitter von Punkten in diesem Parameterbereich durchgeführt werden.

5. Schlußbermerkung

Es wurde gezeigt, wie unabhängig von den Einflüssen möglicher Modellierungsfehler an Hand von unverrauschten Simulationsdaten die Identifizierbarkeit und die zu erwartende Genauigkeit der Parameter-Schätzwerte rechnerunterstützt untersucht werden kann. Bei zu großen Schätzfehler-Varianzen trotz geringer Meßfehlervarianz kann man, wie im vorliegenden Fall, aufgrund von (16) vermuten, daß hierfür zu geringe Parameter-Empfindlichkeiten von $\hat{y}(\hat{\underline{\theta}})$ bzw. Abhängigkeiten der Spalten der Empfindlichkeitsmatrix (14) verantwortlich sind. Die Verbesserung der Schätzgenauigkeit der Compliance -Parameter ist Gegenstand unserer weiteren Forschungsarbeit.

6. Literatur

/AOKI71/ Aoki, M.: Introduction to Optimization Techniques.
          Mc Millan Comp., 1971.

/BARD74/ Bard, Y.: Nonlinear Parameter Estimation
          Academic Press, 1974.

/BEKE78/ Bekey, G.A. and J.E.W. Beneken: Identification of Biologi-
          cal Systems: a Survey, Automatica 14, 1978, pp. 41-47.

/BELL70/ Bellmann, R. and K.J. Aström: On Structural Identifiability
          Math. Biosc. 7, 1970, pp. 329-339.

/GREW76/ Grewal, M.S. and K. Glover: Identifiability of Linear and Non-
          linear Dynamical Systems. IEEE Trans. AC-21, 1976,
          pp. 833-837.

/GROV80/ Grove, T.M., G.A. Bekey and L.J. Haywood: Analysis of errors
          in parameter estimation with application to physiological
          systems. Am. J. Physiol. 239, 1980, pp. R 390-R 400.

/MÖLL81/ Möller, D.: Ein geschlossenes nichtlineares Modell zur Si-
          mulation des Kurzzeitverhaltens des Kreislaufsystems und
          seine Anwendung zur Identifikation, Springer, 1981.

/MÖLL82/ Möller, D. und W.K.R. Barnikol: Ein nichtlineares mathema-
          tisches Simulationsmodell des Kardiovasculären Systems zur
          nichtinvasiven Bestimmung der Gefäßdehnbarkeit. Funkt. Biol.
          Med. 1, 1982, pp. 183-187.

/MÖLL83/ Möller, D., D. Popović and G. Thiele: Modelling, Simulation
          and Parameter-Estimation of the Human Cardiovascular System
          Vieweg, 1983.

/SCHN79/ Schneider, G.: Identifikation bei geringer Störgrößeninfor-
          mation. Regelungstechnik 27, 1979, pp. 110-117.

/VANS83/ Vansteenkiste, G.C. and P.C. Young (Eds.): Modelling and
          Data Analysis in Biotechnology and Medical Engineering.
          North-Holland, 1983.

Identifikation eines einfachen Modells der Laktatproduktion und Laktatkinetik bei körperlicher Arbeit

H. Pessenhofer, G. Schwaberger, N. Sauseng, T. Kenner, Graz

Zusammenfassung. Zur Erfassung des Übergangs von der aeroben auf die anaerobe Gewinnung von Stoffwechselenergie bei Körperarbeit ist eine detaillierte Kenntnis der Laktatproduktion im Muskel und des Laktattransports in die Blutbahn wichtig. Da die beschreibenden Parameter direkter Messung schwer zugänglich sind, wird ein systemanalytischer Ansatz zu ihrer Bestimmung herangezogen. Ausgehend von einem einfachen mathematischen Modell für Laktatproduktion und Laktatkinetik (Kompartmentmodell) werden die freien Modellparameter durch Vergleich mit experimentellen Daten über ein Parameteridentifikationsverfahren geschätzt.

Summary. For an evaluation of the transition of muscle energy-metabolism during physical work from the aerobic to the anaerobic pathway, information about lactate-production and lactate-transport in the circulating blood is a prerequisite. Because direct measurement of the characterizing parameters is difficult to perform, a systems-analysis approach is chosen for determination. Basing on a simple mathematical model of lactate-production and lactate-kinetics (compartmental model) the free model parameters are estimated by comparison of experimental and model results via a parameter identification procedure.

Einleitung

Im Bereich der Leistungsphysiologie sowie der Sport- und Arbeitsmedizin stellt die Erfassung des Energiestoffwechsels des körperlich tätigen Menschen ein zentrales Thema dar. Für die Beurteilung der Leistungsfähigkeit eines Probanden oder der Beanspruchung des Organismus durch eine bestimmte Arbeitsform ist die Kenntnis des relativen Anteiles des beiden wichtigsten Energiebereitstellungsmechanismen - aerobe Energiegewinnung durch Oxidation von Nährstoffen bei mäßigen Belastungen bzw. anaerobe Energiegewinnung bei hohen Intensitäten - an einer bestimmten vorgegebenen Leistung eine notwendige Voraussetzung. In der Praxis wird hiefür die Konzentration des bei der anaeroben Energiegewinnung als Endprodukt anfallenden Laktats im Blut als Indikator herangezogen. Die aktuelle Laktatkonzentration im Blut wird von drei Vorgängen bestimmt: der Laktatfreisetzung aufgrund des Muskelmetabolismus, dem Transport des im Muskel gebildeten Laktats in das zirkulierende Blut und von der Elimination über den Abbau in der ruhenden Muskulatur, in der Leber und im Herzmuskel. Die Parameter, die zur Charakterisierung dieser Vorgänge und damit für die Interpretation bestimmter Laktatkonzentrationen im Blut im vorhin genannten Sinne von Bedeutung sind, wie auch teilweise die Details der physiologischen Prozesse sind jedoch einer direkten Messung nur schwer zugänglich, sodaß eine quantitative Beurteilung problematisch erscheint.

Es war das Ziel dieser Arbeit, über einen systemanalytischen Ansatz einerseits zu adäquaten Modellen der physiologischen Prozesse zu gelangen, anderseits die Parameter der eingesetzten Modelle über ein Identifikationsverfahren zu schätzen und somit auf untraumatische Weise am Menschen relevante Aussagen über die Laktatproduktion und die Laktatkinetik zu erhalten.

Methodik

Die Datenbasis für die Systemidentifikation lieferten die experimentellen Ergebnisse einer Gruppe von 12 Radrennfahrern, die am Fahrradergometer untersucht wurden. Das vorgegebene Protokoll der Belastung, das allen folgenden Berechnungen zugrunde liegt, bestand in einem linearen, stufenförmigen Belastungsanstieg, beginnend mit 50 W bei einer Steigerungsrate von je 50 W alle 3 Minuten. Blutabnahmen zur Laktatbestimmung (enzymatisch-photometrische Halbmikromethode) wurden in Ruhe, alle 3 Minuten während der Belastung und in der 3., 6., 10., 15. und 30. Minute nach Belastungsabbruch wegen Erschöpfung durchgeführt.

Zur Beschreibung des Transports des gebildeten Laktats vom Skeletmuskel ins Blut und der daraus erfolgenden Elimination (Laktatkinetik) wird eine 2-Kompartmentdarstellung verwendet, bestehend aus einem Bildungskompartment (entsprechend der arbeitenden Skeletmuskulatur) und einem zentralen (Meß-) Kompartment (entsprechend dem zirkulierenden Blut) (Abbildung 1). Die Laktatproduktion, die der Einfachheit halber als Potenzfunktion der Zeit angesetzt wird, findet ausschließlich im Bildungskompartment Y1 statt. Der Transportprozeß wird durch die Parameter K1 und K3 charakterisiert, wobei alternativ zwei Transportprozesse überprüft wurden: "freie Diffusion" (bzw. Konvektion) und "restringierte Diffusion". Die Elimination, repräsentiert durch den Parameter K2 erfolgt ausschließlich aus dem Kompartment Y2. Dieses eben skizzierte

KOMPARTMENT-MODELL

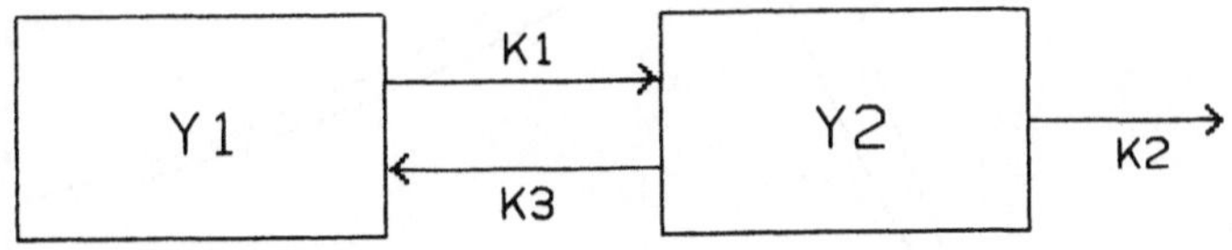

Abbildung 1: Kompartmentmodell zur Charakterisierung der Laktatkinetik

Modell wird durch ein System von 2 gekoppelten Differentialgleichungen mit 5 freien Parametern (freie Diffusion) bzw. 4 freien Parametern (restringierte Diffusion) und mit den entsprechenden Anfangsbedingungen beschrieben (Tabelle 1).

```
DIFFERENTIALGLEICHUNGEN

FREIE DIFFUSION:

dY1/dt = -K1*Y1 + K3*Y2 + P(t)
dY2/dt = K1*Y1 - K3*Y2 - K2*Y2

RESTRINGIERTE DIFFUSION:

dY1/dt = -K1(Y1)*Y1 + K1(Y1)*Y2 + P(t)
dY2/dt = K1(Y1)*Y1 - K1(Y1)*Y2 - K2*Y2
K1(Y1) = K1/(1+Y1/Yschw)
Yschw = const. = 8 [mmol/l]

LAKTATPRODUKTION

P(t) = AO * t^EXP.          Ta<t<Te
```

Tabelle 1:
Modellgleichungen für Laktatkinetik und Laktatproduktion

Zur Simulation des Systems wurden, unter Annahme von physiologisch vernünftigen Parametersätzen und unter Einbeziehung der experimentellen Rand- bzw. Anfangsbedingungen (Belastungsdauer, Ruhe-Laktatkonzentration etc.), die Differentialgleichungen

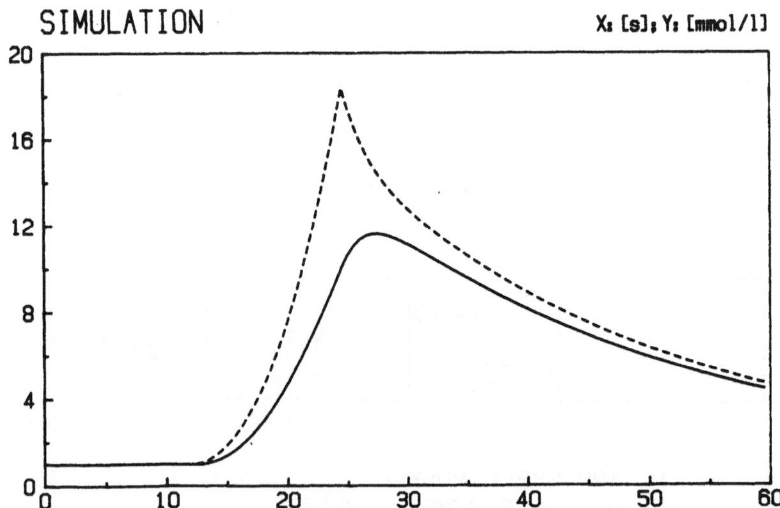

Abbildung 2: Modellsimulation unter Verwendung eines "mittleren" Parametersatzes. Konzentrationsverlauf im Muskelkompartment (strichliert) und im Blutkompartment (durchgezogen)

mittels RUNGE-KUTTA-Verfahrens 4. Ordnung integriert. Abbildung 2 zeigt ein Simulationsbeispiel, dem ein "mittlerer" Parametersatz des Kollektivs zugrunde gelegt wurde. Die strichlierte Kurve stellt den Konzentrationsverlauf im Muskel-, die durchgezogene Kurve jenen im Blutkompartment dar.

Bei der Identifikation des Modells wird, ausgehend von einer Rohschätzung für die freien Parameter, vom Rechner die Laktat-Zeit-Funktion des realen Systems (experimentelle Daten) mit der Modellsimulation auf der Basis eines "least-square-Kriteriums" verglichen. Durch sequentielle Veränderung der einzelnen Modellparameter in diskreten Schritten nach einer modifizierten "grid-search-Prozedur" wird jener Parametersatz gesucht, für den die Kriteriumsfunktion ein Minimum erreicht. Dieser Parametersatz des Modells kann dann als Schätzwert für die entsprechenden Parameter des realen Systems gelten.

Ergebnisse

Zur Demonstration der Modellanpassung an die experimentellen Daten zeigt Abbildung 3 die Gegenüberstellung einer experimentell ermittelten Laktat-Zeit-Funktion mit dem aufgrund der identifizierten Parameter simulierten Modellverlauf am Beispiel des Ansatzes einer "restringierten Diffusion". Die Anpassung mit dem Ansatz einer "freien Diffusion" führt zu qualitativ ähnlichen Ergebnissen. Tabelle 2 gibt eine Übersicht über die Gruppenmittelwerte der geschätzten Modellparameter unter Verwendung des Modells mit "freier Diffusion", Tabelle 3 stellt die Parametermittelwerte für den Fall der "restringierten Diffusion" dar. In beiden Fällen liegen die Parameter,

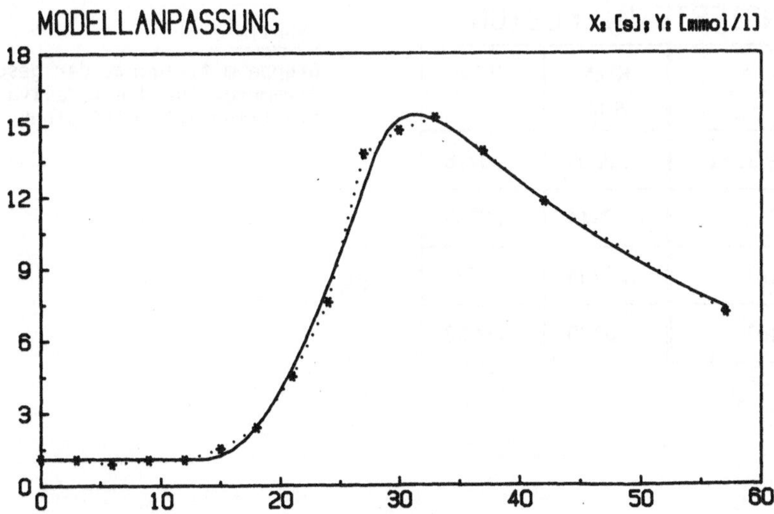

Abbildung 3: Gegenüberstellung von Versuchsdaten (durch "Sterne" markiert) und Modellsimulation mit den geschätzten Parametern (durchgezogene Kurve)

die die Laktatelimination charakterisieren (K2), nahe beisammen. Hinsichtlich der Produktionsparameter (AO, Exponent) und der Invasionsparameter (K1 bzw. K3) sind - wie nicht anders zu erwarten - beträchtliche Unterschiede festzustellen, die auf die differente Modellstruktur zurückgeführt werden müssen.

FREIE DIFFUSION

	MEAN N=12	SDEV
AO [mmol/l.min]	.8034	.2438
EXPONENT	.6030	.0099
K1 [1/min]	.2037	.0397
K2 [1/min]	.0794	.0103
K3 [1/min]	.2033	.0504

Tabelle 2:

Gruppenmittelwerte der geschätzten Parameter für die Modellvariante "freie Diffusion"

Der minimale Kriteriumswert, bei dem die Suche im Parameterraum abgebrochen wurde, ist im Mittel für den Ansatz der "restringierten Diffusion" kleiner.

RESTRINGIERTE DIFFUSION

	MEAN N=12	SDEV
AO [mmol/l.min]	.2255	.0726
EXPONENT	1.2344	.0235
K1 [1/min]	1.0734	.6824
K2 [1/min]	.0790	.0056

Tabelle 3:

Gruppenmittelwerte der geschätzten Parameter für die Modellvariante "restringierte Diffusion"

Diskussion

Das Identifikationsverfahren unter Verwendung der skizzierten Modelle von Laktatproduktion und -kinetik konvergierte in allen Fällen, sodaß die Parameterschätzung immer möglich war. Die Kriteriumsfläche dürfte im Bereich physiologisch vertretbarer

Variationsintervalle unimodal sein, da durch die Wahl extremer Startwerte in keinem Fall ein wesentliches Abweichen vom einmal gefundenen Parametersatz festgestellt werden konnte. Zur Identifikation wurde bewußt einem einfachen Modell der Vorzug gegeben, um einerseits eine definierte Rückinterpretation der Simulationsergebnisse zu gewährleisten und um anderseits eine bessere Absicherung der Parameterschätzung im vorliegenden Datenmaterial zu erreichen. Die für beide Modellvarianten aus den Eliminationsparametern (K2) zu errechnenden Eliminationshalbwertszeiten bewegen sich in dem aus der Literatur bekannten Bereich {2,4,8], bei den Invasionsparametern (K1 bzw. K3) liegen im Fall der "freien Diffusion" keine entsprechenden Literaturangaben vor, die für die "restringierte Diffusion" geschätzten Invasionsparameter entsprechen von der Größenordnung her den von Tierversuchen bekannten Werten [4]. Der bei der Variante der "freien Diffusion" erhaltene Exponent für den Zeitverlauf der Laktatproduktion (0.6030) ist schwer interpretierbar, da aus physiologischen Gründen ein Wert größer als 1 anzunehmen wäre [9], dem der bei der "restringierten Diffusion" geschätzte Exponent (1.2344) entspricht. Aus diesem Grund und aus der Tatsache, daß die Variante der "restringierten Diffusion" eine bessere Anpassung an die experimentellen Daten ergab (Kriteriumswert kleiner), scheint die Hypothese einer "restringierten Diffusion" als Transportprozeß eher plausibel. Der im vorgestellten Modell verwendete globale Ansatz für die Laktatproduktion müßte bei zukünftigen Studien sicherlich detaillierter formuliert werden, ebenso wie eine mögliche Elimination aus dem Bildungskompartment Berücksichtigung finden sollte.

Es hat sich im Rahmen dieser Untersuchung jedoch gezeigt, daß der Einsatz von mathematischen Modellen und die Anwendung von Systemidentifikationsverfahren ein ausgezeichnetes Werkzeug zur Erfassung und Quantifizierung von physiologischen Vorgängen darstellt, die der direkten Messung schwer oder überhaupt nicht zugänglich sind, und es wäre zu hoffen, daß derartigen Verfahren mehr Raum in der medizinischen Grundlagenforschung zugewiesen wird.

<u>Literatur</u>

[1] EYKHOFF,P.: System Identification - Parameter and State Estimation. J. Wiley & Sons Inc., New York-London-Sidney 1974

[2] FREUND,H., GENDRY,P.: Lactate Kinetics After Short Strenuous Exercise in Man. Eur. J. Appl. Physiol. 39, 123-135 (1978)

[3] FREUND,H., ZOULOUMIAN,P.: Lactate After Exercise in Man: I. Evolution Kinetics in Arterial Blood. Eur. J. Appl. Physiol. 46, 121-133 (1981)

[4] HIRCHE,H., LANGOHR,H.D., WACKER,U.: Die Milchsäurepermeation aus dem Skeletmuskel. Pflügers Arch. Suppl. 319, R 109 (1970)

[5] JOHNSON,K.J.: Numerical Methods in Chemistry. Marcel Dekker Inc., New York-Basel 1980

[6] JORFELDT,L., JUHLIN-DANNFELT,A., KARLSSON,J.: Lactate Release in Relation to Tissue Lactate in Human Skeletal Muscle During Exercise. J. Appl. Physiol. 44 (3), 350-352 (1978)

[7] KARLSSON,J., JACOBS,I.: Onset of Blood Lactate Accumulation During Muscular
     Exercise as a Threshold Concept. Int. J. Sports Med. 3, 190-201 (1982)

[8] MADER,A., HECK,H., FÜHRENBACH,R., HOLLMANN,W.: Das statische und dynamische
     Verhalten des Laktats und des Säure-Basen-Status im Bereich niedriger
     bis maximaler Azidosen bei 400- und 800-m-Läufern bei beiden Geschlechtern
     nach Belastungsabbruch. Dtsch. Z. Sportmed. 30, 203-211 und 249-261 (1979)

[9] MARGARIA,R., CERETELLI,P., MANGILI,F.: Balance and Kinetics of Anaerobic
     Energy Release During Strenuous Exercise in Man. J. Appl. Physiol. 19,
     623-628 (1964)

[10] PALETTA,B., ESTELBERGER,W., POROD,G.: System Identification of the Control
     of Gluconeogenesis in the Intact Organism Under Condition of Long-Term-
     Stress. J. Math. Biol. 11, 143-153 (1981)

[11] PESSENHOFER,H., SCHWABERGER,G., SAUSENG,N.: Determination of the Individual
     Aerobic-Anaerobic Transition on the Basis of a Model of Lactate Kinetics.
     Pflügers Arch. Suppl. 392, R 82 (1982)

[12] PESSENHOFER,H., SCHWABERGER,G., SAUSENG,N., KENNER,T.: Laktatkinetik und
     aerob-anaerober Übergang bei ausdauertrainierten Sportlern. in: HECK,H.
     et al. (Hrsg.) Sport: Leistung und Gesundheit, 157-162, Dtsch. Ärzte
     Verlag, Köln 1983

[13] ZOULOUMIAN,P., FREUND,H.: Lactate after Exercise in Man: II. Mathematical
     Model. Eur. J. Appl. Physiol. 46, 135-147 (1981)

Parameterschätzung bei nichtlinearen Differentialgleichungssystemen und Anwendung auf ein Glucose-Insulin-Regulations-Modell

Meinhard Neugebauer, Düsseldorf

Zusammenfassung: Bei der Modellbildung zur Beschreibung biologischer Prozesse werden in vielen Fällen Differentialgleichungssysteme mit nichtlinearen Elementen verwandt. Eine analytische Lösung für die Funktionsverläufe ist damit nicht möglich; die in das Modell einfließenden Parameter müssen mit numerischen Methoden geschätzt werden. Am Beispiel eines mathematischen Modells zur Glucose-Insulin-Regulation unter Berücksichtigung der Wirkung eines Antidiabetikums wird die Schätzung von sieben in das Modell eingehenden Parametern dargestellt.

Summary: Systems of nonlinear differential equations are often necessary in modelling biological processes. In general an analytical solution is not available and the model parameters must be estimated numerically. In this paper such a model of glucose insulin regulation under the influence of an antidiabeticum is presented; the 7 parameters involved are estimated.

1. Einleitung

Komplexe biologische Systeme werden vielfach mit Hilfe von Differentialgleichungssystemen modelliert. Da die eingehenden biologischen Prozesse im allgemeinen nichtlinearer Natur sind, lassen sich diese Gleichungen nicht mehr analytisch lösen; bei der Entwicklung eines mathematischen Modells ist man aus diesem Grunde auf die numerische Integration der Differentialgleichungen angewiesen. Simulationen für verschiedene Modellannahmen machen eine qualitative Überprüfung des Modells möglich. Aus solchen Rechnungen wird ein Modell mit einer minimalen Anzahl von Parametern entwickelt, das jedoch die Beobachtungen noch ausreichend beschreibt. In einem weiteren Schritt können dann die Modellparameter mit Hilfe von Least-Square-Methoden geschätzt werden. Dargestellt wird die Entwicklung des Modells eines komplexen biologischen Regelsystems an der Glucose-Insulin-Regulation.

In (1) - (4) sind Modelle dieser Regulation beschrieben, die entweder der Quantifizierung des oralen Glucosetoleranztestes dienen oder die Insulinsekretion der Bauchspeicheldrüse bei Tierexperimenten beschreiben. Das im folgenden dargestellte Modell beschreibt die Regulation unter Berücksichtigung der Wirkung eines Pharmakons, das die Insulinausschüttung verstärkt.

2. Verfahren der Parameterschätzung

Zur Simulation des Modells wurde ein FORTRAN IV Programm entwickelt, das die zeitlichen Konzentrationsverläufe für verschiedene Modellparametersätze und unterschiedliche Dosierungen von Glucose und Insulin berechnet und grafisch darstellt.
Für die Schätzung der in das Modell eingehenden Parameter werden im allgemeinen Least-Square-Verfahren verwendet. Hierbei ist bei jedem Iterationsschritt des Minimierungsprogramms die numerische Lösung des Differentialgleichungssystems erforderlich. Sehr umfangreiche Gleichungssysteme sind zu integrieren, wenn beim benutzten Minimierungsprogramm der Gradient berechnet werden muß, da hierbei sogenannte Sensitivitätsgleichungen (d.h. Ableitungen der Differentialgleichungen nach den zu schätzenden Parametern) zu den eigentlichen Modellgleichungen hinzu gefügt werden müssen. Es ist daher sinnvoll, ein gradientenfreies Verfahren bei der Schätzung der Parameter zu verwenden. Das BMDP-Statistik-Programm-Paket bietet zur Lösung solcher Probleme ein ableitungsfreies Minimierungsprogramm mit einem effizienten Integrationsprogramm an (BMDPAR) (7,8). Das Programm BMDPAR benutzt zur Least-Square-Schätzung ein modifiziertes Gauss-Newton-Verfahren und zur Integration den Runge-Kutta-Algorithmus. Bei der Parameterschätzung für das im folgenden beschriebenen Modell wurden zunächst nur Teile des Parametersatzes jeweils einzeln ermittelt, um gute Startwerte für die endgültige Anpassung an die Daten zu erhalten. Mit diesen Werten für die Parameter wurden dann alle Parameter gleichzeitig geschätzt.

3. Daten

Das Datenmaterial stammt aus einer Bioverfügbarkeitsstudie, bei der zwei Präparate mit dem Wirkstoff Glibenclamid von zwei verschiedenen Herstellern verglichen wurden. Glibenclamid ist ein Pharmakon, das bei Typ II-Diabetikern die verminderte Insulinausschüttung verstärkt. Die Applikation erfolgte unter standardisierten Bedingungen an sieben stoffwechselgesunden Probanden jeweils für Präparat 1, Präparat 2 und einmal ohne Medikament in randomisierter Reihenfolge; zum Zeitpunkt 0 wurde das Medikament mit einem Glas Orangensaft eingenommen und 30 bis 60 Minuten später wurde gefrühstückt. Gemessen wurden innerhalb der ersten 4 Stunden die Konzentration von Glibenclamid, Glucose und Insulin zu 7 Zeitpunkten.

4. Modell

Zur Beschreibung der gemessenen Konzentrationsverläufe muß zunächst ein Modell der Glucose-Insulin-Regulation entwickelt und weiterhin mit der Konzentration des Pharmakons gekoppelt werden. Für Simulationen muß zusätzlich noch die Pharmakokinetik von Glibenclamid bekannt sein (5,6).
Die Regulation des Insulin-Glucose-Spiegels im menschlichen Organismus ist ein komplexer Vorgang, der über viele biochemische Reaktionen abläuft und durch viele Einflußgrößen (Enzyme, Hormone) gesteuert wird.

Eine Darstellung aller einzelnen Reaktionen würde ein zu umfangreiches Modell ergeben, deshalb ist für die geplante Anwendung eine starke Vereinfachung erforderlich (Abb. 1 und 2)(3)

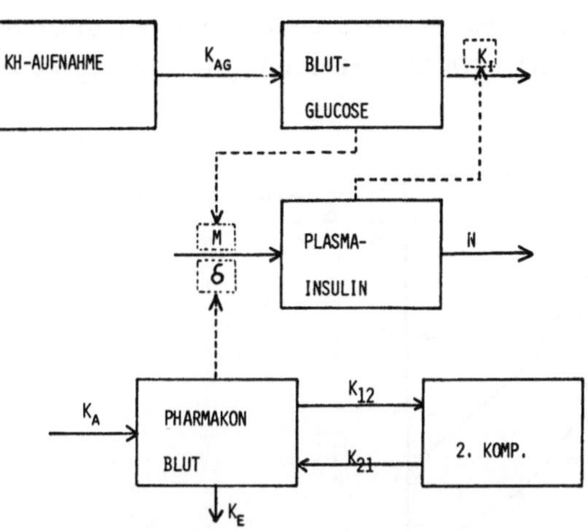

Abb. 1   Glucose-Insulin-Regulations-Modell mit Pharmakoneinfluß

$$\dot{G} = - K_I \cdot I + K_{AG} \cdot G_{IN} + V_{GG}$$

$$\dot{I} = (F+M)\cdot G - N \cdot I + V_{II}$$

$$\dot{G}_{IN} = - K_{AG} \cdot G_{IN}$$

$$K_{AG} = K_{AG} \text{ FÜR } T > T_{IG}$$

$$0 \quad \text{FÜR } T < T_{IG}$$

$$V_{GG} = K_I \cdot I_U$$

$$V_{II} = N \cdot I_U - M \cdot G_U$$

$$F = \delta C$$

G	: BLUTGLUCOSE KONZENTRATION
I	: PLASMAINSULINKONZENTRATION
G_{IN}	: KH-AUFNAHME
K_{AG}	: KH-ABSORTPION
K_I	: GLUCOSEELIMINATION
M	: INSULINAUSSCHÜTTUNGSRATE
N	: INSULINELIMINATION
δ	: PHARMAKON-WIRKUNG
G_U	: BLUTGLUCOSE NÜCHTERN
I_U	: PLASMAINSULIN NÜCHTERN

Abb. 2   Differentialgleichungssystem für das Modell

5. Simulation und Parameterschätzung

In Abb. 3a sind die gemessenen Konzentrationsverläufe einer Person bei oraler Applikation des Medikaments dargestellt. Im Vergleich dazu erfolgte eine Simulation des gleichen Vorgangs mit dem einfachen Modell (Abb. 3b). Zum Zeitpunkt 0 wurde die Applikation des Pharmakons mit einer kleinen Kohlenhydratgabe und zum Zeitpunkt 60 Minuten als Frühstück eine größere KH-Gabe angenommen. Abb. 3a und b zeigen, daß mit diesen einfachen Modellannahmen qualitativ gleiche Funktionsverläufe erzeugt werden können. So steigt die Glucosekonzentration nach Einnahme des Medikaments zunächst an, fällt dann aber gegenphasig zur provozierten Insulinausschüttung (wie bei den gemessenen Kurven) wieder stark ab. Im Gegensatz dazu erhöht sich bei einer einfachen Glucosebelastung (wie z.B. beim OGTT) die Konzentration gleichphasig (siehe Abb. 4a).

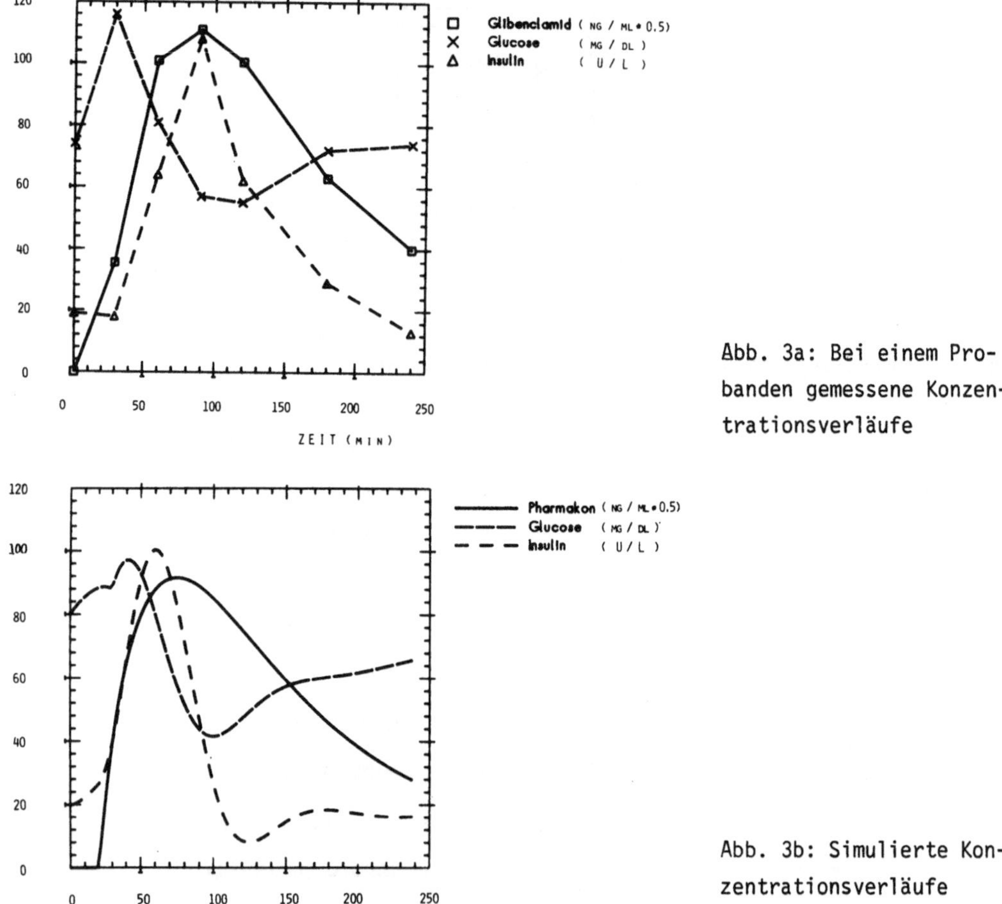

Abb. 3a: Bei einem Probanden gemessene Konzentrationsverläufe

Abb. 3b: Simulierte Konzentrationsverläufe

Bei der Anpassung der Daten an das Modell mußten 7 Parameter geschätzt werden:

G_{ino} Glucoseinput gleichzeitig mit Medikamenteinnahme

G_{inf} Glucoseinput beim Frühstück

$k_i, n, k_{ag}, m, \delta$ (siehe Abb. 2)

Ermittelt wurden diese Parameter an den Mittelwertkurven der drei Versuche.

Parameterschätzung:

	ohne Pharmakon	Pharmakon 1	Pharmakon 2
G_{ino} $(\cdot 10^4)$	0.0018 ± 0.0014	0.0043 ± 0.0029	0.0094 ± 0.0030
G_{inf} $(\cdot 10^4)$	0.0057 ± 0.0017	0.0079 ± 0.0041	0.0247 ± 0.0055
k_i	0.0178 ± 0.0047	0.0085 ± 0.0068	0.0237 ± 0.0059
n	0.0516 ± 0.0120	0.0181 ± 0.0059	0.0313 ± 0.0060
k_{ag}	0.0204 ± 0.0014	0.0064 ± 0.0070	0.0109 ± 0.0015
m	0.2170 ± 0.0550	0.0480 ± 0.0180	0.0130 ± 0.0079
δ $(\cdot 10^{-4})$	$-------------$	1.28 ± 0.27	2.00 ± 0.31

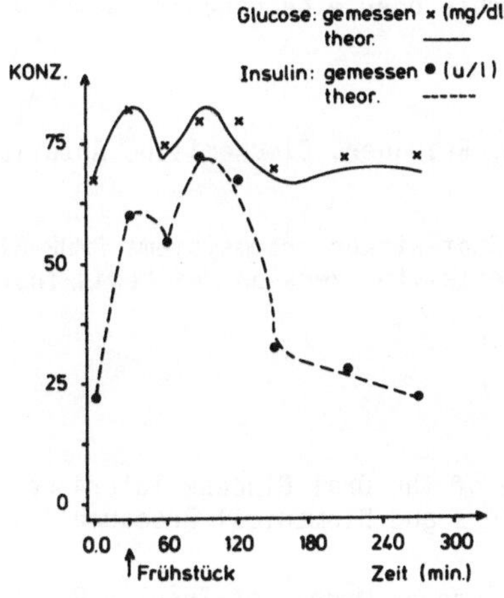

Abb. 4a: ohne Medikament

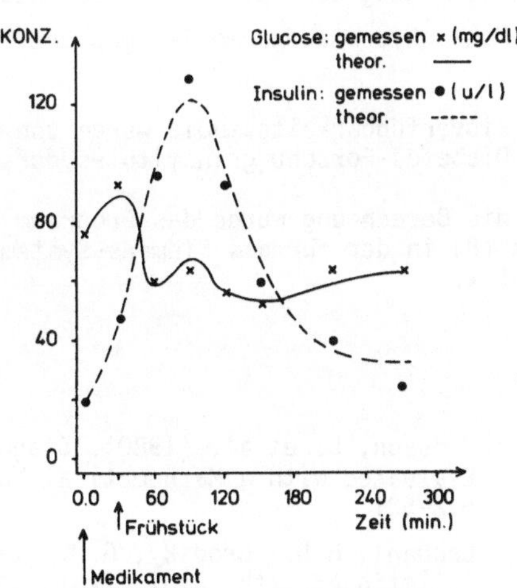

Abb. 4b: mit Medikament 1

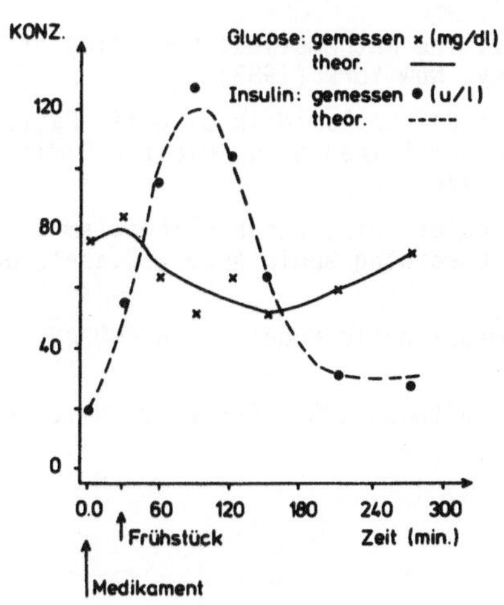

Abb. 4c: mit Medikament 2

Auch für die Einzelkurven wurden die Parameter geschätzt. Angegeben sind hier lediglich die Schätzungen für den Kopplungsparameter β ($*10^{-4}$).

Person	1	2	3	4	5	6	7
Med. 1	2.88	1.20	0.83	2.35	14.90	4.60	3.15
Med. 2	3.59	12.40	0.85	2.26	3.02	1.05	3.99

6. Schlußfolgerungen

Mit diesem einfachen Modell lassen sich die beobachteten Konzentrationsverläufe,zwischen denen bei erstem Betrachten kein direkter Zusammenhang besteht (5,6),relativ gut erklären. Die Modellparameter können bestimmt werden (5,6), und es lassen sich gute Anpassungen an die Messungen erzielen. Eine Erweiterung des Modells durch die Berücksichtigung der Auffüllrate der Bauchspeicheldrüse oder eine genauere Beschreibung der Kohlenhydrataufnahme ist geplant.

Die Bioverfügbarkeitsstudie wurde von Prof. Dr. H. Reinauer, Biochemische Abteilung des Diabetes-Forschungsinstitutes,durchgeführt.

Für die Berechnung wurde das Programm BMDPAR des Statistikprogrammsystems BMDP-81 der UCLA (8) in der für das Siemens-System BS2ooo umgestellten Version des Medis-Instituts benutzt.

(1) : Jansson, L. et al. (1980): Diagnostic Value of the Oral Glucose Tolerance Test Evaluated with a Mathematical Model, Computers and Biomedical Research 13, 512-521

(2) : Landahl, H.D., Grodsky, G.M. (1982): Comparison of Models of Insulin Release, Bulletin of math. Biol., vol. 44, no. 3, 399-409

(3) : Cobelli, C., Bergmann, R.N.: Carbohydrat Metabolism, John Wiley, Chichester, (1981)

(4) : Carson, E.R., Cobelli, C., Finkelstein, L.: The mathematical Modelling of metabolic and endocrine Systems, John Wiley, New York (1983)

(5) : Matsuda, A. et al. (1983): Plasma Levels of Glibenclamid in Diabetic Patients during its Routine Clinical Administration Determined by a Specific Radio-immunoassay, Hormon. metabol. Res. 15, 425-428

(6) : Rogers, H.J. et al. (1982), Pharmacokinetics of Intravenous Glibenclamid Investigated by a High Performance Liquid Chromotographic Assay, Diabetologia 23, 37-40

(7) : Ralston, M.L. et al. (1979): Fitting Pharmacokinetic Models with BMDPAR, BMDP Technical Report No. 58

(8) : Dixon, W.J. (Chief ed.): BMDP Statistical Software 1981, Berkeley: University of California Press (1981)

PARAMETEROPTIMIERUNG IN CSMP

Günther Pabst, Ulm

Zusammenfassung. Zur Parameteroptimierung eignen sich am ehesten die direkten Suchverfahren nach Hooke und Jeeves bzw. Bremermann, wenn es wesentlich darauf ankommt, trotz unvorhersehbarer Eigenschaften der Zielfunktion auch bei schlechten Anfangsschätzungen der Parameter mit möglichst wenigen Zielfunktionsauswertungen eine grobe Annäherung an das Optimum zu erreichen. Die Optimierung von Simulationsmodellen biologischer Regulationssysteme gehört zu dieser Problemkategorie. Es werden die Schritte dargestellt, die zu einem lauffähigen Parameteroptimierungs-Unterprogramm für die Simulationssprache CSMP führen.

Summary. For optimizing the parameters of simulation models of biological regulatory systems one needs methods that despite only very raw initial values and ill-behaved object functions achieve a rough approximation to the optimum with as few as possible evaluations of the object function. The methods of Hooke and Jeeves and of Bremermann are suited best for that purpose. The steps leading to an executable optimization subroutine for the CSMP simulation system are described.

1. Einführung

Viele der in der Biologie vorkommenden Regulationssysteme sind nur in Ansätzen bekannt, denn sie sind häufig nicht für direkte Untersuchungen zugänglich. Man kann sie aber z.B. in Simulationsmodellen nachbilden. Hat man herausgefunden, welcher von verschiedenen in Frage kommenden Regulationsmechanismen wohl am ehesten der Wirklichkeit entspricht, so ist meist der nächste Schritt die Bestimmung der Parameter der Regulationsfunktion anhand von Modellsimulationen. Im allgemeinen bieten Vertreiber von Simulationssprachen aber keine automatischen Parameterschätzverfahren an. Dies liegt wohl hauptsächlich an zwei Gründen, die im Nachfolgenden erläutert werden sollen.

2. Verfahren

Obwohl zahlreiche verschiedene Parameteroptimierungsverfahren bisher veröffentlicht wurden, eignet sich leider kein Verfahren für alle Problemarten gleich gut. Vergleichende Untersuchungen zielten meist auf eine möglichst gute Konvergenz in der Nähe eines Optimums. Bei der Anwendung z.B. auf Simulationsmodelle biologischer Regulations-

systeme ist die Problematik aber anders: Modellparameter sind derart zu bestimmen, daß
die Modellsimulationen gegebene experimentelle Werte hinreichend approximieren. Da die
experimentellen Daten jedoch mit Fehlern behaftet sind, genügen wenige Stellen Genauigkeit für die Parameter. Wichtig ist aber eine Robustheit des Verfahrens gegenüber relativ schlechten Anfangsschätzungen. Des weiteren sollte das Verfahren möglichst wenige
Auswertungen der Zielfunktion benötigen, denn diese sind als Modellsimulationen besonders aufwendig.

Die Zielfunktion, deren Optimum zu bestimmen ist, ist meist eine Summe quadratischer
Abweichungen, wenn experimentelle Daten zum Verhalten eines biologischen Regulations-
systems durch Rechner-Simulationen eines entsprechenden Modells nachgebildet werden
sollen. Die Modellsimulation hängt auf sehr komplexe Weise von den Parametern ab, denn
das Modellverhalten wird ja gerade deshalb anhand von Simulationen untersucht, weil das
zugrundeliegende Differentialgleichungssystem nicht analytisch gelöst werden kann. Die
Abhängigkeit der Zielfunktion von den Parametern ist also meist hochgradig nichtquadra-
tisch nichtlinear. Demzufolge sind hier diejenigen Parameteroptimierungsverfahren nur
schlecht anwendbar, die von einer quadratischen oder einer linearen Problemstruktur
ausgehen; insbesondere brauchen alle Verfahren nicht weiter betrachtet zu werden, die
Ableitungen (oder durch Differenzen angenäherte Ableitungen) benötigen. Schwefel (1)
diskutiert und vergleicht die verbleibenden "direkten" Verfahren anhand zahlreicher
Beispiele, wobei auch untersucht wird, wieviele Zielfunktionsauswertungen die verschiedenen Verfahren benötigen, um eine grobe erste Annäherung an das Optimum zu erreichen.
In dieser Hinsicht stellte sich das "direct-search"-Verfahren nach Hooke und Jeeves
(2, 3) als relativ günstig heraus. Zusätzlich erwies es sich als recht robust gegenüber
"pathologischen" Problemen: Es kam kein einziges Mal zu einem Abbruch aufgrund rechner-
technischer Fehler. Leider steigt die Zahl der für eine erste grobe Annäherung an das
Optimum benötigten Zielfunktionsaufrufe mit wachsender Parameterzahl schnell an.

In eigenen Untersuchungen wurden verschiedene Parameteroptimierungsverfahren an Simulationsmodellen getestet sowie an einem konstruierten Problem, bei dem eine Summe von
Exponentialfunktionen an gegebene Daten mit kleinster Fehlerquadratsumme anzupassen
war. Bis zu etwa 5 Parametern konnte das Verfahren nach Hooke und Jeeves überzeugen. Ab
etwa 5 bis zu ca. 20 Parametern erwies sich das Bremermann-Verfahren (4) als zuverlässig und günstig bzgl. der benötigten Anzahl von Zielfunktionsauswertungen. Diese Ver-
gleiche berücksichtigten allerdings nicht, daß bei einer zu minimierenden Fehlerquadratsumme beim Hooke-und-Jeeves-Verfahren die Zielfunktionsauswertung (Modellsimulation) abgebrochen werden kann, sobald das bisher erreichte Minimum während der Summie-
rung der Fehlerquadrate erreicht oder überschritten wird.

3. Programmtechnik

Eine weitere Schwierigkeit, die bei der Parameteroptimierung von Simulationsmodellen auftritt, soll anhand der Simulationssprache CSMP erläutert werden, die für kontinuierlich deterministische Systeme eingesetzt wird (5,6). Sind Parameter rechnertechnisch zu schätzen, so findet man meist eine Aufrufverschachtelung der Art: Hauptprogramm ruft Parameteroptimierungsprogramm ruft Auswertungsprogramm der Zielfunktion. Bei CSMP ist der Simulator das Hauptprogramm und die Parameteroptimierung findet in einem Unterprogramm statt, wobei zur Bestimmung der Zielwerte die Kontrolle an das Simulator-Hauptprogramm zurückzugeben ist. Hinzu kommt, daß vom Simulator die Variablen in bestimmter Reihenfolge im Speicher abgelegt werden – und zwar meist nicht nacheinander, wie es für den Aufruf eines Unterprogramms geschickt wäre, wenn im Unterprogramm die Anzahl der in die Optimierung einzubeziehenden Parameter nicht von vornherein festgelegt wird.

Es sollen hier die Überlegungen vorgestellt werden, die zur Implementierung eines lauffähigen Unterprogramms zur Parameteroptimierung mit dem Bremermann-Verfahren für das Darmstädter CSMP-System des TR440 führten (6). Anhand dieser Schritte sollte auch für die CSMP-Simulatoren an den meisten anderen Rechenanlagen ein entsprechendes Parameteroptimierungsprogramm erzeugt werden können. Da CSMP auf vorübersetzten FORTRAN-Unterprogrammen aufbaut, wurde auch das Parameteroptimierungs-Unterprogramm in FORTRAN programmiert.

Stufe 1. Erstellen eines Unterprogramms mit dem gewünschten Parameteroptimierungsverfahren.
Ein eindimensionales Feld variabler Dimension enthält die zu optimierenden Parameter. An das Unterprogramm übergeben werden dieses Feld (X), dessen Dimension (N), der Wert der Zielfunktion (F) für den aktuellen Parametersatz und Kontrollvariablen wie z.B. Anfangsschrittweite, relatives Abbruchkriterium (EPS) oder maximale Anzahl der Funktionsaufrufe (MXF). Nach Auswertung des Zielfunktionswertes wird vom Unterprogramm der nächste zu testende Parametersatz bestimmt und in das Feld X eingetragen, um anschließend die Kontrolle ans Hauptprogramm (Simulator) zurückzugeben (RETURN), damit der entsprechende Zielwert berechnet werden kann. Durch interne Ablaufkontrolle ist sicherzustellen, daß das Unterprogramm beim nächsten Aufruf an der Stelle fortfährt, wo es zuletzt verlassen wurde. Dies kann durch eine Variable (JUMP) zur Ablaufkontrolle geschehen, der z.B. durch DATA-Anweisung ein Anfangswert zugewiesen werden muß. Auf diese Weise werden auch initialisierende Berechnungen beim allerersten Aufruf des Unterprogramms ermöglicht (siehe Programmliste).

Ist die geforderte Genauigkeit erreicht, sollte auf dieser Entwicklungsstufe des Unterprogramms der Operatorlauf vom Unterprogramm her beendet werden – bei entsprechender Ausgabe. Das Unterprogramm kann auch weitere Ausgaben zur Dokumentation der Zwischenschritte enthalten.

Dieses Unterprogramm läßt sich in CSMP anhand von Modellsimulationen testen. Dazu wird ein Feld X der in die Optimierung einzubeziehenden Parameter definiert (z.B. durch STORAGE-Anweisung). Vor dem Aufruf des Parameteroptimierungs-Unterprogramms im TERMINAL-Bereich des CSMP-Programms (CALL OPTBRE(X,N,F,EPS,MXF)) sind den Elementen des Feldes aktuelle Werte zuzuweisen (Anfangswerte z.B. durch TABLE-Anweisung). Der TERMINAL-Bereich muß als letzte Anweisung 'CALL RERUN' enthalten.

In den meisten Fällen ist es wünschenswert, die zu optimierenden Parameter mit eigenen Namen anstatt als Feldelemente anzusprechen. Dies ist ohne größere Schwierigkeiten möglich, wenn man berücksichtigt, daß vom CSMP-Übersetzer alle Variablen außer TIME, DELT, DELMIN, FINTIM, PRDEL, OUTDEL und den Variablen A, A0, DA der INTGRL-Anweisungen A=INTGRL(A0,DA) genau in der Reihenfolge im Speicher abgelegt werden, in der sie im Programm auftreten. (Dies läßt sich für ein anderes als das verwendete CSMP-System durch DEBUG-Anweisung nachprüfen.). Die zu optimierenden Parameter (mit den genannten Ausnahmen) belegen also aufeinanderfolgende Speicherplätze, wenn sie nacheinander z.B. in einer PARAMETER-Anweisung vorkommen. Das Parameteroptimierungs-Unterprogramm kann dann mit dem Namen des ersten zu optimierenden Parameters anstelle des Feldnamens aufgerufen werden.

<u>Stufe 2. Abschalten von Ausgaben während der Optimierung.</u> Für diese und die folgende Verfeinerung ist eine genauere Kenntnis der internen Struktur des CSMP-Simulators notwendig. Die hier für das Darmstädter CSMP-System (6) gemachten Ausführungen lassen sich einigermaßen leicht auf andere CSMP-Systeme übertragen, wenn Quellisten der betreffenden CSMP-Unterprogramme zur Verfügung stehen. Ersatzweise läßt sich aus Dumps ablesen, welche Position im COMMON-Bereich die diskutierten Variablen einnehmen.

Während der Parameteroptimierung ist i.a. keine detaillierte Ausgabe der einzelnen Modellsimulationen notwendig - die im Parameteroptimierungs-Unterprogramm vorgesehene Ausgabe sollte ausreichen. Wenn im CSMP-Programm keine Ausgabe angefordert wird, muß nach Erreichen eines Optimums der Simulator mit dem letzten Parametersatz erneut gestartet werden, um eine Ausgabe der letzten (besten) Modellsimulation zu erhalten. Die Ausgabe läßt sich aber auch CSMP-intern steuern, denn die Variablen KPRINT bzw. NGRAPH geben die Anzahl der Variablen an, für die eine Druckausgabe bzw. ein Print-Plot vorgesehen ist (siehe CSMP-Unterprogramm SIMOUT). KGRAPH gibt die Anzahl der Variablen an, deren Werte wegen einer PREPARE-Anweisung für spätere Graphik-Ausgabe abzuspeichern sind, und KRANGE die Anzahl der Variablen, deren Streubereich wegen RANGE- oder PREPARE-Anweisung zu bestimmen ist. (Der gefundene Streubereich wird jeweils nach Abschluß einer Simulation ausgedruckt.) Nach der ersten Simulation können die Werte dieser Kontrollvariablen zu Null gesetzt werden, d.h. die Ausgabe wird abgeschaltet, und nach Erreichen des Optimums bzw. des Fehlerkriteriums bei der Parameteroptimierung erhalten diese 4 Variablen ihre alten Werte zurück, damit mit dem letzten (besten) Parametersatz noch eine Simulation bei eingeschalteter Ausgabe durchgeführt werden kann. Erst nach Abschluß dieser Simulation bewirkt die Variable JUMP, die zur Ablaufkontrolle im Parameteroptimierungs-Unterprogramm dient, daß der Objektlauf beendet wird.

<u>Stufe 3. RERUN-Kontrolle.</u> Im CSMP-Unterprogramm RERUN wird nur die CSMP-Ablaufkontrollvariable KEEP auf einen neuen Wert gesetzt, nachdem überprüft wurde, ob der Aufruf von RERUN im TERMINAL-Bereich stattfand, was am Wert der Variablen IZ0000 abgelesen werden kann. (Diese Variable ist dem Benutzer auch über das vom CSMP-Übersetzer auf Datei FT07F001 erzeugte Unterprogramm UPDATE zugänglich.) Diese Kontrolle von IZ0000 und Umbesetzung von KEEP läßt sich ohne weiteres in das Parameteroptimierungs-Unterprogramm inkorporieren. Nach Erreichen des Optimums und erneutem Simulationslauf mit Ausdruck braucht dann das Unterprogramm den Operatorlauf nicht mehr zu beenden, sondern es genügt, wenn aufgrund des Werts, den die Ablaufkontrollvariable JUMP angenommen hat, sofort aus dem Unterprogramm in das Simulator-Hauptprogramm zurückgekehrt wird. Da im CSMP-Programm jetzt kein CALL RERUN mehr nötig ist, kann der CSMP-Lauf mit Graphik-Ausgaben, weiteren Parameterstrukturen oder sogar neuen Modellen fortgesetzt werden.

Aus Platzgründen kann hier nicht das vollständige Parameteroptimierungsprogramm aufgelistet werden (ggf. Quelliste vom Autor anfordern). Obwohl das Programm sich noch in einigen Einzelheiten verbessern ließe, hat es sich in zahlreichen Anwendungen zur Optimierung von Simulationsmodellen als zuverlässig und praktikabel erwiesen. Das Montageobjekt wurde daraufhin in die CSMP-Bibliothek des Rechenzentrums übernommen.

<u>Literatur</u>

(1) H.P. Schwefel: Numerische Optimierung von Computer-Modellen mittels der Evolutionsstrategie (ISR <u>26</u>). Birkhäuser, Basel 1977

(2) R. Hooke, T.A. Jeeves: Direct search solution of numerical and statistical problems. J ACM <u>8</u>, 212-229 (1961)

(3) A.F. Kaupe jr.: Algorithm 178 - direct search. Comm ACM <u>6</u>, 313-314 (1963). Remarks: Comm ACM <u>9</u>, 684-685 (1966), <u>11</u>, 498 (1968), <u>12</u>, 637-638 (1969)

(4) H.J. Bremermann: A method of unconstrained global optimization. Math Biosc <u>9</u>, 1-15 (1970)

(5) Continuous System Modeling Program III (CSMP III) Programmbeschreibung (IBM-Form SH12-3113-0), IBM Deutschland 1974

(6) H.J. Burkhardt, E. Gießler, K.Mathe: CSMP-IN, GMD-Programmsystem zur Simulation zeitkontinuierlicher Systeme, Benutzungsanleitung. Institut für Datenfernverarbeitung, Darmstadt 1975

Die vorliegende Arbeit wurde unterstützt durch die Deutsche Forschungsgemeinschaft über Sonderforschungsbereich 112.

<u>Anhang</u>: Einige der für das Zusammenspiel mit dem CSMP-System wesentlichen Anweisungen eines Parameteroptimierungs-Unterprogramms

```
          SUBROUTINE OPTBRE(X,N,F,EPS,MXF)
          DIMENSION X(N)
          COMMON DDUM1(8066), KPRINT,DDUM2(5),KRANGE,DDUM3(410),KEEP,
         1    DDUM4(489),IZ0000,DDUM5(2),NGRAPH,KGRAPH
          DATA JUMP,NC/3,0/
          NC=NC+1
          GOTO (50,40,10,30,20,60,91),JUMP
10        IF(IZ0000.EQ.4) GOTO 12
          WRITE(6,6601)
6601      FORMAT('0***CALL OPTBRE DARF NUR IM TERMINAL-BEREICH ',
         1    'AUFGERUFEN WERDEN***')
          JUMP=7
          GOTO 91
12        KPR=KPRINT
          KPRINT=0
          NGR=NGRAPH
          NGRAPH=0
             .
             .
             .
          FF0=F
          FEPS=FF0*EPS
          JUMP=5
          GOTO 90
20        IF (F.LT.FF0) FF0=F
             .
             .
             .
          JUMP=4
          GOTO 90
             .
             .
             .
          IF (NC.LT.MXF) GOTO 64
          WRITE(6,6602)
6602      FORMAT('0***MAXIMALE ANZAHL DER OBJEKTLAEUFE ERREICHT ',
         1    'ODER UEBERSCHRITTEN***')
          GOTO 70
64        IF (FF0.LT.FEPS) GOTO 70
             .
             .
70        JUMP=7
          KPRINT=KPR
          NGRAPH=NGR
             .
             .
             .
90        KEEP=2
91        RETURN
          END
```

Optimierung der Medikamenten-Dosierung mit Hilfe der Simulation am Beispiel des Parkinsonismus

Selim S. Hacısalihzade, Zürich

Zusammenfassung. Um eine optimale symptomatische Behandlung der Patienten mit Parkinsonismus zu bestimmen, ist der Zusammenhang zwischen der Einnahme der Medikamente und der Konzentration der L-DOPA-Spiegel im Blutplasma (individuelle Pharmakokinetik) als ein lineares System modelliert. Dosierungen und Zeitpunkte der Pilleneinnahmen werden so bestimmt, dass ein vorgegebener Sollverlauf des L-DOPA-Spiegels optimal angenähert wird. Als Optimierungsverfahren wird die achsenparallele Suche verwendet. Resultate der Anwendung dieser Methode werden am Beispiel zweier Patienten dargestellt.

Summary. The relation between the L-DOPA-level in plasma and the intake of medicine (individual pharmacokinetics) is modelled as a linear system in order to optimize the symptomatic treatment of Parkinson's disease. The doses and timings of the administration of the pills are determined so that a given trajectory of the L-DOPA-level is approximated in an optimal way. The cyclic coordinate search is used as the optimization method. Results of the applications of this method are presented in the example of two patients.

1. Einleitung

Parkinsonismus, auch unter dem Namen Paralysis Agitans bekannt, ist eine fortschreitende, neurologische Störung. Die Symptome können in drei Hauptgruppen aufgeteilt werden, nämlich Bradikinese (verlangsamte Motorik), Dyskinese (geschwächte Motorik) und Tremor (unfreiwilliges Zittern). Parkinsonismus wird durch Beschädigung der Nervenzellen in Basal-Ganglien des Gehirns verursacht, wobei es noch keinen Konsens über die Ursache dieser Beschädigungen gibt. Folglich wird es auch keine Heilverfahren für diese Krankheit geben, bis die Etiologie und die Pathogenesis geklärt sind, obwohl sie durch verschiedene Medikamente symptomatisch bekämpft werden kann und in einigen auserwählten Fällen Chirurgie beigezogen werden kann [1], [2].

Da gezeigt worden ist, dass der Uebertragungsstoff Dopamin bei Erkrankten fehlt, besteht die Standardtherapie darin, eine Vorstufe von Dopamin - nämlich L-DOPA - oral zu verabreichen. Handelsübliche Präparate beinhalten auch Benserazide, um die Decarboxylase von L-DOPA zu hemmen. Es wurde ferner gezeigt, dass der Dopamin-Spiegel im Blutplasma eine positive Korrelation mit den sich ändernden motorischen Aktivitäten aufweist. Darum muss eine optimale Therapie diese täglichen, periodischen Schwankungen in einzelnen Patienten mitberücksichtigen. Dies geschieht, indem der behandelnde Arzt einen individuellen Sollverlauf für den L-DOPA-Spiegel im Blutplasma vorschlägt. Dieser Verlauf ist normalerweise für das Zeitintervall $T = (t_0, t_f)$ definiert, wobei t_0 der Zeitpunkt des Aufstehens und t_f derjenige des Schlafengehens des Patienten ist. Ausserhalb dieses Intervalls schläft der Patient und der Spiegel darf sehr niedrig sein.

2. Mathematische Formulierung des Problems

Das hier behandelte Problem ist die Bestimmung der Dosierungen und die Zeitpunkte der Pilleneinnahmen, woraus die Therapie besteht. Bisher wurde dieses Problem graphisch oder empirisch gelöst. Hier wurde als Ziel die Minimierung eines Abweichungsmasses zwischen Soll- und Istverlauf des L-DOPA-Spiegels im Blutplasma gesetzt, wie Gleichung (2.1) zeigt.

$$z = \int_{t_0}^{t_f} [y(t) - y_{soll}(t)]^2 dt \longrightarrow \min \qquad (2.1)$$

Der Istverlauf ist eine Funktion, die abhängig ist von den eingenommenen Pillen und der individuellen pharmakokinetischen Reaktion des Patienten, welche durch Blutanalysen nach Einnahme einer normierten Pille bestimmt werden muss, wie Fig. 1 verdeutlicht.

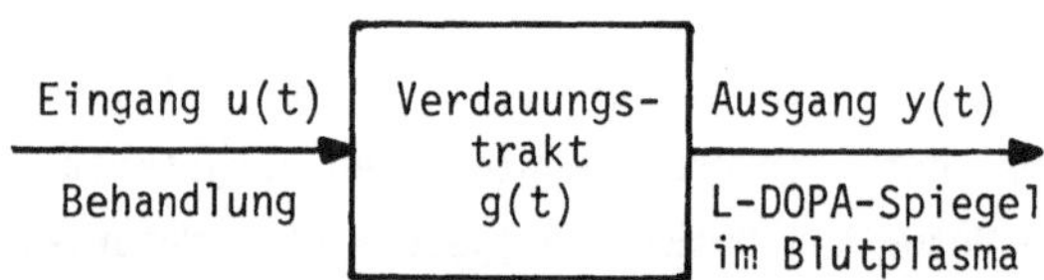

Fig. 1

Mit der Annahme, dass das System linear ist, kann man das Problem wie folgt lösen (diese Annahme wurde in klinischen Tests bestätigt). Die Behandlung wird als Summe von gewichteten und zeitlich verschobenen Dirac-Stössen aufgefasst.

$$u(t) = \sum_{i=1}^{n} k_i \cdot \delta(t - \tau_i) \qquad (2.2)$$

wobei k_i die Dosis, τ_i der Zeitpunkt der i-ten Pille und n die Anzahl Pilleneinnahmen in einem Tag ist. Nach einem bekannten Satz der linearen Systemtheorie [3] wird der Ausgang

$$y(t) = \sum_{i=1}^{n} k_i \cdot g(t-\tau_i) \qquad (2.3)$$

Dabei ist g(t) die Stossantwort des Systems in Fig. 1, was der individuellen pharmakokinetischen Reaktion des Patienten entspricht. Ferner ist es sinnvoll, die Zielfunktion zu normieren als

$$Z = \sqrt{\frac{z}{(t_f - t_0)}} \qquad (2.4)$$

so dass man ein typisches Mass der Abweichung zwischen dem Ist- und dem Sollverlauf hat. Diese Grösse wird "normierter Fehler" genannt [4].

Die Aufgabe ist nun, k_i und τ_i (i = 1,..,n) zu bestimmen, so dass (2.1) erfüllt wird, was ja ein typisches Parameteroptimierungsproblem mit 2n Parametern ist (n bewegt sich typischerweise zwischen 6 und 10).

3. Achsenparallele Suche

Bevor wir beginnen, diese Parameteroptimierungsaufgabe zu lösen, ist eine nähere Betrachtung einiger Eigenschaften zu bestimmender Parameter vorteilhaft. Es leuchtet ein, dass die Dosierungen der Pillen nur ganzzahlige Vielfache eines Basisgewichts sein können. In der Tat gibt es sechs solche möglichen Dosierungen, und zwar 1×62.5 mg, 2×62.5 mg, ..., 6×62.5 mg. Darum ist es sinnvoll, die Dosierungen durch die Zahlen 1, 2, ..., 6 zu bezeichnen. Auf der anderen Seite ist es klar, dass es unsinnig ist, die Zeitpunkte der Pilleneinnahmen beliebig genau vorzuschreiben. Folglich ist auch hier eine Diskretisierung am Platz. Als Diskretisierungsschritt wurde eine Viertelstunde angenommen. Die optimale Kombination von n Zeitpunkten und n Dosierungen ist also in einer endlichen Menge zu suchen.

Als Suchverfahren wird die achsenparallele Suche verwendet. Das heisst, es wird jeweils ein Parameter so lange um einen Quantisierungsschritt variiert, bis ein lokales Minimum gefunden worden ist. Dabei werden die restlichen (2n-1) Parameter festgehalten. Dieser Vorgang wird für jeden Parameter wiederholt. Dann wird wieder von vorne begonnen und das ganze wiederholt, bis keine Verminderung der Zielfunktion mehr auftritt. Die Zielfunktionswertberechnung für jeden betrachteten Punkt im Parameterraum wird gemäss (2.1) und (2.4) durchgeführt, wobei der Istwert des L-DOPA-Spiegels durch (2.3) "simuliert" wird (die Anführungszeichen sind dazu da, um zu zeigen, dass es keine Simulation im gewöhnlichen Sinn - in dem Differentialgleichungen gelöst werden - ist).

4. Anwendungsbeispiele

Als Anfangstherapie für die Optimierung werden verschiedene sinnvolle Behandlungen gewählt. Wie man aber aus Tabellen I und II entnehmen kann, resultieren verschiedene Anfangstherapien meist in verschiedenen optimalen Behandlungen, was auf lokale Optima schliessen lässt. Dabei wurde bei sehr vielen Untersuchungen überhaupt keine Wirkung der Reihenfolge der Variation der Parameter festgestellt. Darum ist es klar, dass man die Optimierungsaufgabe für mehrere Anfangstherapien löst und diejenige Behandlung mit dem kleinsten resultierenden normierten Fehler appliziert. Wie man ebenfalls aus den beiden Tabellen entnehmen kann (unterschrittene Werte), resultiert dieses Verfahren in einer beträchtlichen Verminderung des normierten Fehlers gegenüber der klassischen Methode.

5. Andere Lösungswege und weiteres Vorgehen

Viele andere Möglichkeiten zur Lösung des Dosierungsbestimmungsproblems durch verschiedene Methoden sind längst bekannt [5], [6], [7]. Andere Lösungswege des oben beschriebenen Problems sind schon durchgearbeitet und an verschiedenen Patienten mit Erfolg getestet worden. Verschiedene Möglichkeiten, wie man das Problem auf eine lineare Programmierungsaufgabe zurückführen und mittels Simulation lösen kann, sind in [8] beschrieben. Andere Strategien für die Behandlungsoptimierung, die die Tatsache von diskreten Dosierungen und Zeitpunkte der Pilleneinnahmen ausnützen, sowie eine analytische Optimierung der Dosierungen bei vorgegebenen Zeitpunkten ist in [9] dargestellt. Ferner ist in [10] ein Verfahren beschrieben, das das Problem der Behandlungsoptimierung auf die Nullstellenbestimmung eines Polynoms reduziert.

Zur Zeit arbeitet der Autor daran, ein interaktives Programm zu entwickeln, das auf kleineren Rechnern laufen kann und mehrere Optimierungsverfahren für das geschilderte Problem inkorporiert. Ferner wird nach einem objektiven, quantitativen Messverfahren für die Symptome des Parkinsonismus gestrebt, so dass der Mechanismus zwischen den Symptomen und dem L-DOPA-Spiegel im Blutplasma modelliert werden kann.

Diese Arbeit wurde in Zusammenarbeit mit dem Neurologischen Institut des Universitätsspitals Zürich durchgeführt. In diesem Zusammenhang ist der Autor den Herren C. Albani und J. Tödtli zu Dank verpflichtet.

```
                    Klassisch ermittelte Behandlung            Normierter
                                                                 Fehler
          Dosierungen :  3    1    1     1     1     1     1
          Zeitpunkte  :  6.00 8.00 10.00 12.00 14.00 16.00 18.00    618.14


                    Optimale Behandlungen

Anfangs-  Dosierungen :
therapie  Zeitpunkte  :            Klassische Behandlung               618.14

Optimale  Dosierungen :  4     2     2     1     1     1     1
Therapie  Zeitpunkte  :  5.50* 9.00 10.50 13.00 14.50 16.00 17.50      332.35

Anfangs-  Dosierungen :  4    1    1     2     1     1     2
therapie  Zeitpunkte  :  5.50 8.75 10.00 10.75 13.00 14.75 16.75      354.21

Optimale  Dosierungen :  4    1    1     2     1     1     2
Therapie  Zeitpunkte  :  5.50 8.50 9.75  10.75 13.00 14.50 16.75      338.31

Anfangs-  Dosierungen :  3    1    1     1     1     1     1
therapie  Zeitpunkte  :  5.50 8.75 10.00 10.75 13.00 14.75 16.75      457.75

Optimale  Dosierungen :  4    2    1     1     1     2     1
Therapie  Zeitpunkte  :  5.50 9.25 10.50 11.25 13.00 15.00 17.25      375.96

Anfangs-  Dosierungen :  3    1    3     1     2     1     1
therapie  Zeitpunkte  :  5.50 8.00 10.25 12.00 14.00 16.00 17.50      352.67

Optimale  Dosierungen :  4    1    3     1     2     1     1
Therapie  Zeitpunkte  :  5.50 8.25 10.25 12.00 14.00 16.00 17.50      335.44

Anfangs-  Dosierungen :  3    1    3     1     2     1     1
therapie  Zeitpunkte  :  6.00 8.00 10.00 12.00 14.00 16.00 18.00      486.45

Optimale  Dosierungen :  4    1    3     1     2     1     1
Therapie  Zeitpunkte  :  5.50 8.25 10.25 12.25 14.25 16.25 17.75      335.77
```

Tab. I : Einige Resultate der Anwendung der achsenparallelen Suche auf Patient A.K.
    *) Die Zeitpunkte sind dezimal angegeben.


```
                    Klassisch ermittelte Behandlung                        Normierter
                                                                             Fehler
          Dosierungen :  4    2    2     1     2     1     2     1    2
          Zeitpunkte  :  6.00 7.50 9.00 10.50 12.00 13.50 15.00 16.50 18.00    1417.69


                    Optimale Behandlungen

Anfangs-  Dosierungen :
therapie  Zeitpunkte  :                Klassische Behandlung                    1417.69

Optimale  Dosierungen :  5    3    1     2     2     1     3     0    1
Therapie  Zeitpunkte  :  5.00 6.75 11.50 11.00 12.25 14.25 15.50 16.50 .6.25    445.29

Anfangs-  Dosierungen :  5    3    2    2     2     1     2     1    2
therapie  Zeitpunkte  :  5.00 6.25 9.25 11.50 11.25 12.75 15.00 14.25 16.00    524.21

Optimale  Dosierungen :  5    4    0    2     2     1     2     1    2
Therapie  Zeitpunkte  :  4.75 6.75 9.25 11.50 11.00 13.25 15.50 14.00 16.00    372.14

Anfangs-  Dosierungen :  5    3    2    2     2     1     2     1    2
therapie  Zeitpunkte  :  5.00 6.50 9.25 11.25 11.50 13.25 15.50 14.00 16.00    424.03

Optimale  Dosierungen :  5    4    0    2     2     1     2     1    2
Therapie  Zeitpunkte  :  4.75 6.75 9.25 11.00 11.50 13.25 15.50 14.00 16.00    372.14

Anfangs-  Dosierungen :  5    3    2    2     2     1     2     1    3
therapie  Zeitpunkte  :  5.00 6.25 9.25 11.25 11.50 12.75 14.25 15.00 16.00    514.16

Optimale  Dosierungen :  5    4    0    2     2     1     2     1    3
Therapie  Zeitpunkte  :  4.75 6.75 9.25 11.00 11.50 12.25 14.00 15.25 16.00    351.85

Anfangs-  Dosierungen :  4    2    2    1     2     1     2     1    2
therapie  Zeitpunkte  :  5.00 6.25 9.25 11.50 11.25 12.75 15.00 14.25 16.00    771.23

Optimale  Dosierungen :  5    4    1     1     2     1     2     2    2
Therapie  Zeitpunkte  :  4.75 6.75 11.00 11.75 11.25 12.00 15.50 14.00 16.00    348.71
```

Tab. II : Einige Resultate der Anwendung der achsenparallelen Suche auf Patient B.S.

Referenzen

[1] P.J. Viniken, C.W. Bruyn: Handbook of Clinical Neurology. North-Holland Publi-
      shing Co., Amsterdam, 1968.

[2] H.H. Merritt: A Textbook of Neurology. Lea and Febiger, Philadelphia, 1979.

[3] C.T. Chen: Analysis and Synthesis of Linear Systems. Holt, Rinehart and Win-
      ston, Inc., 1975.

[4] S.S. Hacısalihzade: Application of Different Optimization Techniques on the
      Problem of Dosage Determination in the Case of Parkinson's Disease. ETH-Zürich,
      AIE-Fachbericht 84-01, 1984.

[5] M. Gibaldi, D. Perrier: Drugs and Pharmaceutical Sciences, Vol. 1: Pharmacoki-
      netics. Marcel Dekker, Inc., New York, 1975.

[6] N.H.G. Holford, L.B. Sheiner: Pharmacokinetic and Pharmacodynamic Modelling in
      Vivo. CRC Critical Reviews in Bioengineering, July 1981.

[7] H. Engberg-Pedersen: Empirical Equation for Pharmacokinetic Analysis of Drug
      Serum Levels after Oral Application. Antimicrobial Agents and Chemotherapy,
      Nov. 1974.

[8] S.S. Hacısalihzade: Individuelle Behandlungsoptimierung mit Hilfe der Simula-
      tion. (Eingereicht zur Präsentation am 2. Symposium Simulationstechnik, Wien,
      September 1984).

[9] S.S. Hacısalihzade: Optimal Determination of Dosage in Parkinson's Disease.
      (Eingereicht zur Publikation in "Kybernetes").

[10] S.S. Hacısalihzade: Treatment Optimization by Means of Simulation in Shaking
      Palsy (in Vorbereitung).

KENNWERTERMITTLUNG EINES BIOLOGISCHEN EIN-
FACHSYSTEMS MITTELS AUSGANGSFEHLERMETHODE

Vaclav Pohl, Bremen
Dietmar Möller, Mainz
Werner Blohm, Bremen

Zusammenfassung. Der meßtechnisch ermittelbare Zusammenhang zwischen
dem mittleren arteriellen Blutdruck und der Infusionsgeschwindigkeit
eines Medikamentes kann durch ein mathematisches Modell (I-T3-Über-
tragungsfunktion) nachgebildet werden. Die Kennwerte des Modells
werden mittels der Ausgangsfehlermethode unter Verwendung einer Pro-
zeßrechenanlage (PDP 11/45) im OFF-Line Betrieb identifiziert. Ein
Vergleich zwischen der Ausgangsgröße des Modells und dem Blutdruck
des biologischen Systems liefert nahezu identischen Verlauf.

Summary. The measured interaction between blood pressure and infusion rate of a drug can be modelled in a mathematical manner (I-T3-
transfer function). The parameters of the model are identified OFF-
line with the output-error-method, implemented on a digital computer
(PDP 11/45). Comparing the transient output behaviour of the model
with the arterial pressure response of the real system, a well
agreement can be stated.

1. Einführung

Wegen der Komplexität biologischer Systeme ist es zweckmäßig, deren
Reaktionen und Interaktionen durch eine hinreichend genaue mathematische Modellbildung darzustellen und durch Simulation zu untersuchen. Der Wert derartiger Modelle und deren Nachbildung durch Simulation liegt begründet darin, Informationen über das zu untersuchende System zu gewinnen, welche häufig direkt nicht zugänglich sind,
da mit dem realen Objektsystem im Regelfall nicht in der gewünschten Weise experimentiert werden kann. Im folgenden wird von einem
vereinfachten mathematischen Modell des Herzkreislaufsystems ausgegangen, welches das komplexe Mehrfachsystem abstrahiert. Die Kennwerte (Parameter) des mathematischen Modells werden unter Verwendung eines Prozeßrechners mit der Ausgangsfehlermethode identifiziert. Die so gefundenen Ergebnisse ermöglichen z.B. die Bestimmung
der Messung direkt nicht zugänglicher biologischer Größen.

2. Ausgangsfehlermethode

Die Ausgangsfehlermethode (Bild 1) ist ein Identifikationsverfahren,
das den Fehler $\underline{e}(t)$ zwischen dem System- und Modellausgang bei iden-
tischer Eingangsgröße (Testsignal) $\underline{u}(t)$ auswertet. Der Parametervektor $\underline{p}$ (Kennwerte) wird dergestalt ermittelt, indem der Fehler $\underline{e}(t)$
mit Hilfe einer skalaren Zielfunktion $J(\underline{p})$ iterativ minimiert wird.

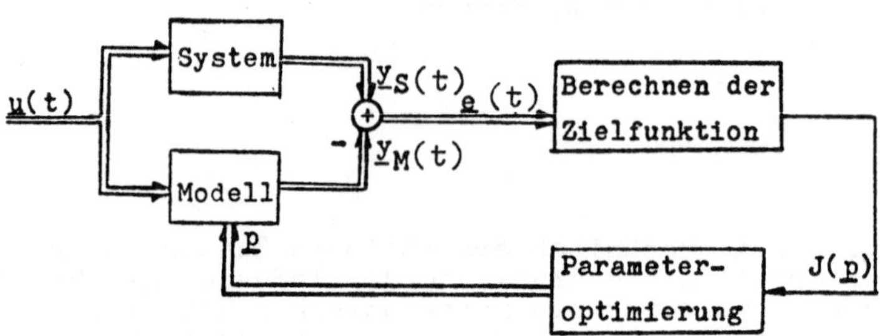

Bild 1 Schema der Ausgangsfehlermethode

Bei der Auswahl der skalaren Zielfunktion $J(\underline{p})$ verwendet man quadratische bzw. Betrags- Gütefunktionale, damit sich die positiven und
negativen Anteile der Ausgangsfunktionen nicht aufheben. Die sogenannte quadratische Zielfunktion besitzt folgende Form:

$$J(\underline{p}) = \int_{o}^{tm} \underline{e}(t)\underline{e}^{T}(t)dt \tag{1}$$

$$\underline{e}(t) = \underline{y}_S(t) - \underline{y}_M(t) \tag{2}$$

mit tm: = Meßzeit in Minuten, $\underline{y}_s(t)$ = Ausgangsvektor des Systems,
$\underline{y}_M(t)$ = Ausgangsvektor des Modells und $\underline{e}(t)^{T}$ = transponierter Vektor $\underline{e}(t)$. $J(\underline{p})$ ist stets eine Funktion der zu identifizierenden Kennwerte $\underline{p}$. Daher muß das Parameteroptimierungsproblem wie folgt gelöst werden:

$$J(\underline{p}) \stackrel{!}{=} \text{Minimum} \tag{3}$$

Die Minimierung der Zielfunktion $J(\underline{p})$ wird mit Hilfe der Differenti-
alrechnung durchgeführt. Dies stellt an die Zielfunktion Forderungen nach der Stetigkeit und Differentierbarkeit der dem Modell zugrunde gelegten Gleichungen.

Die Parameteroptimierung wird nach dem POWELL-Optimierungsverfahren
durchgeführt. Das Verfahren arbeitet wie folgt: Zunächst wird ein
m-dimensionaler Raum aufgespannt (m: Anzahl der zu identifizierenden
Kennwerte), nachfolgend werden die Kennwerte gezielt variiert. Für

jeden Kennwertblock wird die Zielfunktion J($\underline{p}$) berechnet. Ebenfalls
wird die Suchrichtung verändert. Stellt sich in einer anderen Suchrichtung ein kleinerer Wert für die Zielfunktion ein, so wird die bis-
herige Suchrichtung fallengelassen und ein neuer Suchvektor bestimmt.
Unter Verwendung der diskreten quadratischen Zielfunktion bei zwei zu
ermittelnden Kennwerten ergeben sich für die skalare Funktion J($\underline{p}$)
verzerrte Ellipsen im zweidimensionalen Parameterraum.

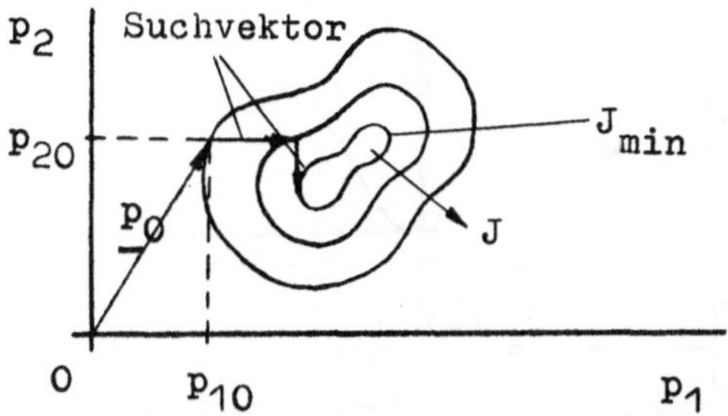

Bild 2   Zweidimensionaler Parameterraum zur Veranschaulichung
der Lage des Minimums.

Bild 2 veranschaulicht die Arbeitsweise des POWELL-Optimierungsver-
fahrens im zweidimensionalen Parameterraum. Aus der Arbeitsweise des
Optimierungsverfahrens erkennt man, daß die Anwendung eines Rechners
erforderlich ist. Die Rechenzeit für das Verfahren hängt entscheidend
von der Anzahl der zu identifizierenden Kennwerte und der Festlegung
der Startwerte ab.

Um die Ausgangsfehlermethode zur Kennwertermittlung anwenden zu können,
muß zunächst ein parametrisiertes Modell vorliegen, welches die Beziehung zwischen der Ein- und Ausgangsgröße des biologischen Systems nach-
bildet. Bei der Modellerstellung geht man daher von einer bestimmten
mathematischen Struktur aus. Durch die Wahl der Struktur sind bereits
wesentliche Güteeigenschaften des Modells fixiert, wobei eine hohe Genauigkeit des Modells über die gezielte Variation der Kennwerte erreicht werden kann. Die betrachteten mathematischen Modelle wurden als
zeitinvariant mit zeitunabhängigen Kennwerten angesetzt, was die Kennwertermittlung im OFF-Line Betrieb gestattet.

3. Kennwertermittlung des biologischen Systems

Nachfolgend wird die Kennwertermittlung des biologischen Einfachsystems
zur medikamentösen Steuerung des Blutdrucks auf einen Festwert dargestellt, wie sie z.B. für die Behandlung des Kreislaufschocks - siehe
z.B. [1], [2] -, zur medikamentösen Behandlung von Hypertonikern

- siehe z.B. [3], [4] - oder zur Intensivtherapie von Patienten - siehe z.B. [5] - von Bedeutung ist. In Anlehnung an [1] resp. [2] wurde die in Bild 3 dargestellte idealisierte Beziehung zwischen der Infusionsgeschwindigkeit y(t) eines Medikamentes und dem normierten mittleren arteriellen Blutdruck $\bar{p}_{AS}(t)$ zugrunde gelegt, die mittels der in Gleichung (4) angegebenen Übertragungsfunktion G(s) im Laplace Bereich approximiert wird.

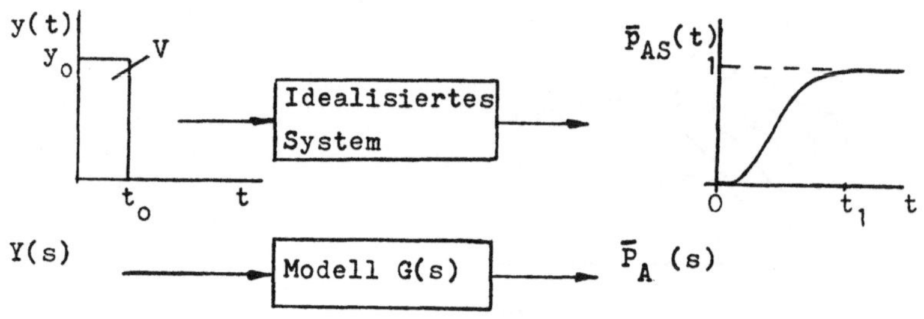

y_0 = 0,16 ml/sek; Infusionsgeschwindigkeit
t_0 = 10 sek ; Infusionsdauer
t_1 = 150 sek ; Ansprechzeit
V = 1,6 ml ; Infusionsvolumen

Bild 3 Ein- und Ausgangsbeziehungen des Einfachsystems

$$G(s) = \frac{\bar{p}_A(s)}{Y(s)} = \frac{\bar{k}}{s(1 + sT)^3} \qquad (4)$$

mit $\bar{k}$ = Faktor der Blutdruckänderung des Modells auf eine bestimmte Infusionsmenge in 1/ml

  T = Zeitkonstante des Ansprechns des Modells auf das verwendete Medikament in sek

  s = Laplace Operator in 1/sek

Für die Kennwertermittlung wurde das in Abschnitt 2 vorgestellte Identifikationsverfahren mit einer quadratischen Zielfunktion angewandt. Für die zu identifizierenden Kennwerte wurden folgende Startwerte gewählt:

$$\begin{bmatrix} \bar{k}_0 = 0{,}6 \ 1/\text{ml} \\ T_0 = 24 \ \text{sek} \end{bmatrix} = \underline{p}_0 \qquad (5)$$

Der Funktionswert der quadratischen Zielfunktion veränderte sich von
1,0197 auf 0,0053, wobei der effektive Fehler zwischen den beiden Aus-
gangskurvenverläufen (Bild 5) bei 1,6% lag. Während der Identifikationszeit von 560 sek wurden 150 **Simulationen** ausgeführt. Diese relativ kurze Identifikationszeit ist darauf zurückzuführen, daß nur zwei
Kennwerte zu identifizieren waren und daß günstige Startwerte vorla-
gen. Nach der Identifikation ergaben sich folgende Kennwerte:

$$\left[\begin{array}{l} \overline{k} = 0{,}620251 \ 1/ml \\ T = 12{,}808386 \ sek \end{array}\right] = \underline{p} \tag{6}$$

Ein Vergleich der beiden Ausgangsgrößen ($\overline{p}_A(t)$ und $\overline{p}_{AS}(t)$) vor und
nach der Parameteroptimierung ist in Bildern 4 und 5 dargestellt.

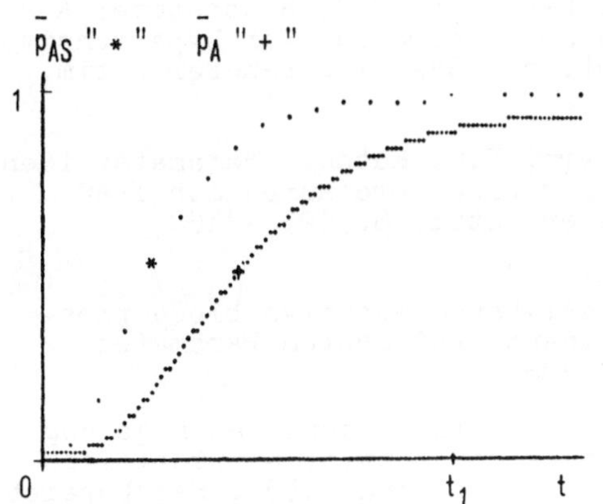

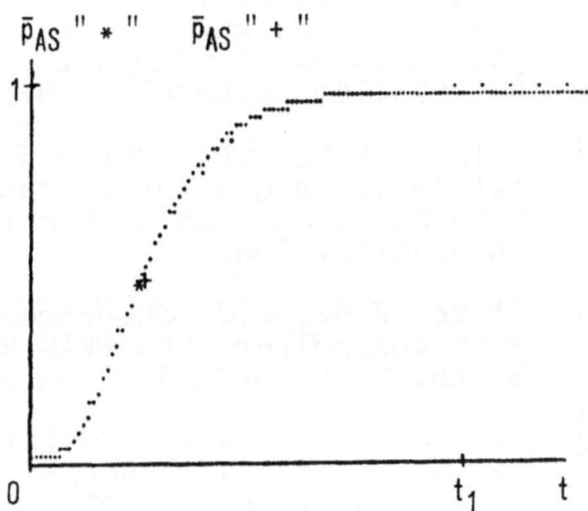

Bild 4   Systemverhalten vor   Bild 5   Systemverhalten nach der
        der Optimierung   Optimierung

Das Bild 4 zeigt den gemessenen Verlauf des normierten mittleren arteriellen Blutdrucks $\overline{p}_{AS}(t)$ und den Verlauf der Ausgangsgröße des Modells $\overline{p}_A(t)$ vor der Optimierung. Das Modell wurde dabei mit den Start-
werten (5) simuliert. Im Bild 5 sind die Verläufe nach der Optimierung
dargestellt, wobei das Modell mit den identifizierten Kennwerten (6)
simuliert wurde. Die Verläufe nach der Optimierung befinden sich in
guter Übereinstimmung zueinander.

4. Abschlußbetrachtung

Es wurde gezeigt, daß der Zusammenhang zwischen der meßtechnisch ermittelten Ein- und Ausgangsgröße eines Einfachsystems mit einem para-
metrisierten Modell approximiert werden kann, und daß die Kennwertermittlung des biologischen Systems mittels der Ausgangsfehlermethode
durchführbar ist. Aufgrund der relativ langen Rechenzeit ist dieses

Identifikationsverfahren jedoch nur im OFF-Line Betrieb anwendbar.

Durch die Verifikation der ermittelten Kennwerte sind Aussagen über nicht oder nur schwer zugängliche Größen des biologischen Systems möglich. Grundsätzlich ist das Identifikationsverfahren auch auf komplexere Mehrfachsysteme anwendbar.

5. Literatur

[1] Müller, H., M. Stauch: Eine blutdruckgesteuerte Infusionsmaschine technischer Aufbau und tierexperimentelle Erprobung. Zeitschrift für Biologie Bd. 116 (1969), 288-298

[2] Pilats, R.: Entwurf einer adaptiven Regelung zur Steuerung des Blutdruckes mit Medikamenten, Studienarbeit TH-Darmstadt, 1976, Institut für Regelungstechnik

[3] Slate, J.B., L.C. Sheppard, V.C. Ricleout, E.H. Blachstone: A model for design of a blood pressure controller for hypertensive patients. 5th IFAC Symp. on Ident. and System Parameter Estim. S. 867-874, Darmstadt, 1979

[4] Walher, B.K., T.L. Chia, K.S. Stern, P.G. Katona: Parameter identification and adaptive control for blood pressure. 6th IFAC Sympos. Ident. and System Parameter Estim. S. 1255-1260, Washington, 1982

[5] Slate, J.B., L.C. Sheppard: A model-based adaptive blood pressure controller. 6th IFAC Symp. Ident. and System Parameter Estim. S. 1278-1283, Washington, 1982

[6] V. Pohl, W. Blohm, D. Möller: Entwurf einer adaptiven Regelung zur medikamentenabhängigen Steuerung des mittleren arteriellen Blutdruckes. Projektarbeit Universität Bremen, 1983, Fachbereich Elektrotechnik.

ROBUSTE VERFAHREN IN DER REGELUNGSTECHNIK UND IN DER MEDIZIN

Der Begriff "robust" taucht in den verschiedenen Fachdisziplinen auf. Dabei kommt
ihm eine unterschiedliche Wichtung zu. Für die beiden Disziplinen Regelungstechnik
und Medizin wird an ausgewählten Beispielen - insbesondere im Übersichtsbeitrag von
P.M.Frank - die Definition und Bedeutung des Begriffes dargestellt. Eine Einbindung
der Thematik in den methodischen Teil des Tagungsbandes wurde bewußt nicht vorgenommen,
da dieser letzte Themenkomplex prospektiv sehr von Bedeutung ist, und mithin im
gewissen Sinn eine Art Ausblickcharakter hat.

Die Beiträge im thematischen Zusammenhang mit dem Begriff "robust" des 1.Ebernburger
Gespräches sind nachfolgend zusammengefaßt.

P.M.Frank
Definition und Bedeutung der Begriffe Robustheit und Empfindlichkeit
in der Regelungstechnik

K.K.Turski, P.M.Frank
Empfindlichkeitsanalyse von Puls-Frequenz-Modulierten (PFM) Regelungen

G.K.Wolf, R.Schmidt
Möglichkeiten zur Stabilisierung nichtlinearer Parameterschätzungen
in der Medizin

G.K.Wolf, G.G.Belz
Non-invasive Bestimmung der Herzinotropie

DEFINITION UND BEDEUTUNG DER BEGRIFFE ROBUSTHEIT UND EMPFINDLICHKEIT IN DER REGELUNGSTECHNIK

Paul M. Frank, Duisburg

Zusammenfassung. Es wird die Frage der Parameterempfindlichkeit und Robustheit von Regelkreisen angesichts finiter Parameterabweichungen in der Regelstrecke erörtert. Für beide Begriffe werden Definitionen angegeben. Die darauf aufbauenden Entwurfsprinzipien von Regelkreisen werden erläutert und ihre Ergebnisse verglichen.

Summary. The question of parameter sensitivity and robustness of feedback control systems in the face of finite parameter variations in the plant is discussed. Definitions for both concepts are given. The design methods for control systems based on these concepts are outlined and the results are compared.

1. Einleitung

Der Begriff der Parameterempfindlichkeit ist in der Regelungstechnik lange bekannt , und in den sechziger und siebziger Jahren hat es eine Flut von Veröffentlichungen zu diesem Thema gegeben /1/.

Die Arbeiten befassen sich einerseits mit der Empfindlichkeitsanalyse, d. h. der Untersuchung der Auswirkungen von Parameterabweichungen auf den Regelkreis, andererseits mit der sogenannten Empfindlichkeitssynthese, wobei es um den Entwurf von festen Reglern geht, die die Parameterempfindlichkeit des Regelkreises in gegebenen Grenzen halten oder minimieren.

Heute stößt man in diesem Zusammenhang immer häufiger auf den Begriff Robustheit. Es erhebt sich daher die Frage, ob es sich hierbei nur um eine neue Bezeichnung eines längst bekannten Sachverhalts handelt oder ob eine neue Philosophie dahintersteckt. Wenn letzteres der Fall ist, muß man sich fragen, worin der Unterschied besteht und was man mit der einen oder anderen Methode erreichen kann.

Dieser Beitrag versucht, Antworten auf diese Fragen zu geben. Es werden Vorschläge für geeignete Definitionen der Begriffe Empfindlichkeit und Robustheit gemacht und die darauf aufbauenden Verfahren des Regelkreisentwurfs miteinander verglichen /2/.

2. Definitionen

Definition 1: <u>Empfindlichkeitsfunktion</u>. Gegeben sei eine Systemfunktion $\boldsymbol{f}$, die das Verhalten eines dynamischen Systems beschreibt, und ein Satz von Parametern, zusammengefaßt in dem Parametervektor $\underline{\alpha} = [\alpha_1 \dots \alpha_r]^T$ mit $\underline{\alpha}_o$ als nominalem und $\underline{\alpha}$ als aktuellem Wert. Es sei angenommen, daß $\boldsymbol{f} = \boldsymbol{f}(\underline{\alpha})$ eine stetige Funktion von $\underline{\alpha}$ ist. Dann definiert die partielle Ableitung (Jacobi-Matrix)

$$\underline{S} \triangleq \frac{\partial \boldsymbol{f}}{\partial \underline{\alpha}} \bigg|_{\underline{\alpha} \, = \, \underline{\alpha}_o}$$

die (absolute) Empfindlichkeitsfunktion (erster Ordnung) von $\boldsymbol{f}$ bezüglich $\underline{\alpha}$. Analog definiert man relative und semirelative Empfindlichkeitsfunktionen.

Beispiele bekannter Empfindlichkeitsfunktionen sind:
. Bode'sche (klassische) Empfindlichkeitsfunktion
. Ausgangsempfindlichkeitsfunktion
. Trajektorienempfindlichkeitsfunktion
. Eigenwert- (Pol-, Nullstellen-) Empfindlichkeit
. Güteindexempfindlichkeit

Ist $\Delta\underline{\alpha} \triangleq \underline{\alpha} - \underline{\alpha}_o$ infinitesimal, dann gilt für den parameterbedingten Fehler der Systemfunktion exakt

$$\Delta \boldsymbol{f} \triangleq \boldsymbol{f}(\underline{\alpha}) - \boldsymbol{f}(\underline{\alpha}_o) = \underline{S} \, \Delta\underline{\alpha} \ .$$

Ist $\| \Delta \, \underline{\alpha} \| \ll \| \underline{\alpha}_o \|$, d. h. $\Delta \, \underline{\alpha}$ "klein", dann gilt

$$\Delta \boldsymbol{f} \approx \underline{S} \, \Delta\underline{\alpha}$$

in erster Näherung in einer kleinen Umgebung um $\underline{\alpha}_o$.

Die Empfindlichkeitsfunktion $\underline{S}$ charakterisiert also die Vehemenz der Änderung, d. h. die Tendenz der Systemfunktion $\boldsymbol{f}$ mit $\underline{\alpha}$ bei nominalem Wert $\underline{\alpha}_o$.

Definition 2: <u>Parameterempfindlichkeit</u>. Eine Systemfunktion (ein dynamisches System) heißt <u>parameterempfindlich</u>, wenn $\underline{S} \neq \underline{O}$ ist. Ist $\underline{S} = \underline{O}$, so nennt man die Systemfunktion (das System) nullempfindlich. Ist ein Maß (eine Norm) von $\underline{S}$ klein, so heißt die Systemfunktion (das System) schwach empfindlich oder unempfindlich.

Man erkennt: Parameterempfindlichkeit ist eine <u>lokale</u> Eigenschaft.

Definition 3: <u>Robustheit</u>. Ein dynamisches System heißt <u>robust</u>, wenn die interessierende Systemeigenschaft ξ in einem Toleranzgebiet Ω_ξ bleibt bei einer gegebenen Klasse von finiten Perturbationen Ω_α, siehe Bild 1.

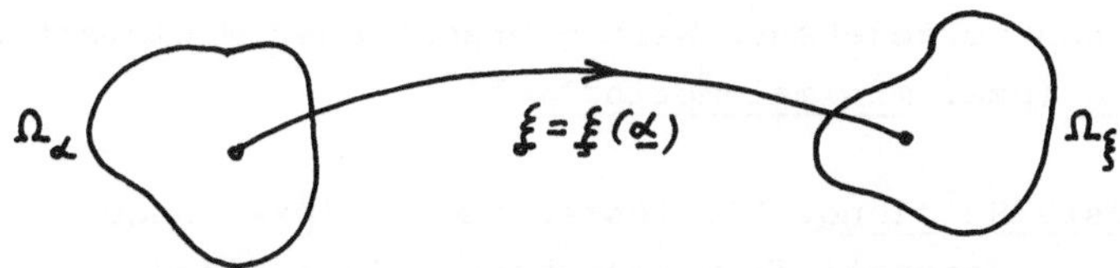

Bild 1: Zur Definition von Robustheit

Beispiele für interessierende Systemeigenschaften sind:
. relative Stabilität
. Gütemaß (Güteindex)
. Frequenzgang, Sprungantwort, Rückführdifferenz
. Steueramplitude
. Stellenergie
Perturbationen können sein:
. Strukturelle Änderungen (Sensor- oder Stellgliedausfälle, Schaltein-
  griffe, Ordnungsreduktion des mathematischen Modells etc)
. Parameteränderungen (Koeffizienten von Differentialgleichungen, Dif-
  ferenzengleichungen oder Übertragungsfunktionen, Anfangsbedingungen,
  Abtastzeiten etc.)

Mann erkennt: Robustheit ist eine <u>globale</u> Eigenschaft unter finiten Perturbationen.

3. Übertragung auf Regelkreise

Allgemein kann man das Entwurfsproblem für einen Regelkreis wie folgt formulieren: Gegeben sei ein mathematisches Modell der Strecke und ein Satz interessierender Perturbationen $\Delta\underline{\alpha} \in \Omega_\alpha$. Die Aufgabe besteht darin, einen parameterunabhängigen (festen) Regler (Zustands- oder Ausgangsrückkopplung) zu finden, so daß unter gewissen Nebenbedingungen eine der folgenden Forderungen erfüllt wird:
1.) (Empfindlichkeitsentwurf) Erreichen einer gewünschten Eigenschaft

des <u>nominalen</u> Regelkreises mit Vorgabe oder Minimierung eines geeigneten <u>Empfindlichkeitsmaßes</u>

2.) (Robustheitsentwurf) Erreichen und Einhalten eines Toleranzgebiets für eine interessierende Systemeigenschaft bezüglich aller möglichen Perturbationen $\Delta \underline{\alpha} \in \Omega_\alpha$.

Definition 4: <u>Unempfindliche Regelung</u>. Ein fester Regler (bzw. Regelkreis), mit dem ein Empfindlichkeitsmaß einer interessierenden Systemeigenschaft auf einen vorgegebenen Wert gebracht oder minimiert wird, heißt <u>unempfindlich</u> (bzw. <u>minimalempfindlich</u>).

Definition 5: <u>Robuste Regelung</u>. Ein fester Regler (bzw. Regelkreis), mit dem eine Systemeigenschaft in vorgegebene Toleranzgrenzen Ω_ς gebracht und dort trotz finiter Perturbationen $\Delta \underline{\alpha} \in \Omega_\alpha$ gehalten wird, heißt <u>robust</u>.

Als Beispiel sei die lineare quadratisch-optimale Zustandsrückkopplung (LQR) betrachtet. Der Regelkreis sei gegeben durch die Zustandsgleichungen

$$\underline{\dot{x}} = \underline{A} \, \underline{x} + \Delta \underline{A} \, x \; ; \quad \underline{x}(t_o) = \underline{x}^o$$

wo $\underline{x}$ der Zustandsvektor bedeutet und $\Delta \underline{\alpha} \in \mathcal{A}$, $\underline{o} \in \mathcal{A}$ ist. Der Güteindex sei

$$J = \frac{1}{2} \underline{x}^T(t_e) \underline{S} \, \underline{x}(t_e) + \frac{1}{2} \int_{t_o}^{t_e} \underline{x}^T(t) \, \underline{Q} \, \underline{x}(t) \, dt$$

mit t_e der Endzeit und $\underline{S}$ und $\underline{Q}$ Gewichtsmatrizen. Dann heißt für eine gegebene Zahl ς und eine gegebene Klasse $\mathcal{A}$ von Perturbationen der Güteindex (bzw. der Regelkreis) <u>robust</u>, wenn für alle $\underline{x}_{\Delta A} \in \mathbb{R}^n$ gilt:

$$J_{\Delta A} \leq \varsigma \, J_o \quad \text{für alle } \Delta \underline{A} \in \mathcal{A} \; .$$

J_o bedeutet eine Normierungsgröße.

4. Vergleich

In Bild 2 sind die Verläufe der unvermeidbaren quadratischen Regelfläche J für Regelkreise mit einer Totzeitstrecke und drei verschiedenen Reglern in Abhängigkeit von einer Änderung der Totzeit dargestellt. Bei den Reglern handelt es sich um den konventionellen PI-Regler sowie seine Erweiterung durch Schwingungsglieder (PIS_1 und PIS_2). Man erkennt, daß für nominale Totzeit T_{to} unterschiedlich gute Regelgüten erreicht werden bei gleicher Parameterempfindlichkeit (Steigung der Tangenten bei $T_t = T_{to}$). Danach ist der PIS_2-Regler der beste.

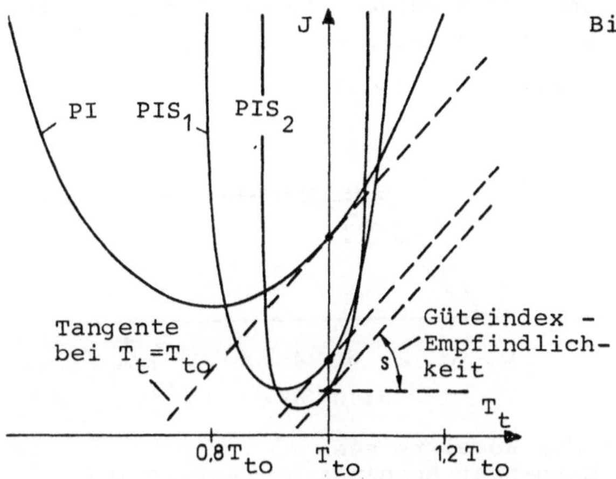

Bild 2: Verläufe der unvermeidbaren quadratischen Regelabweichung eines Regelkreises mit Totzeitstrecke bei 3 verschiedenen Reglern (PI, PIS1 und PIS2) abhängig von Totzeitabweichungen

Vom praktischen Standpunkt sind die Parameterabhängigkeiten der drei Regelkreise trotz gleicher Empfindlichkeit bei T_{to} aber als unterschiedlich gut zu bewerten. Bei finiten Parameterabweichungen ist, wie man sieht, der Verlauf des PI-Reglers am flachsten, so daß der PI-Regler trotz höherem Wert von J bei T_{to} für größere Totzeitabweichungen wesentlich besser abschneidet als die übrigen. Schon bei 20 %iger Änderung der Totzeit führen der PIS_1- und PIS_2-Regler zur Instabilität des Regelkreises! Der PI-Regler ist also der robusteste trotz gleicher Parameterempfindlichkeit im Nominalfall.

Trotz der lokalen Natur der Empfindlichkeitsfunktion besteht jedoch bei ein und demselben Regelkreis und Stetigkeit bezüglich $\underline{\alpha}$ eine gewisse Auswirkung der Empfindlichkeitsfunktion auf die Umgebung um $\underline{\alpha}_o$. Daher kann mit Hilfe des Empfindlichkeitsentwurfs der parameterbedingte Fehler auch bei finiten Parameterabweichungen von $\underline{\alpha}_o$ in gewissem Umfange reduziert und damit Robustheit geschaffen werden.

Als Beispiel dafür sei die Abtastregelung eines Prozesses mit der Übertragungsfunktion

$$G(s) = \frac{1}{(1+T_1 s)(1+T_2 s)(1+T_3 s)} \quad ; \quad$$

Nominalwerte: $T_{10} = 3,6s$, $T_{20} = 2,5s$, $T_{30} = 1,2s$

betrachtet. Die resultierenden Sprungantworten des Regelkreises bei
konventioneller dead-beat Regelung für den Nominalfall (gestrichelt)
und Abweichungen aller Zeitkonstanten um +20 % bzw. -20 % zeigt Bild 3a.
Wird der Regelkreis so optimiert, daß neben der Ausgangsgröße y auch
die Ausgangsempfindlichkeitsfunktion nach "dead-beat" verläuft, so erhält man die entsprechenden Sprungantworten des Bildes 3b. Mann erkennt,
daß der Regelkreis auch bei +20 % und -20 % Parameterabweichungen deutlich stabiler geworden ist und weiterhin "dead-beat"-Verhalten behält,
obwohl sich der Entwurf nur auf den Nominalfall erstreckt.

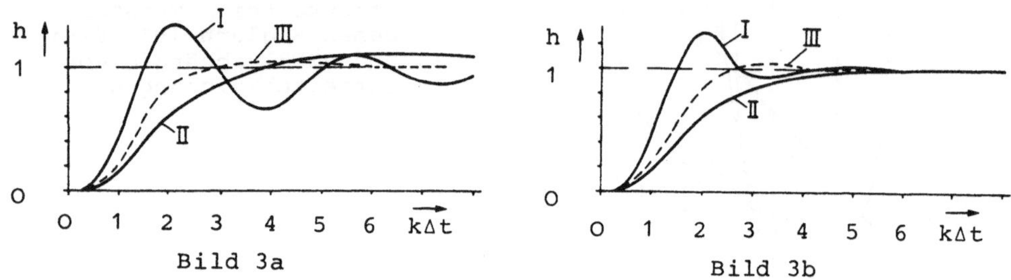

Bild 3:   Sprungantworten des Regelkreises;
a) konventionelle dead-beat Regelung,
(I) ΔT_i = -20 %, (II) ΔT_i = +20 %
(III) nominaler Fall;

b) gleiche Kurven für unempfindlichen
Entwurf

5. Schluß

Es wurden Definitionen für Empfindlichkeit und Robustheit vorgeschlagen.
Empfindlichkeit wird als lokale, Robustheit als globale Eigenschaft definiert. Beim Vergleich der darauf aufgebauten Entwurfsverfahren wird
gezeigt, daß man auch mit Empfindlichkeitsmethoden Robustheit erzeugen
kann.

6. Literatur

/1/ Frank, P. M.: Introduction to System Sensitivity Theory; Academic
Press, New York, San Francisco, London, 1978.

/2/ Frank, P. M.: Robustness and Sensitivity : A Comparison of the two
Methods; Proceedings of the IASTED Symposium on Applied Control and
Identification, Copenhagen 28.06. - 01.07.1983, pp. 13 - 31 to
13 - 36.

EMPFINDLICHKEITSANALYSE VON PULSFREQUENZMODULIERTEN (PFM) REGELUNGEN

Klaus K. Turski , Paul M. Frank
Duisburg

Zusammenfassung. Es wird eine einfache Methode zur Empfindlichkeitsanalyse von pulsfrequenzmodulierten (PFM) Regelkreisen vorgestellt, die
auf der Linearisierung des von Frank und Dillmann entwickelten kontinuierlichen PF-Modulators basiert. Das Verfahren wird am Beispiel einer
Regelung zur Stabilisierung eines invertierten Pendels mit der herkömmlichen Methode verglichen.

Summary. A simple method for sensitivity analysis of pulsefrequency mo-
dulated (PFM) control is introduced, which is based on the linearisation
of the continous PF-Modulator by Frank and Dillmann. The procedure is
compared with the classical method at an example of inverted pendulum
control.

1. Einleitung

Das Prinzip der pulsfrequenzmodulierten (PFM) Regelung taucht in verschiedenen Bereichen der Technik, z. B. bei Verwendung von Schrittmoto-
ren oder Brennstoffdüsen auf. Auch im biologisch medizinischen Bereich
findet man z. B. bei der Muskelsteuerung oder im Herz-Kreislaufsystem
Regelmechanismen, die nach diesem Prinzip funktionieren. Charakteri-
stisch ist hierbei, daß das Stellglied die Regelstrecke mit gleichför-
migen Impulsen anregt und zur Steuerung den Abstand und das Vorzeichen
der Impulse variiert. Die mathematische Beschreibung derartiger Regelungen ist durch das stark nichtlineare Verhalten und den unstetigen
Stellgrößenverlauf, besonders bei der Empfindlichkeitsanalyse und Sta-
bilitätsuntersuchungen, meist schwierig und umfangreich /1/.

Die Verwendung eines linearen Ersatzelements für den von Frank und Dillmann vorgeschlagenen kontinuierlichen PF-Modulator ermöglicht erheblich
vereinfachte analytische Betrachtungen, die im Falle der hier angestell-
ten Empfindlichkeitsanalyse unter bestimmten Voraussetzungen Aussagen
über das Verhalten des PFM-Regelkreises zuläßt /2/. Die grundsätzliche
Struktur des betrachteten PFM-Regelkreises zeigt Bild 1.

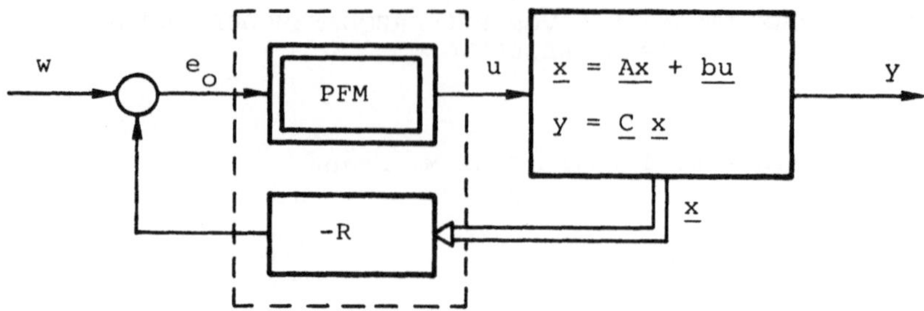

Bild 1: Standard PFM-Regelkreis

2. Der kontinuierliche PF-Modulator und sein lineares Ersatzelement

Der kontinuierliche PF-Modulator nach Frank und Dillmann ist in Bild 2
in Form eines Blockdiagramms dargestellt.

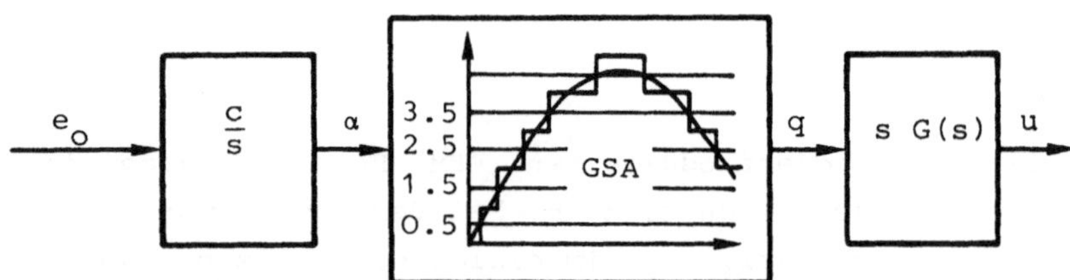

Bild 2: Strukturbild des PF-Modulators

Das Eingangssignal $e_o(t)$ wird zu einer Hilfsvariablen $\alpha(t)$ aufintegriert
und im mittleren Block, dem Gleichstufenapproximator (GSA), durch eine
Treppenfunktion mit der Stufenhöhe 1 approximiert. Innerhalb des Impuls-
formgliedes wird die Treppenfunktion differenziert und anschließend mit
der Impulsantwort $g(t)$ eines Einzelimpulses gefaltet. Der PF-Modulator
läßt sich mit Hilfe der serraphilen Funktion (Sägezahnfunktion)

$$\text{ser}(\alpha) = \lim_{\rho \to 1+} \frac{1}{2\pi} \arctan_o \frac{\rho \sin \alpha}{1 + \rho \cos \alpha} \tag{1}$$

geschlossen durch das Gleichungssystem

$$\dot{\alpha}(t) = C\, e_o(t)$$

$$q(t) = \alpha(t) - 0{,}5\, \text{ser}(2\pi\, \alpha(t)) \tag{2}$$

$$u(t) = \dot{q}(t) * g(t) \qquad\qquad (* : \text{Faltungsoperation})$$

beschreiben /2/, /3/. Bei rechteckförmigen Impulsen der Höhe M und Breite γ lautet g(t)

$$g(t) = M \left[\varepsilon(t) - \varepsilon(t-\gamma) \right] \qquad \varepsilon(t): \text{Einheitssprung}$$

In /2/ wurde gezeigt, daß sich für den beschriebenen Modulator ein lineares Ersatzelement angeben läßt, welches unter der Annahme sehr schmaler Ausgangsimpulse (δ-Impulse) ein Proportionalglied mit der Verstärkung

$$k_p = M \ \gamma \ c \qquad\qquad\qquad\qquad (3)$$

darstellt.

3. Empfindlichkeitsanalyse an PFM-Regelkreisen

Die absolute Empfindlichkeitsfunktion des Systemzustands x_i bezüglich eines beliebigen Systemparameters a_j sei definiert als

$$\underline{S}_{a_j}^{x_i}(t) = \left. \frac{\partial x_i}{\partial a_j} \right|_{a_j=a_{jo}} \cdot \quad a_{jo} : \text{Nominalwert von } a_j \qquad (4)$$

Entsprechend der Definition 4 erhält man für den in Bild 1 dargestellten PFM-Regelkreis folgendes Empfindlichkeitsmodell:

$$\underline{\dot{S}}_{a_j}^{x}(t) = \frac{\partial \underline{A}}{\partial a_j} \ \underline{x}(t) + \frac{\partial \underline{b}}{\partial a_j} \ u(t) + \underline{A} \ \underline{S}_{a_j}^{x}(t) + \underline{b} \ S_{a_j}^{u}(t)$$

$$\dot{S}_{a_j}^{\alpha}(t) = -C \ \underline{k} \ \underline{S}_{a_j}^{x}(t) \qquad\qquad\qquad (5)$$

$$S_{a_j}^{u}(t) = M \sum_{i=1}^{k} \text{sgn}\,(\dot{\alpha}(t_i)) \ \frac{S_{a_j}^{\alpha}(t_i)}{\dot{\alpha}(t_i)} \left[\delta(t-t_i) - \delta(t-t_i-\gamma) \right]$$

$$\dot{\alpha}(t_i) \neq 0$$

mit $t = t_i$ für $\alpha(t_i) = 0,5 \pm k, \quad k \in N$.

$S_{a_j}^{u}(t)$ ist die Stellgrößenempfindlichkeit. Die δ-Impulse sind auf die Unstetigkeiten des PFM-Stellsignals u(t) an den Impulsflanken zurückzuführen. Sie bewirken unstetige Verstellungen der Zustandsempfindlichkeiten $\underline{S}_{\underline{a}_j}^{x}(t)$. Die Berechnung der Stellgrößenänderung bei Auftreten end-licher Parameterabweichungen gemäß

$$\Delta u(t) = u(t)_{\text{aktuell}} - u(t)_{\text{nominal}} = S_{a_j}^{u}(t) \cdot \Delta a_j$$

ergibt im vorliegenden Fall aufgrund der δ-Impulse unendliche Amplitu-denabweichungen des Stellsignals an den Impulsflanken. Dies entspricht nicht der physikalischen Realität. Das oben angegebene Empfindlichkeits-modell kann daher zur Bestimmung der Systemänderungen bei finiten Para-meterabweichungen Δa_j nicht ohne weiteres angewendet werden. Eine ein-fache Möglichkeit zur Untersuchung der globalen Empfindlichkeit von PFM-Regelkreisen bietet sich jedoch, wenn der PF-Modulator durch sein lineares Ersatzelement substituiert wird. Die Ergebnisse dieser verein-fachten Empfindlichkeitsanalyse an dem so entstandenen Ersatzregelkreis lassen sich auf den PFM-Regelkreis übertragen, solange die zur Lineari-sierung des Modulators vorausgesetzte Äquivalenz der kontinuierlichen und der PFM-Stellgröße gewährleistet ist /2/. Für diesen Ersatzregel-kreis lauten die Empfindlichkeitsgleichungen

$$\dot{\underline{S}}_{\underline{a}_j}^{x}(t) = \frac{\partial \underline{A}}{\partial a_j} \underline{x}(t) + \frac{\partial \underline{b}}{\partial a_j} e(t) + \underline{A} \, \underline{S}_{\underline{a}_j}^{x}(t) + \underline{b} \, S_{a_j}^{e}(t)$$

$$S_{a_j}^{e}(t) = -k_p \, \underline{k} \, \underline{S}_{\underline{a}_j}^{x}(t) \quad . \tag{6}$$

$e(t)$ stellt hierbei die äquivalente kontinuierliche Stellgröße dar.

4. Anwendung am Beispiel einer Regelung zur Stabilisierung eines inver-tierten Pendels

Die Leistungsfähigkeit der alternativen Empfindlichkeitsanalyse soll im folgenden am Beispiel einer Regelung zur Stabilisierung eines inver-tierten Pendels erprobt werden. Den schematischen Aufbau des Pendels zeigt Bild 3. Das linearisierte Modell besitzt die Eigenwerte

$$\lambda_1 = -6.3 \ , \ \lambda_2 = -4,4 \ , \ \lambda_3 = 0 \ , \ \lambda_4 = 4,9$$

Der in der rechten s-Halbebene liegende Eigenwert λ_4 zeigt, daß das System instabil ist, das Pendel also im ungeregelten Fall umkippt. Zur Regelung wird ein PFM-Regler mit den Parametern M = 2 V, γ = 10 msec und c = 50 1/Vsec benutzt, der gemäß Gl. 2 durch ein Proportionalglied mit der Verstärkung k_p = 1 ersetzt werden kann.

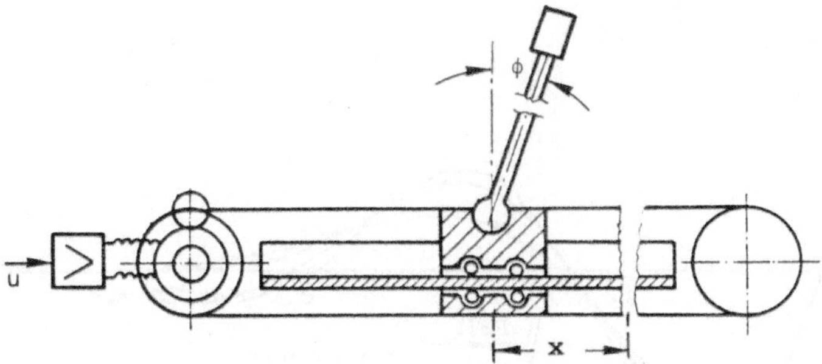

Bild 3: Schematischer Aufbau des Pendels

Die Simualtion der Winkelempfindlichkeit bezüglich des Systemparameters "Pendelmasse m_p" lieferte für den PFM-Regelkreis und den äquivalenten linearen Regelkreis folgende Ergebnisse.

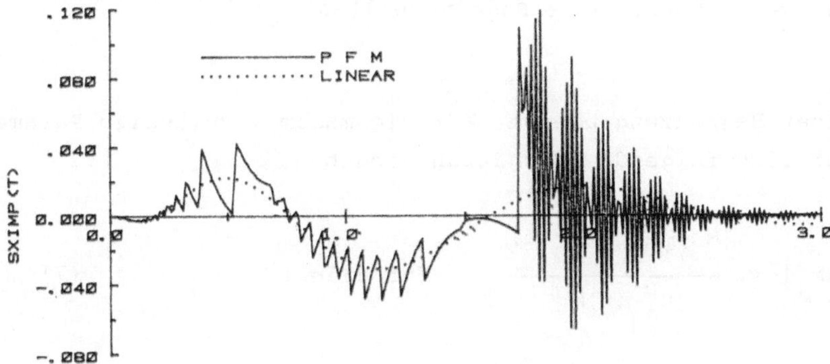

Bild 4: Empfindlichkeit des Pendelwinkels

Man erkennt, daß die am äquivalenten linearen Ersatzregelkreis erhaltene Empfindlichkeitsfunktion (gepunktete Linie) den mittleren Verlauf der PFM-Empfindlichkeit wiedergibt. Die PFM-Empfindlichkeit selbst alterniert um diesen Mittelwert stellenweise mit sehr großen Amplituden, was unterstellt, daß sich die aktuelle Pendelposition bei Auftreten von Massenänderungen ebenso verhalten müßte. Bild 5 zeigt den tatsächlichen Verlauf der Winkelgröße bei nominalem und aktuellem Parameterwert m_{po} = 0,368 kg und m_p = 0,736 kg. Zum Vergleich sind die Winkelverläufe des äquivalenten linearen Regelkreises mit in das Zeitdiagramm eingetragen. Es zeigt sich, daß die Winkelabweichungen das sprungförmige Verhalten der PFM-Empfindlichkeitsfunktion durchaus nicht aufweisen. Sie werden wesentlich genauer durch die am äquivalenten, kontinuierlichen Ersatzregelkreis ermittelten Empfindlichkeitsfunktionen beschrieben.

Da die kontinuierliche Stellgröße e(t) keinen Einschränkungen unterliegt, der PFM-Regler jedoch aufgrund seiner festgelegten Impulsamplitude nicht beliebige Stellamplituden realisieren kann, lassen sich die am Ersatzregelkreis ermittelten Ergebnisse natürlich nur dann auf den PFM-Regelkreis übertragen, solange der PFM-Regler bei aktuellen Parameterwerten

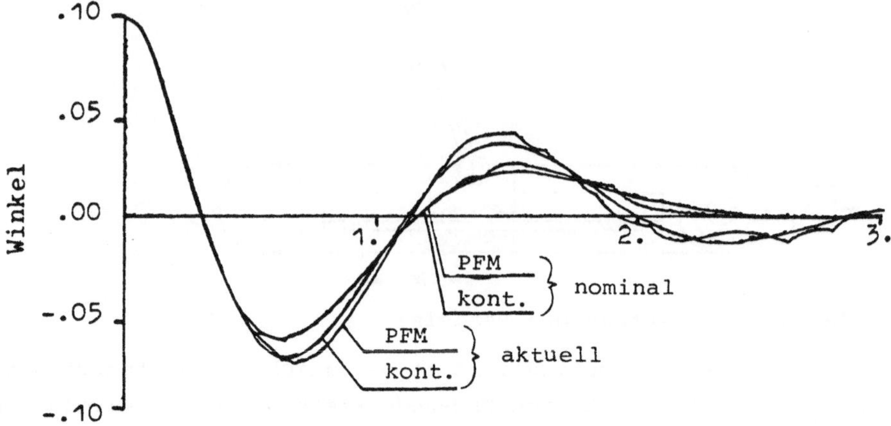

Bild 5: Aktuelles und nominales Regelverhalten

unterhalb seiner Begrenzung bleibt. Für die maximal zulässige Parametervariation läßt sich folgende Abschätzung angeben:

$$|\Delta a_j| \leq \frac{|M\frac{\gamma}{\gamma+T_F} - _n(t)|}{|S^e_{a_j}(t)|} \qquad \text{für alle } t \qquad (7)$$

5. Schluß

Es wurde eine einfache Methode zur Empfindlichkeitsanalyse von PFM-Regelkreisen vorgestellt und deren Effizienz am Beispiel einer Pendelre-
reglung im Vergleich zur herkömmlichen Methode demonstriert. Der Gültig-
keitsbereich dieser Methode wurde durch eine Abschätzung der zulässigen
Parametervariation abgegrenzt.

6. Literatur

/1/ Frank, P.M.: Empfindlichkeitsanalyse dynamischer Systeme; Oldenbourg
    Verlag München (Meth. der Regelungstechn.) ISBN 3-486-34811-6, 1976

/2/ Dillmann, R: Ein geschlossenes mathematisches Modell für Regelkrei-
    se mit Pulsfrequenzmodulation; Diss. an der Univ. Karlsruhe, 1980

/3/ Turski, K.: Inbetriebnahme des 8080/85-Entwicklungssystems als PFM-
    Regler und Kopplung dieses Rechners mit realen Regelstrecken;
    Diplomarbeit an der Univ. -GH- Duisburg, 1982

Möglichkeiten zur Stabilisierung nicht-linearer
Parameterschätzungen in der Medizin

G.K. Wolf,   R. Schmidt,   Heidelberg

Zusammenfassung : Es wird das allgemeine Problem der Anpassung eines
mathematischen Modells an experimentelle Daten betrachtet. Insbesondere wird gezeigt, wodurch sich nicht-lineare Verfahren robustifizieren lassen hinsichtlich der Abweichung der Fehler von der Normalverteilung. Es werden mehrere Verfahren vorgestellt und an Hand eines
Beispiels die Auswertung der Ergebnisse demonstriert.

Summary : There will be inspected the general problem of adjusting
a mathematical model to experimental data. Especially we shall show
how procedures for non-linear regression can be robustified in respect
of the deviation of errors from normal distribution. We shall present
several methods and shall demonstrate by an example the evaluation
of the results.

I. Allgemeine Problemstellung

Eines der Standardprobleme der Biometrie besteht darin, ein mathematisches Modell eines medizinisch-biologischen Vorgangs möglichst
gut an die Realität anzupassen. Darunter versteht man, daß für gewisse
Parameter in der Modellgleichung Werte zu bestimmen sind, so daß die
Lösung der Modellgleichung möglichst gut mit den experimentellen
Daten übereinstimmt. Das führt zumeist zu folgendem Minimierungs-
problem :

$$(1) \qquad \| y - f(\vartheta) \| \; - \; \min$$

wobei

$y \;=\;$ Beobachtungsvektor

$f(\vartheta) \;=\;$ Vektor der berechneten Werte

$\| \cdot \| \;=\;$ eine beliebige Norm (i.d.R. L_2)

Verfahren zur Lösung von Gleichung (1) für nicht-lineares f sind
heute ein unverzichtbares Hilfsmittel in weiten Gebieten der Medizin.
In Biochemie, Physiologie und Immunologie (insbesondere Enzymkinetik,
Tracer kinetic und Immunoassay) werden sie zu Zwecken der medizinischen Diagnostik eingesetzt. In der Pharmakologie dienen sie im

Rahmen der Pharmakokinetik dazu, das zeitliche Verhalten eines Pharmakons im Organismus zu schätzen.

Diese kleine Auswahl von Anwendungen mag schon verdeutlichen, wie sehr eine möglichst exakte Bestimmung der Parameterwerte von Bedeutung ist.

Der Weg von der Erstellung eines adäquaten Modells bis zur Schätzung der gesuchten Parameter ist lang und birgt eine Anzahl von Fehlerquellen in sich. Diese lassen sich in drei Gruppen einteilen :

1. Fehler, die bei der Vernachlässigung einzelner Einflußfaktoren zur Modellvereinfachung entstehen.
2. Instabilitäten der numerischen Verfahren.
3. Instabilitäten seitens der Statistik.

Als Beispiel für Fehler der ersten Gruppe sei die Problematik bei der Erstellung eines enzymkinetischen Modells genannt. Die Triebkraft einer biochemischen Reaktion und die Einstellung des Gleichgewichts der Reaktionspartner unterliegen den Gesetzen der Thermodynamik. Unter biologischen Bedingungen sind die Änderung von Druck, Volumen und Temperatur, die für eine chemische Reaktion von Bedeutung sind, geringfügig, so daß sie bei der Modellerstellung nicht berücksichtigt werden. Über die damit verbundene Ungenauigkeit bei der Auswertung des vereinfachten Modells, lassen sich keine genauen Angaben machen.

Anders sieht es da mit dem Verhalten der numerischen Verfahren aus. Die den biochemischen Prozeß beschreibenden Modelle sind i.d.R. gewöhnliche Differentialgleichungen, deren Lösungen sich zwar i.A. explizit angeben lassen, die jedoch nicht-linear sind. Will man bei einer vorliegenden Meßreihe die unbekannten Parameter schätzen, so ist man auf iterative Verfahren angewiesen, die allesamt auch Nachteile haben. Allen gemeinsam ist die Notwendigkeit der Angabe einer Anfangsschätzung der Parameter. Verfahren die unempfindlich gegen große Abweichungen der Anfangsschätzung vom Ergebnis sind, haben den Nachteil langsam zu konvergieren, so daß eine genügend genaue Schätzung gar nicht oder nur mit unverhältnismäßig hohem Aufwand erreicht werden kann. Schnell konvergierende Verfahren dagegen liefern bei schlechten Anfangsschätzungen völlig unbrauchbare Ergebnisse oder divergieren sogar. Nur wenige Verfahren neueren Datums bieten den Vorteil der Schnelligkeit bei gleichzeitiger Robustheit bzgl. der Anfangsschätzung.

Eine Fehlerquelle, der zunehmend Achtung geschenkt wird, liegt in der Statistik. Alle gängigen Verfahren der nicht-linearen Parameterschätzung basieren genau wie die klassische Statistik auf der Annahme der Normalverteilung der Fehler. Diese Annahme ist jedoch i.d.R. nicht haltbar. Oft sind die Fehler in der Medizin annähernd t- oder chi-2 verteilt (longtailness) oder es taucht eine Reihe von Ausreißern (gross errors) auf. Verfahren, die keine Normalverteilung voraussetzen bietet das Gebiet der Robusten Statistik, auf das wir in Abschnitt III näher eingehen werden.

Um den Einfluß von numerischen und statistischen Verfahren auf das Ergebnis der nicht-linearen Parameterschätzungen zu untersuchen, haben wir ein Programmsystem entwickelt, das eine Reihe von Möglichkeiten der Kombination zwischen numerischen und statistischen Verfahren erlaubt. Diese werden in II. und III. näher beschrieben und sollen hier nur als Übersicht dargestellt werden.

Numerische Verfahren	Methode	Robustifizierung
Simplex-Verfahren	L_p - Norm	keine
Huang & Levy	i.d.R. p=o.75,	nach Huber
Deuflhard	1., 1.25, od. 2.	" Hampel
	Spearman-Rangkoeff.	" Andrew

II. Algorithmen

Zur Lösung des Minimierungsproblems (1) benutzen wir folgende Algorithmen :

a)   Modifiziertes Simplex-Verfahren (zur L_p - Approximation und zur Maximierung des Rangkoeffizienten von Spearman)
b)   Verfahren nach Huang & Levy
c)   Verfahren nach Deuflhard

Verfahren b) gehört zur Klasse der Quasi-Newton-Verfahren. Es arbeitet nach folgender Vorschrift :

$$x_{i+1} = x_i - \alpha_i \, p_i$$

$$p_i = A^{-1} \cdot \nabla f (x_i)$$

Dabei ist A_i eine positiv definite n x n Matrix, die a priori
definiert und in jedem Schritt neu berechnet wird.

Verfahren c) ist ein gedämpftes Gauss-Newton-Verfahren mit der Itera-
tionsvorschrift

$$x_{i+1} = x_i - \lambda_i \, J\,(x_i)^+ \, F\,(x_i)$$

mit

λ_i = Dämpfungsfaktor

$J\,(x_i)$ = Pseudoinverse der Jacobi-Matrix   ($J\,(x_i) = F'\,(x_i)$)

Das zugehörige Gleichungssystem wird durch Dreieckszerlegung nach
Housholder bzw. bei ungenügendem Rang durch Cholesky-Zerlegung gelöst.

III. Robustheit

Da die üblichen Least-square-Schätzer empfindlich sind bzgl. gelegent-
licher gross errors, ist es erforderlich, statt der Summe der Quadrate,
die Summe einer Funktion zu minimieren, die weniger stark anwächst als
eine quadratische Funktion. Ist ρ (t) eine Funktion der Residuen, so
muß, um den Einfluß einzelner Residuen zu begrenzen, die Ableitung
ρ' (t) beschränkt sein. Naheliegend ist die Benutzung der L_p -
Norm, wobei $p < 2$ ist. Je kleiner p ist, desto weniger werden Aus-
reißer berücksichtigt. Zu beachten ist jedoch, daß

$$(2) \qquad \rho\,(t) = |t|^p \qquad \text{für } p < 1 \text{ nicht konvex wird, und die erhaltene}$$

Lösung oft nicht das gewünschte Minimum darstellt. Grundsätzlich werden
diese Schätzungen mittels Simplex-Verfahren durchgeführt, ebenso wie
die Methode der Maximierung des Spearman-Rangkoeffizienten zwischen
gemessenen und geschätzten Werten.

Außer der o.g. Funktion (2) haben wir folgende Funktionen benutzt
um die Verfahren Huang & Levy und Deuflhard zu robustifizieren.
(Wir benutzen im Folgenden die Ableitung von ρ' (t) , die wir,
entsprechend der Literatur, mit ψ (t) bezeichnen.)

$$(3)\quad \text{Huber}\quad \psi(t) = \begin{cases} -c & \text{für} \quad t < -c \\ t & \text{für} \quad |t| \leq c \\ c & \text{für} \quad t > c \end{cases} \quad \text{mit} \quad c > 0$$

$$(4)\quad \text{Hampel}\quad \psi(t) = \begin{cases} t & \text{für} \quad |t| \leq a \\ a \cdot \text{sign}(t) & a < |t| \leq b \\ \dfrac{d-|t|}{d-b} \cdot a \cdot \text{sign}(t) & b < |t| \leq d \\ 0 & \text{für} \quad |t| > d \end{cases}$$

$$(5)\quad \text{Andrews}\quad \psi(t) = \begin{cases} \alpha \cdot \sin(t/\alpha) & |t| < \alpha \cdot \pi \\ 0 & \text{sonst} \end{cases}$$

IV.   Durchführung

Um die Unempfindlichkeit der Verfahren bzgl. der Abweichung der Fehler
von der Normalverteilung zu untersuchen, führen wir Monte-Carlo-Experi-
mente durch. Dafür geben wir uns eine Modellgleichung mit festen Parametern vor, dazu einen Datensatz von 1o Messpunkten mit je 3 Wieder-
holungen. Von den auf diese Weise erzeugten exakten Werten werden
mittels Zufallszahlengenerator Abweichungen erzeugt, die t- oder chi-2
verteilt sind. Auf diese Weise erhält man Daten, die experimentellen
Messungen entsprechen. Die Anzahl der Experimente beträgt i.A. 2oo.

V.   Ergebnisse

Im Folgenden stellen wir das Ergebnis dar, das wir z.B. bei einem wie
unter IV. beschriebenen Experiment erhalten haben. Wir wendeten dabei
das Verfahren von Huang & Levy das eine Mal mit Least-square- , das
andere Mal mit dem Andrew-Schätzer auf die Funktion

$$(6)\quad Y = \frac{P1}{1 + P2 \cdot X^{P3}} + P4 \qquad \text{an.}$$

Die exakten Parameterwerte waren   P1 = 2o, P2 = 1o, P3 = 3.5   und
P4 = 9. Als Startwerte wurden vorgegeben :   P1 = 17, P2 = 8   und
P3 = 5. Vektor der Meßpunkte war (o,o.1,o.2,o.3,o.4,o.5,o.6,1,1.5,3).
Als Tuning-Faktor für den Andrew-Schätzer wurde 1.3 gewählt.

	Mittel	Std.Abw.	Median	Min.	Max.	
P1	2o.24	o.67	2o.27	18.34	22.17	
P2	9.32	1.65	9.38	4.77	13.34	Least-square
P3	3.39	o.26	3.4o	2.35	4.18	
P4	8.83	o.48	8.82	7.37	1o.o5	
P1	2o.23	o.74	2o.23	18.2o	22.47	
P2	9.64	2.35	9.57	4.51	15.73	Andrew
P3	3.42	o.34	3.45	2.29	4.42	
P4	8.82	o.53	8.82	7.17	1o.13	

Korrelations-Koeffizienten nach Kendall

	P2	P3	P4	
P1	-o.26	-o.33	-o.52	
P2		o.61	o.31	Least-square
P3			o.16	
P1	-o.37	-o.42	-o.57	
P2		o.71	o.4o	Andrew
P3			o.29	

Wie aus den Daten ersichtlich, liegen die geschätzten Parameterwerte beim
Andrew-Schätzer näher bei den exakten Werten als bei Verwendung von
Least-square. Offenbar wird ein kleiner Teil des Bias beseitigt. Dieser
Vorteil geht jedoch auf Kosten einer größeren Streuung und damit einer
geringeren Präzision der Parameterschätzungen als bei Least-square.
Die Bedenken gegen den Andrew-Schätzer in der Literatur (REY 1983)
sind deshalb nicht ganz von der Hand zu weisen.

VI.   Literatur

H. NOWAK u. R. ZENTGRAF (1979), Robuste Verfahren, 25. Biometrisches
    Kolloquium der Deutschen Region der Internationalen Biometrischen
    Gesellschaft in Bad Nauheim (siehe ausführliches Literaturverzeichnis)
    Springer Verlag Berlin, Heidelberg, New York
W.J.J. REY (1983), Introduction to Robust and Quasi-Robust Statistical
    Methods, Springer Verlag Berlin, Heidelberg, New York

NON-INVASIVE BESTIMMUNG DER HERZINOTROPIE

Gerhard K. Wolf, Heidelberg und
Gustav G. Belz, Wiesbaden

Zusammenfassung. Der inotrope Status (die Kontraktilität) des Herzens ist in der Kardiologie wie in der Pharmakologie eine der wichtigsten Kenngrößen. In der Diagnostik kommen hierfür praktisch nur noninvasive Methoden infrage. Ein Auswertungsmodell, das dem Frank-Starlingschen Gesetz entspricht, wird hier vorgestellt.

Summary. One major goal of invasive or noninvasive cardiology is to assess the "contractility" or "inotropic state" of the heart. An evaluation model which uses only noninvasive methods and corresponds to the Frank-Starling principle is presented.

Einführung

Ich möchte Ihnen ein Modell zur Unterstützung der Diagnostik der Herzfunktion vorstellen. Es geht darum, unblutig, also von außerhalb des menschlichen Körpers, Aussagen, die ärztlich relevant sind, zu machen. Die Inotropie-Lage oder - damit gleichbedeutend - die Kontraktilität des Herzens zu erkennen, ist eines der Hauptziele der Kardiologie.

Die "Inotropie" ist ein von klinischen Kardiologen einerseits und Physiologen andererseits recht schillernd gebrauchter Begriff. Er ist ein abgeleiteter Begriff, wie beispielsweise auch der Begriff "Arbeit" in der Mechanik. Er wird anhand von Druck-Volumendiagrammen erklärt. Diese werden derzeit meist mit invasiven 'blutigen' und nicht völlig risikolosen Techniken erhalten. Besonders für Wiederholungsmessungen und zur Therapiekontrolle ist dieser Weg also nicht gangbar.

Nun ist es aber ja bekanntlich nicht so, daß wir 'von außen' nichts über die Herzfunktion wüßten. In die vorliegende Studie aufgenommen haben wir das EKG, die Phonokardiographie, die Blutdruckmessung, die Pulswellenschreibung der arteria carotis, die Ultraschallkardiographie und die Impedanzkardiographie. Jedes dieser Verfahren liefert Kurven, die durch zahlreiche Kenngrößen beschrieben werden. Außerdem gibt es Kenngrößen, die die Relation zwischen den Kurven beschreiben. Unsere Fragestellung ist es daher, wie man diese Information für die Beschreibung der Inotropie nutzen kann.

Formal hätte man so vorgehen können, daß éine Gruppe von Versuchspersonen unter positiv inotropem Einfluß einer Gruppe unter negativ inotropen Bedingungen gegenübergestellt wird (was wir getan haben) und dann eine Diskriminanzanalyse durchgeführt wird (was wir nicht getan haben).

Der Nachteil eines Vorgehens mittels Diskriminanzanalyse wäre vor allem
- eine unrealistisch große Probandenzahl
aber auch
- die Außerachtlassung des beträchtlichen medizinischen Wissens auf diesem
Gebiet
mit der Gefahr, bekannte Gesetzmäßigkeiten mehr oder weniger verfälscht und auf jeden
Fall recht unscharf durch den Schleier der indirekten Beobachtung zu erkennen.

Medizinische Grundlagen

Veränderungen der Kontraktilität sind zu definieren als Änderung der Herzleistung
unabhängig von Einflüssen seitens der Ruhedehnung (preload), des Restvolumens (after-
load) und der Herzfrequenz, d.h. Größen, die außerhalb des Herzens liegenden Einflüssen unterliegen und ihrerseits die Herzleistung stark beeinflussen. Man könnte also
die Kontraktilität als Leistungsbereitschaft bezeichnen.

Das sogenannte Frank-Starlingsche Gesetz beschreibt die maximale Druckentwicklung im
Herzen in Abhängigkeit vom Ruhedehnungsvolumen. Auf dieser Basis lassen sich auch
Arbeitsdiagramme des Herzens in Abhängigkeit von der Ruhedehnung verstehen: Das Herz
arbeitet günstiger unter höherer Ruhedehnung.

Positiv inotrope Einflüsse steigern die Herzleistung und verschieben diese Kurven
nach oben, negative Inotropie verlagert die Kurven nach unten.

Innerhalb dieses Modells entspricht eine Abnahme des Restvolumens einem positiv
inotropen Einfluß und führt zu einer Aufwärts-Verschiebung der Kurve, eine Zunahme
führt zum Gegenteil.

Zur klinischen, wie auch zur klinisch-pharmakologischen Bestimmung der Kontraktilität ist es daher wünschenswert, einen Ersatz für die Frank-Starlingschen Kurven zu
haben. Das setzt voraus:
1. Das Ruhedehnungsvolumen muß leicht stufenweise änderbar sein, damit die funktionalen Abhängigkeiten mindestens über einen Teil der Herzfunktionskurve beobachtbar
   sind.
2. Direkte oder indirekte Maße für Ruhedehnung und Herzleistung müssen gefunden werden.

Außerdem brauchen wir eine Substanz, deren positiv inotroper Effekt bekannt ist und
eine Substanz mit negativem Inotropie-Status nach Verabreichung. Entsprechende Experimente liefern die Voraussetzung zur Identifikation der Ersatzvariablen.

Versuchsanordnung

Je acht junge gesunde Versuchspersonen erhielten (nach schriftlichem informed con-
sent) eine einmalige Gabe von entweder Digitoxin (oral 1.2 mg) oder Propranolol (in-
travenös 10 mg). Aufzeichnungen von EKG, Sonographie, Pulswellen, Blutdruck, Echo-

kardiographie und Impedanzkardiographie erfolgten simultan bei fünf verschiedenen
orthostatischen Belastungen: Die Versuchspersonen wurden passiv mittels Kipptisch
auf 0°, 20°, 40°, 60° und 80° aufgerichtet. Diese Prozedur wurde jeweils an getrenn-
ten Tagen mit und ohne Substanz durchgeführt.

Auffinden des Ersatzmodells

Der enddiastolische Durchmesser (EDD) des Herzens kann aus dem Echokardiogramm abge-
lesen werden und läßt sich recht genau als lineare Funktion des Sinus vom Kippwinkel
beschreiben. Pro Person und Versuchstag ist jeweils eine Gerade anzupassen. Die Korrelation als Maß für die Güte der Anpassung liegt jeweils um 0.9. Die Streubreite
der Lage dieser Geraden je Versuchsperson von Tag zu Tag beträgt etwa ein Zehntel
der Streubreite von Versuchsperson zu Versuchsperson. Die zur Erzeugung des jeweiligen Inotropiezustands verwendeten Medikamente haben keinen Einfluß. Diese große
interindividuelle Varianz ist auf die individuell unterschiedliche Herzkammergeome-
trie wie auf die unterschiedliche Lage im Thorax zurückzuführen. Die Größe EDD ist
damit ein intraindividuelles gutes Maß für die direkt nicht beobachtbare Ruhedehnung
des Herzens.

Explorative Datenanalysen haben gezeigt, daß von allen auch nur entfernt sinnvoll er-
scheinenden Variablen PEP (pre-ejection period) als von EDD abhängige Variable ein
Verhalten zeigt, das dem Frank-Starlingschen Gesetz entspricht. Die PEP, die der An-
spannungszeit entspricht, ergibt sich aus der simultanen Aufzeichnung von EKG, Phono-
kardiogramm und Pulswellenschreibung. Mit steigender Vordehnung wird PEP kürzer,
verhält sich also umgekehrt wie der erreichbare Druck. Allerdings lassen sich ver-
ständlicherweise an menschlichen Probanden stets nur kleine Ausschnitte aus den entsprechenden Funktionskurven beschreiben, während an isolierten Herzen in der Physiologie die gesamte Kurve dargestellt wird. Die Lage der entsprechenden Kurvenstücke
ist wegen des unterschiedlichen EDD-Bereichs, der ja von Versuchsperson zu Versuchsperson stark variiert, bei den einzelnen Probanden sehr verschieden. Man muß daher,
entsprechend einem RCR (random coefficient of regression)-Modell, für jede Versuchsperson und jeden Versuchstag getrennt die Kurvenstücke betrachten.

Aber nicht nur die Abhängigkeit vom EDD entspricht dem Frank-Starlingschen Gesetz,
vielmehr lassen sich auch anhand dieser Kurvenstücke schon optisch am schärfsten
die Einflüsse der Substanzen unterschiedlicher Inotropie erkennen. Die Kurvenstücke
sind wie erwartet nach oben verschoben nach Gabe von Propranolol, und umgekehrt nach
Gabe von Digitoxin nach unten.

Die Kurvenstücke lassen sich in recht guter Näherung durch Geradenstücke beschreiben.
Es ist jedoch sehr wichtig, hierfür ausreißerrobuste Methoden anzuwenden. Dies ergibt sich sowohl aus der Tatsache, daß gelegentlich Unsicherheiten in der Identifi-
zierung der entsprechenden Aufzeichnungen beispielsweise der Pulswellenschreibung,
als auch Abweichungen von der Linearität auftreten können. Als robuste Methode hat
sich insbesondere das Verfahren von THEIL bewährt.

Methode der robusten Regression

Das Regressionsproblem tritt bekanntlich auf, wenn mehrere Punkte annähernd auf
einer zu findenden Geraden liegen, wo doch zwei Punkte jeweils schon eine Gerade definieren würden. Bei der Bestimmung einer Regressionsgeraden ist es gebräuchlich,
den Weg von mehreren zu einer Geraden als Lösung eines überdefinierten Gleichungs-
systems zu beschreiben. Man kann eine Reduktion durch geeignete Normen vornehmen.
Als Beispiel führt die L_1-Norm zur Minimierung der Abweichungsbeträge, die L_2-Norm
zur Minimierung der Abweichungsquadrate, die Tschebyscheff-Norm zur Minimierung der
maximalen Abweichungen. Diese Problemlösung ist eigentlich eine indirekte Methode.
Man könnte auch   "direkt" vorgehen und die höchstens n (n - 1)/2 Geraden bestimmen
und die mittlere Gerade aussuchen. Die Bestimmung der Steigung geht zurück auf eine
Arbeit von THEIL, die durch SEN durch die Angabe eines dazu passenden effizienten
Schätzers für den y-Achsenabschnitt ergänzt wurde. Der Schätzer für die Steigungen
der Regressionsgeraden nach THEIL ist der Median aller Geraden, die durch je zwei
Datenpunkte gehen. Wenn in der Abszisse Bindungen auftreten, sind die entsprechenden
unendlichen Steigungen wegzulassen. Dieser Schätzer ist über KENDALL's-Tau zu testen.
Der Schätzer für den y-Achsenabschnitt ergibt sich als Einstichproben-HODGES-LEHMANN-
Schätzer aus den n Werten für $y_i - \beta x_i$. Dieser Schätzer läßt sich anhand des
WILCOXON-Einstichprobentests prüfen. Es stehen also einfache statistische Tests zur
Verfügung.

Das Verfahren ist robust. Bei Anwendung auf wirkliche Daten, die ja nach allen Er-
fahrungen nicht dem Normaltheoriefehlermodell gehorchen, hat das Verfahren eine er-
heblic höhere Macht als die klassische L_2-Regression. Bis zu 20% gross errors in
den Daten werden ohne Verfälschung des Resultats vertragen. Die Schätzer sind anhand
einfacher einleuchtender Vorschriften bestimmbar und es bestehen keinerlei numerische
Probleme.

Die Abbildung 1 veranschaulicht das unterschiedliche Verhalten der klassischen und
der robusten Regression: Der Meßwert bei $\alpha = 0^o$ ist - wie sich auch aus anderen
Größen bei diesen Patienten zeigt - ein wenig verfälscht. Die klassische Regressions-
gerade reagiert darauf sensibel und wird entsprechend verfälscht, die robuste Methode bleibt bei der Steigung der Punktemehrheit.

Abbildung 1:

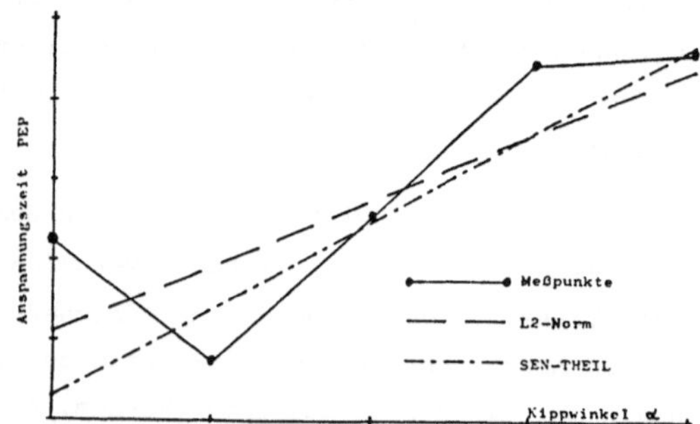

Nur bei naiver Übertragung des Verfahrens auf die EDV zeigen sich unerwünschte Eigenschaften. Der Speicheraufwand wächst mit n^2, der Rechenzeitaufwand noch stärker. Dieses Problem läßt sich durch einen geeigneten Algorithmus beseitigen.

Kontraktilitätsmaß

Für jede Versuchsperson ist je eine Gerade im EDD-PEP-System mit und ohne Inotropieeinfluß zu bestimmen. Der Beobachtungsbereich des EDD umgreift für alle Versuchspersonen recht genau eine Einheit. Die Mitte dieses Bereichs ist $\overline{EDD}$ (midrange). Ein heuristisches Maß für die Kontraktilität, das einer Arbeit im Druck-Volumen-Diagramm entspricht, ist die Fläche zwischen den Geraden im Bereich der Einheit um $\overline{EDD}$.

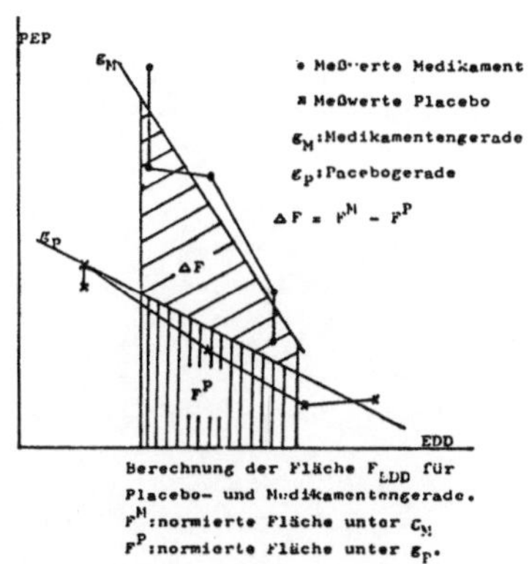

Berechnung der Fläche F_{LDD} für Placebo- und Medikamentengerade. F^M:normierte Fläche unter g_M. F^P:normierte Fläche unter g_P.

Abbildung 2:

Bewährung des Auswertungsmodells

Das 'ad hoc' an den Daten gewonnene Auswertungsmodell unterscheidet signifikant (WILCOXON-Test) zwischen den beiden bekannten Substanzen und im change over-design jeweils auch zwischen Substanz und Placebo. Sie bedurften naheliegenderweise einer Bewährung anhand anderer Substanzen mit bekannter Wirkung. Diese Überprüfung ist erfolgt. Danach erbringt die Methode auch bei Stichprobenumfängen von 10 Personen signifikante Ergebnisse.

Schlußbemerkungen

Die Auswertungsmethode liefert eine Kenngröße zur Kontraktilität des Herzens. Diese Größe ist eine ordinal skalierte Maßzahl und gestattet daher Aussagen über die Zu- oder Abnahme des dahinter stehenden theoretischen Konstrukts. Das ist genau die Art von Aussagen, wie sie für diagnostische Zwecke angestrebt wird.

Literatur:

SEN, P.K.: Robust statistical procedures in problems of linear regression with special reference to quantitative bio-assays. I.Rev.Inst.Intern.Statist. <u>39</u>(1971) 21-38

THEIL, H.: A rank-invariant method of linear and polynomial regression analysis I,II, III. Nederl.Akad.Wetensch.Proc. <u>53</u>(1980) 386-392, 521-525, 1397-1412

WOLF, G.K.: Methoden und Algorithmen für robuste Regressionen und Stichprobenvergleiche. Statist.Softw.Newsletter <u>4</u>(1978) 65-68

NACHWORT

Auf dem 1st European Simulation Congress im September 1983 in Aachen entstand
die Idee, in kleinerem Kreis eine Arbeitstagung "Systemanalyse biologischer Prozesse" durchzuführen. Die vorstehenden dreißig Arbeiten geben mit ihrem breiten
Spektrum das Ergebnis wieder : Nach meiner subjektiven Klassifikation sind drei-
zehn Arbeiten der Biologie und zehn Arbeiten der Medizin zuzuordnen. Diese decken
somit gewissermaßen paritätisch die Bereiche der Fachgruppe 4.5.2 Simulation in
Biologie und Medizin im Fachausschuß 4.5 Simulation in der Gesellschaft für Informatik (ASIM) ab. Vier Arbeiten beschäftigen sich mit der Hard- und Software und
weitere drei mit Methoden der Modellierung und Simulation.

Der so manifestierte interdisziplinäre Charakter der Arbeitstagung zeigte allerdings,
daß den einzelnen Beiträgen mehr Raum zugestanden werden müßte. Vor einem 2.
Ebernburger Gespräch sollte daher versucht werden, in einem Workshop nach Art
einer Summer School vertieft einzelne ausgewählte Vorhaben vorzustellen und damit
zusammenhängende, für viele Modellierer und Simulanten relevante Probleme zu
diskutieren.

Den Danksagungen des Vorwortes möchte ich noch eine hinzufügen : Im Namen aller
Beteiligten danke ich Herrn Dr. Möller für seine hervorragende Vorbereitung der
Arbeitstagung sowie die sorgfältige und dennoch prompte Zusammenstellung des
Tagungsbandes.

Björn A. Gottwald
Fakultät für Biologie der
Albert-Ludwigs-Universität Freiburg

ANSCHRIFTEN DER AUTOREN / VORTRAGENDEN

Astheimer, H. Dr. — Alfred-Wegener-Institut für Polarforschung, Columbus-Center, D-2850 Bremerhaven

Blohm, W. — Lehrstuhl Prozeßrechentechnik, Universität Bremen, Achterstr., D-2800 Bremen 33

Dietz, K. Prof. Dr. — Institut für Medizinische Biometrie, Universität Tübingen, Westbahnhofstrasse 55, D-7400 Tübingen 1

Düchting, W. Prof. Dr. — Fachbereich Elektrotechnik, Universität Siegen, Hölderlinstrasse 3, D-5900 Siegen 21

Elz, J. Dipl.-Phys. — Hans-W. Hansen Weg 9, D-46 Dortmund 50

Frank, P. M. Prof. Dr. — Lehrstuhl für Meß- und Regelungstechnik, Universität-GH Duisburg, Kommandantenstraße 60, D-4100 Duisburg

Giersch, Ch. Priv.Doz. Dr. — Botanisches Institut, Universität Düsseldorf, Universitätsstr. 1/26.03, D-4000 Düsseldorf

Gottwald, B. A. Prof. Dr. — Fakultät für Biologie, Albert-Ludwigs-Universität, Schänzlestraße 1, D-7800 Freiburg im Breisgau

Hacisalihzade, S. S.Dipl.-Ing. — Institut für Automation, ETH-Zürich, Physikstraße 3 CH-8092 Zürich

Heiden, U. an der PD., Dr. — Universität Bremen NW 2, Achterstr., D-2800 Bremen 33

Kaiser, H. Prof. Dr. — Lehrstuhl für Biologie V (Ökologie) der RWTH-Aachen, Kopernikusstraße 16, D-5100 Aachen

Neugebauer, M. Dipl.-Phys. — Diabetes-Forschungsinstitut an der Universität Düsseldorf, Biometrische Abteilung, Auf'm Hennekamp 65, D-4000 Düsseldorf

Pabst, G. — Abteilung für Klinische Physiologie und Arbeitsmedizin, Universität Ulm, Oberer Eselsberg, D-7900 Ulm (Donau)

Pessenhofer, H. Dr. — Physiologisches Institut, Karl-Franzens-Universität, Harrachgasse 21,VI, A-8010 Graz

Poethke, H. J. Dr. — Lehrstuhl für Biologie V (Ökologie) der RWTH-Aachen, Kopernikusstraße 16, D-5100 Aachen

Pohl, V. — Lehrstuhl Prozeßrechentechnik, Universität Bremen, Achterstraße, D-2800 Bremen 33

Porenta, G. — Institut für Medizinische Kbernetik, Universität Wien, Freyung 6, A-1010 Wien und Österreichische Studiengesellschaft für Kybernetik, Schottengasse 3, A-1010 Wien

Reichl, J. R. Prof. Dr. — Institut für Tierernährung, Universität Hohenheim, Emil-Wolff-Straße 10, D-7000 Stuttgart 70

Renn, W. Dr. — Medizinische Universitätsklinik Tübingen, Abteilung Innere Medizin IV, Otfried-Müller-Straße 10, D-7400 Tübingen

Schmidt, B. Prof. Dr.   Institut für mathematische Maschinen und Datenverarbei-
                                 tung IV, Universität Erlangen, Martensstraße 3,
                                 D-8520 Erlangen

Schneider, B. Prof. Dr.   Institut für Biometrie, Medizinische Hochschule Hannover,
                                 Konstanty-Gutschow-Straße 8, D-3000 Hannover 61

Schöne, A. Prof. Dr.   Fachbereich Produktionstechnik, Universität Bremen,
                                 Postfach 330440, D-2800 Bremen 33

Thiele, G. Dr.   Lehrstuhl Prozeßrechentechnik, Universität Bremen,
                                 Achterstraße, D-2800 Bremen 33

Thomas, B. Dr.   Institut für Entwicklungsphysiologie, Universität Köln,
                                 AG Kybernetik, Gyrhofstraße 17, D-5000 Koeln 41

Turski, K. K. Dipl.-Ing.   Lehrstuhl für Meß- und Regelungstechnik, Universität-GH
                                 Duisburg, Kommandantenstraße 60, D-4100 Duisburg

Vogt, J. Dipl.-Ernähr.-Wiss.   Institut für Tierernährung, Universität Hohenheim,
                                 Emil-Wolff-Straße 10, D-7000 Stuttgart 70

Voit, E. Dr.   Zoologisches Institut, Lehrstuhl für experimentelle Mor-
                                 phologie, Universität Köln, Weyertal 119, D-5000 Köln 41

Werner, J. Prof. Dr.   AG Elektrophysiologie, Ruhr-Universität Bochum, Gebäude
                                 MA4/58, D-4630 Bochum

Wolf, G. K. Priv.-Doz. Dr.   Institut für Medizinische Dokumentation, Statistik und
                                 Datenverarbeitung, Universität Heidelberg, Im Neuenheimer-
                                 Feld 325, D-6900 Heidelberg

Gastreferentin

Paeckelmann, I.-M. Dr.   Chef-Arzt der Kurklinik der LVA, Kurhausstraße 2,
                                 D-6552 Bad Münster am Stein-Ebernburg

D

Dämpfung   115,116,119,120,139,206

Datenmaterial   16,20,21,41,47,57,60,61,
63,64,74,79,80,81,82,83,97,
105,121,139,147,151,155,156,
161,163,166,172,203,207,211

Deduktiv   3,9,10,12,21

Depolar   38

Deterministisch   78,83

Deuflhard-Verfahren   205,206

Diabetiker   42,166

Dichteregelung   59,60,61,63

Differentialgleichung   8,18,19,22,23,
48,49,50,51,54,87,97,99,104,
105,110,117,118,123,125,126,
132,133,135,145,148,160,165,
167,172,179,184,193,204

Diffusion   159,160,161,162,163

Diploid   76

Dirac-Stoß   178

Diskret   1,35,50,99,149,161,179,185

Diskriminanzanalyse   209,210

DNS   90,98

Dopamin   177

Dynamik   33,35,48,78,83,116

Dyskinese   177

E

Echtzeitsimulation   48,49,50

Effektor   103,104,107,127,128

Eichkurve   42,43

Eigenwert   118,131,138,139,192,200

Einfachsystem   123,138,145,148,185,187

Eingangsgröße   18,148,184,185,198

Einheitssprung   199

Einschwingverhalten   48

Einzeller   97

EKG   209,210,211

Empfindlichkeit   147,152,166,189,191,
195,196,200,201

Empfindlichkeitsanalyse   191,197,199,200,
202

Empfindlichkeitsfunktion   192,195,201

Empfindlichkeitssynthese   191

Endokrinum   41

Energie   103,104,105,106,107,113,158

Enzym   44,45,90,103,104,110,166,203,204

Epidemiologie   57,84

Ergometrie   148,153,158,159

Erkenntnis   3,4,75

Erregung   35,37,39

Erwartungswert   82,150,152

Euphausia superba   52,78

Evolution   33,57,59,61,64,65,66,68,70,71,
72,73,74,75,76,97

Exponentialfunktion   172

F

Falsifikation   12,13,20

Fehler   11,140,150,179,180,181,187,203,205

Fehlerkriterium   150,151,153

Fettzellen   87,103,107

Finite Elemente   123,132,135

Fluktuation   33,67

FORTRAN   85,92,166,173

FOURIER-Reihe   131

Frank-Starling Mechanismus   209,210

Freiland   61,66,78,80,81

Frequenz   115,125,139,193

Futter   78,79,80,82

Fuzzy-Systeme   27

G

Gammaverteilung   84

Gauß-Newton-Verfahren   166,206

Gauß-Verteilung   68

Gefäßnetzwerk   93,94

Generation   69,70,71

Genotypus   33,76

Konduktion   129
Konflikt   71,72,73,74
Konsistenz   76,150
Kontinuierlich   18,201
Kontraktilität   209,213
Konvektion   129
Konvergenz   171,204
Kopulation   59,63,65,66,68,69
Korrelation   100,177
Kovariable   82
Kovarianz   152
Krebstherapie   90

L

Lactat   110,111,112,113,145,158,159,
160,161,162,163
Laichperiode   81
Laplace Transformation   125,131,139,
143,186
Larve   59,74,78,84,85
L-Dopa   177,178,179,180
Least-Square Verfahren   161,165,166,
206,207,208
Leber   109,112,158
Leistungsphysiologie   158
Lernverhalten   35,39
Libellen   57,59,60,61,62,63,64,68,69
Lichtintensität   115,116
Linearisierung   118,151
Lipolyse   103,104,107
L-Norm   206,212

M

Malignität   89
Markov-Kette   78,81,82
Markov-Parameter   151
Mehrfachsystem   138,183,188
Membran   87,100,115,120

Merkmal-
  Abbildungs-   5
  pragmatisches-   5
  Verkürzungs-   5
Meßfehler   20,147,149
Meßwerte   16,42,127,128,137,145,151,158,
163,180,183,204,207,209
Metabolismus   33,95,97,103,104,109,112,158
Metaphysisch   14
Metastasen   90
Michaelis-Menten Kinetik   80
Migration   57
Mikroprozessor   48,51,52,54,55
Minimierung   166,203,205
MISS   121
Mitose-Phase   90,92,98
Mittelwert   60,67,69,98,104,161,162,168,
201,208
Modell-
  abstraktes-   16,18,19,21,23,25,27
  -beschreibung   63
  CCC-   97,98.99,100,101,102
  dynamisches-   75
  Empfindlichkeits-   199,200
  erweitertes-   120
  Identifikations-   147,149,151
  isomorphes-   7
  Kompartment-   7
  lineares-   136,200
  mathematisches-   41,42,48,115,120,151,
165,183,193,203
  molekulares-   121
  monadisches-   75
  nichtlineares-   73,136,147
  parametrisches-   185
  reales-   7,11,16,19,21
  semantisches-   7
  syntaktisches-   7
  wahres-   147,149,150,153
Modellabgleichverfahren   145
Modellbildung   13,27,57,73